编织大师经典作品系列

志田瞳
四季花样毛衫编织 2

［日］志田瞳 著　　蒋幼幼 译

河南科学技术出版社
·郑州·

目 录

WHITE KNIT

经典百搭的“白线编织”

在夏日旅游度假时，穿上白色的精品毛衫不失为一个时尚选择。
当然，这里介绍的都是搭配简单的日常服饰也非常漂亮的精美毛衫。

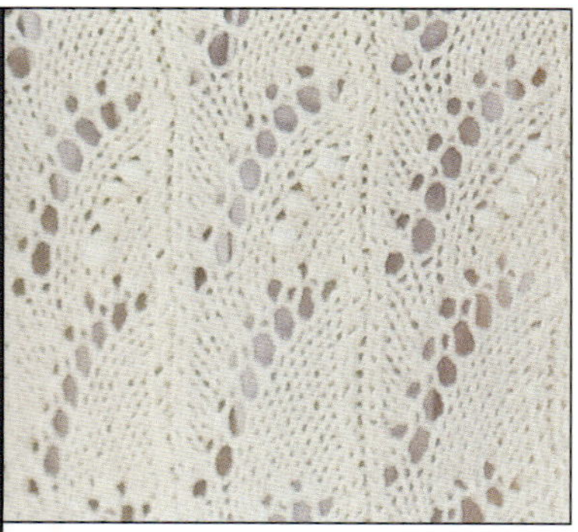

1 White Knit

浆果花样无袖套头衫

这是一款方领无袖套头衫。
小小的浆果花样令人着迷，
让人联想到金合欢的小花，
仿佛宣告着春天的到来。
下摆的褶饰可爱极了。

使用线材 / 钻石线 Silk Elegante
编织方法 / p.68

2 White Knit

金合欢叶子花样
短袖开衫

这款作品是两件套，
金合欢的叶子纵向排列，
形成嵌条式花样。
外面是半袖的无纽扣短上衣，
里面是吊带背心的设计，
让人感觉十分凉爽。

使用线材／钻石线 Isis <Cotton>
编织方法／ p.65

3 White Knit

金合欢叶子花样吊带背心

这款吊带背心是作品 2 中的内搭。将金合欢叶子花样排列在中间，与外面的无纽扣短上衣相得益彰。贴身穿着也非常漂亮。

使用线材 / 钻石线 Isis <Cotton>

编织方法 / p.66

4 White Knit

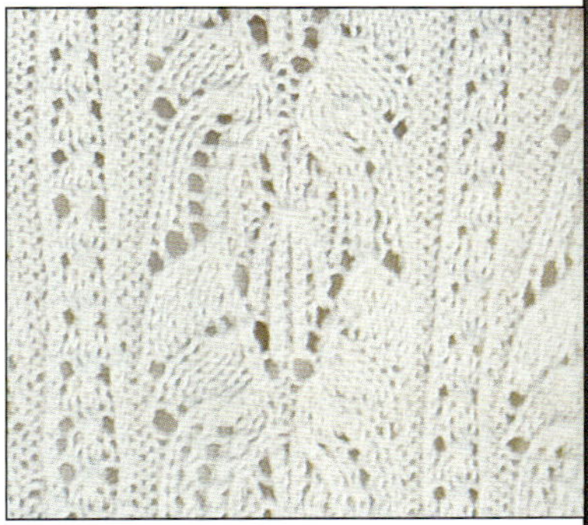

常春藤花样套头衫

将清凉的常春藤花样纵向排列，
编织成了这款半袖套头衫。
横向编织的带状饰边
增添了几分华丽典雅的气息。

使用线材／钻石线 Fair Silk
编织方法／ p.70

5

White Knit

双叶花样七分袖套头衫

这是一款七分袖套头衫，
整齐排列的双叶花样煞是可爱。
若隐若现的金属光泽十分雅致，
突显了成熟女性的温婉气质。

使用线材／钻石线 Masterseed Cotton <Lame>
编织方法／ p.72

6

White Knit

几何图案七分袖开衫

这是一款 Y 领七分袖开衫，
完美组合的菱形花样
和三角形花样
让人想起几何图案。
不妨为这个夏天编织一件。

使用线材 / 钻石线 Masterseed Cotton
编织方法 / p.76

CROCHET KNIT

华丽的“钩针编织”

用 1 根钩针就可以创造出细腻而华丽的编织世界。这是当下备受关注的技巧。
下面汇集了几款精心编织的钩针作品，宛如高级私人定制的服装。

7 Crochet Knit

华丽的蕾丝短开衫

这款钩针编织的无纽扣短上衣
使用的是黑色纯真丝线，
微妙的混合色调十分漂亮。
华丽的饰边显得格外亮眼，
真是一件精美的作品。

使用线材／钻石线 Silkaura
编织方法／ p.78

8 Crochet Knit

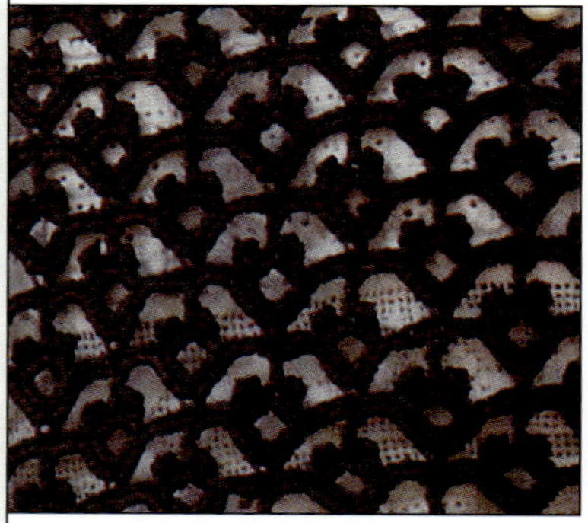

网格花样套头衫

这款半袖套头衫的花样
既简单又优美，
巧妙运用了网格针、短针
和狗牙针。
宽宽的边缘也与主体
完美契合。

使用线材／钻石线 Silk Domani
编织方法／ p.80

9 Crochet Knit

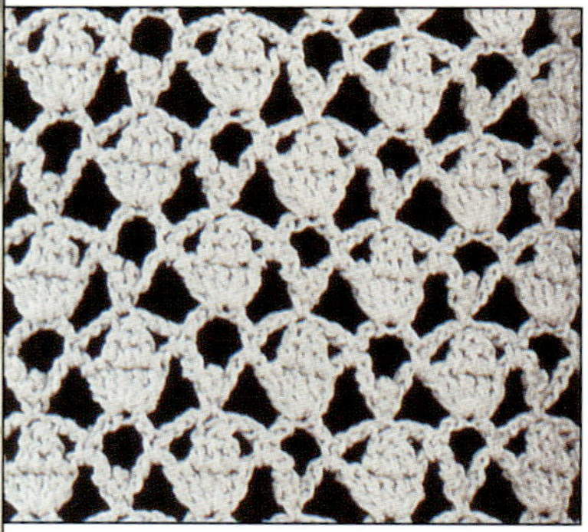

爱尔兰蕾丝套头衫

套头衫胸前的爱尔兰花朵
优雅迷人。
下摆和袖口也装饰了花片，
展现出钩针编织的独特魅力。

使用线材／钻石线 Silkaura
编织方法／ p.82

10 Crochet Knit

条纹花样无袖套头衫

重复编织 2 种条纹花样，
完成了这款修身的无袖套头衫。
作为夏装外套的内搭，
也非常实用。

使用线材 / 钻石线 Masterseed Cotton
编织方法 / p.84

11 Crochet Knit

镂空花样长款背心

这件长款背心使用的
是空心带子纱线，
由 2 种材质的长间距段
染线混纺而成。
色调细腻、雅致，
彰显了成熟女性的魅力。

使用线材／钻石线 Dialien
编织方法／ p.86

12

Crochet Knit

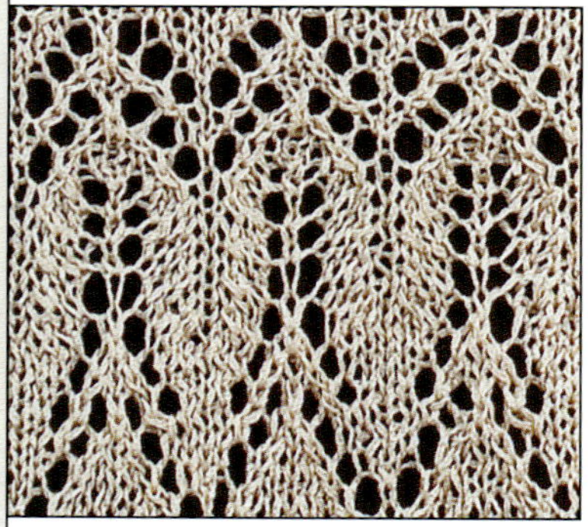

A 形套头衫

这是一款 A 形收腰套头衫，
下摆与上半身用钩针编织，
身片与袖子用棒针编织。
华丽的花样相得益彰。

使用线材 / 钻石线 Silk Soierl
编织方法 / p.88

COLORFUL KNIT

夏日的“五彩编织”

夏日编织还是希望多一些色彩。
在强烈的阳光下穿出清新靓丽的风采吧！

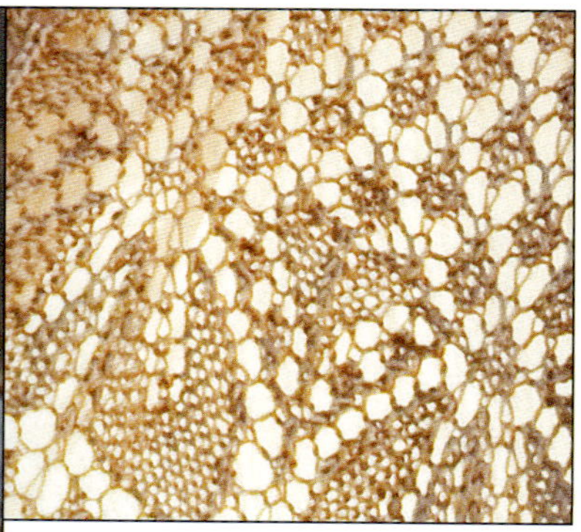

13 Colorful Knit

优雅的夏日披肩

披肩的两端是大大的
树叶花样，
恰到好处的宽度和长度
实用百搭。
养眼的裸色调十分雅致。

使用线材／钻石线 Fair Silk
编织方法／ p.90

14
Colorful Knit

圆育克半袖套头衫

这是一款半袖套头衫，
圆育克部分通过分散减针
延续了下摆的树叶花样。
浅灰色的柔和色调
清雅脱俗。

使用线材／钻石线 Masterseed Cotton <Lame>
编织方法／ p.92

15 Colorful Knit

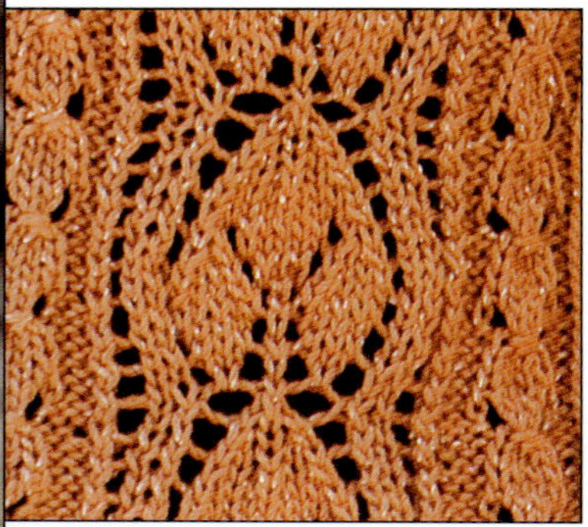

青果领短开衫

这是一款带衣领的
暗橘色开衫，
左右对称的大片树叶花样
十分迷人。
整件作品洋溢着夏日的
凉爽气息。

使用线材／钻石线 Masterseed Cotton <Lame>
编织方法／ p.94

16

Colorful Knit

花样蜿蜒的套头衫

蜿蜒流转的花样交替重叠，
浅绿色的法式套头衫
清爽怡人。
这是当季最流行的绿色系穿搭。

使用线材／钻石线 Masterseed Cotton <Lame>

编织方法／ p.75

17

Colorful Knit

树叶花样 Y 领背心

这是一款浅蓝色的 Y 领背心，
成列的树叶花样凉意十足。
夏日准备这样一件背心，
方便实用。

使用线材／钻石线 Masterseed Cotton
编织方法／ p.98

18

罗纹针花样套头衫

用紫色系段染线编织的这款
套头衫十分精美，
别致的花样由罗纹针演变而来。
休闲中散发着成熟女性的优雅气质。

使用线材／钻石线 Dialien
编织方法／ p.100

19

Colorful Knit

大水滴花样套头衫

这是一款清新的淡粉色
半袖套头衫，
大大的水滴花样透着
丝丝凉意。
宽边的 V 领设计分外优雅。

使用线材 / 钻石线 Masterseed Cotton

编织方法 / p.102

20

Colorful Knit

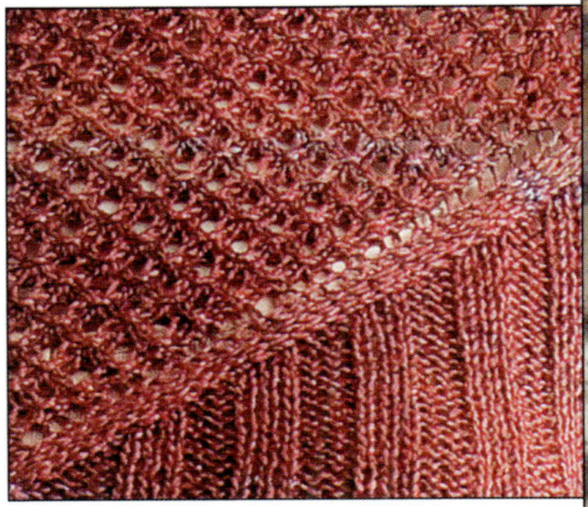

法式结编花样套头衫

这款法式套头衫使用了
螺旋花式线，
它由深红色线与段染线
合捻而成，
给人一种柔美的感觉。
前胸与后背的
三角形设计和结编花样
是作品的一大亮点。

使用线材／钻石线 Diacosta
编织方法／ p.105

NEW PATTERN PULLOVER

花样新颖的套头衫

使用全新的原创花样，
编织优美的套头衫。
新颖别致，最适合秋冬季节穿着。

21 New Pattern Pullover

褶饰花样高领毛衣

这是一款高领套头衫，
斜纹花样与褶饰花样交替重复，
构成了新颖独特的组合花样。
与毛茸茸的材质也十分契合。

使用线材／钻石线 Diamohairceux
<Alpaca>
编织方法／ p.108

22 New Pattern Pullover

圆育克A形短袖衫

这款圆育克A形短袖衫
是从领口往下摆方向编织。
逐渐放大成串的花样，
呈现上窄下宽的A形轮廓。
小巧的袖子煞是可爱。

使用线材／钻石线 Diamohairdeux
<Alpaca>
编织方法／ p.110

23 New Pattern Pullover

七宝纹花样套头衫

这款套头衫是宽松的双翻领设计，
类似七宝纹的花样排列整齐，
给人清爽简洁的印象。
原白色的毛衫搭配灰色长裤，
既和谐又高雅。

使用线材 / 钻石线 Tasmanian Merino
编织方法 / p.112

24
New Pattern Pullover

别致的高领无袖衫

这是一款高领套头衫，
身片中心的立体花样十分新颖，
与左右两侧相对简单的花样
形成鲜明的对比。
这组花样也适合编织长袖套头衫。

使用线材／钻石线 Tasmanian Merino
编织方法／p.114

25 New Pattern Pullover

斜向花样拼接的套头衫

扭针和斜针组成了华丽的拼接花样，
大胆地斜向分布在前身片，
以及左右两侧的袖山上。
这是一款充满个性的套头衫，
设计独特，也只有成熟女性
才能穿出其中的韵味。

使用线材／钻石线 Diaexceed <Silkmohair>
编织方法／ p.116

TWIN KNIT

自由穿搭的两件套

两件套最能突显穿衣人的品位。
搭配合适的饰品，
既可以很休闲，也可以很优雅。
穿出女性的独特雅韵吧！

26 Twin Knit

镂空花样圆领衫

整件短袖套头衫都编织镂空花样，
在领围附近设计得粗疏一些，
增添了些许变化。
即使单穿，
也是一款极具存在感的作品。

使用线材／钻石线 Tasmanian Merino <Alpaca>

编织方法／ p.118

27 Twin Knit

平翻领外搭开衫

这是一款开襟外套，
纵向使用了与作品 26 相同的
花样。
加上小巧的平翻领，
成套穿着，实用百搭。

使用线材／钻石线 Tasmanian Merino <Alpaca>
编织方法／ p.120

28 Twin Knit

菱形图案V领半袖衫

加入结编的菱形图案
排列成竖条纹，
是这款半袖衫的一大亮点。
沿着V领设计的花样
更加富于流动感。

使用线材 / 钻石线 Diaexceed <Cashmere>
编织方法 / p.122

29 Twin Knit

菱形图案外搭开衫

将菱形图案设计在中间，
纵向走势的花样精致和谐。
搭配成两件套格外典雅，
真想爱惜地穿很久。

使用线材 / 钻石线 Diaexceed <Cashmere>
编织方法 / p.125

ELEGANT KNIT

知性优雅的毛衫

优雅的花样巧妙运用了
串珠和金银丝线的雅致光泽，
款式的设计，
诠释了高级手编服饰的真髓。
这里精心准备了几款
精致优雅、端庄大气的编织作品。

30 Elegant Knit

高贵的披肩式上衣

紫色的披肩式上衣
显得高贵典雅，
从后背中心开始编织，
再缝合左、右袖子的前端。
边缘部分用钩针编织
大大的扇形花样，
将作品装饰得更加华丽。

使用线材／钻石线 Tasmanian Merino
编织方法／ p.107

31

Elegant Knit

盖袖套头衫和保暖袖套

这是一款典雅的
盖袖套头衫，
深红色中闪烁的金银丝线
增添了靓丽色彩。
再搭配一双长度到肘部的
保暖袖套，
更能彰显着装的优雅魅力。

使用线材／钻石线 Tasmanian Merino <Lame>
编织方法／ p.127

32

Elegant Knit

铃兰花样短开衫

这是一款蓝灰色的无扣短开衫，
清新可爱的铃兰花样上
装饰着珍珠和管珠。
边缘部分另外编织后
再与主体缝合。
这款作品非常适合
用毛茸茸的线材编织。

使用线材／钻石线 Diamohairdeux
<Alpaca>
编织方法／ p.130

33

Elegant KVnit

华美的套头衫

抢眼的贝壳花样与
枣形针装饰的紫藤花样
交错重复，极为华丽。
这款套头衫尽显棒针编织的
精美绝妙。
在边缘编入圆珠，
更是增添了华美气息。

使用线材 / 钻石线 Diaexceed <Silkmohair>

编织方法 / p.131

34 Elegant Knit

麻叶纹花样套头衫

这是一款七分袖的套头衫，
独特的花样让人想起麻叶纹。
巧妙地运用结编针法，
使作品给人轻快的感觉。
简洁的方领设计
显得特别雅致。

使用线材 / 钻石线 Tasmanian Merino <Lame>
编织方法 / p.134

35

Elegant Knit

清爽奢华的披肩

这款钩针编织的披肩
以锁针为主，
花样清爽简洁。
边缘是一排菠萝花样，
增添了几分低调的奢华感。

使用线材 / 钻石线 Tasmanian Merino <Lame>
编织方法 / p.136

CASUAL KNIT

休闲舒适的毛衫

使用稍粗的线材编织休闲的毛衫，
真是再合适不过了。
将流行的渐变色
穿出别样的风情吧！

36 Casual Knit

秋日的休闲背心

长款收腰背心以下胸围线为界，
分别在上下两侧
纵向、横向排列花样。
混纺马海毛的轻柔材质
与华丽的段染色调相得益彰。

使用线材／钻石线 Diaruine
编织方法／ p.148

37

Casual Knit

经典基础款开衫

灰色系段染线的颜色有着
微妙的深浅变化，
编织的基础款开衫十分雅致。
大小不同的麻花花样
错落有致，富有新意。

使用线材 / 钻石线 Tasmanian Merino <Malti>

编织方法 / p.138

38 Casual Knit

温暖的高领套头衫

这是一款高翻领套头衫，
暖色系段染洋溢着青春气息。
花样的起点与终点隐约可辨，
自然过渡堪称完美。

使用线材／钻石线 Tasmanian Merino <Malti>
编织方法／ p.140

39 Casual Knit

长款阿兰套头衫

使用粉色系与蓝绿色系
段染线编织，
长款套头衫的色调十分温和。
柔美的阿兰花样给人
优雅又随性的印象，
适合小阳春时节悠闲散步时穿着。

使用线材／钻石线 Diadomina
编织方法／ p.142

40 Casual Knit

七分袖箱形外套

这是一件箱形短款外套，
轻柔的链式花线十分容易编织。
山路花样突显了微妙变化的
段染效果。
宽松的七分袖一看就很方便穿着。

使用线材／钻石线 Diapalmo
编织方法／ p.144

本书使用线材一览表

	线名（缩写）	成分	颜色数	规格	线长	粗细	使用针号	下针编织标准密度	特点
1	Masterseed Cotton（MS）	棉 100%（MASTER SEED 棉）	17	30g/ 团	约 106m	粗	4~5 号	25~27 针 34~36 行	使用新品“MASTER SEED”高级棉加工而成的优质平直毛线，柔软又富有光泽
2	Masterseed Cotton <Lame>（MSL）	棉 98%（MASTER SEED 棉）、涤纶 2%	12	30g/ 团	约 102m	粗	4~5 号	25~26 针 33~35 行	优质的“MASTER SEED”棉加上纤细的金银丝线的光泽，是一款非常雅致的夏季线材
3	Silk Soierl（KS）	腈纶 53%、人造丝 27%、真丝 20%	15	40g/ 团	约 144m	粗	5~6 号	21~22 针 28~29 行	具有真丝和人造丝的光泽，织物轻柔，有弹性，不易变形
4	Silk Elegante（KE）	真丝 60%、棉 40%	15	30g/ 团	约 128m	粗	5~6 号	24~26 针 33~35 行	由真丝与棉混纺而成的空心带子纱线，色调雅致，清爽宜人
5	Silkaura（KR）	真丝 100%	9	25g/ 团	约 110m	粗	4~6 号	25~27 针 35~37 行	用微妙的混合色调展现了 100% 真丝的品质，轻柔又富有光泽，是一款高级线材
6	Fair Silk（FK）	真丝 100%	17	30g/ 团	约 96m	粗	4~5 号	25~26 针 32~33 行	高级真丝线材，可以直观感受到漂亮的光泽、柔滑的手感和亲肤舒适的穿着体验
7	Silk Domani（KD）	真丝 100%	20	25g/ 团	约 157m	细	取 2 根线 4~5 号	37~38 针 47~49 行	这款细丝线拥有雅致的光泽以及真丝特有的绝佳手感。用它编织细腻的花样也非常精美
8	Isis <Cotton>（IS）	棉 100%（埃及棉）	26	40g/ 团	约 108m	粗	5~7 号	22~23 针 28~29 行	拥有丝绸般的光泽和柔软的触感。具有良好的吸湿性，手感爽滑
9	Diacosta（CS）	腈纶 53%、人造丝 47%	18	40g/ 团	约 136m	粗	5~6 号	21~22 针 29~30 行	长距离的色彩变化令人印象深刻，这是一款富有光泽的花式线
10	Dialien（LE）	棉 67%、涤纶 33%	8	35g/ 团	约 123m	粗	5~6 号	24~26 针 34~36 行	由棉与涤纶混纺而成的空心带子纱线，2 种材质的长间距段染线变幻出多彩的颜色
11	Diamohairdeux <Alpaca>（MD）	腈纶 50%、马海毛 40%（小马海毛）、羊驼绒 10%（幼羊驼绒）	15	40g/ 团	约 160m	中粗	6~7 号	19~21 针 25~27 行	加入小马海毛和羊驼绒混纺的毛线，手感柔软蓬松
12	Tasmanian Merino（DT）	羊毛 100%（塔斯马尼亚美利奴羊毛）	35	40g/ 团	约 120m	中粗	5~6 号	22~23 针 30~32 行	使用高级的塔斯马尼亚美利奴羊毛为原材料。手感柔软、织物精美是这款线材的最大特色
13	Tasmanian Merino <Alpaca>（DTA）	羊毛 70%（塔斯马尼亚美利奴羊毛）、羊驼绒 30%（幼羊驼绒）	13	40g/ 团	约 146m	粗	4~6 号	24~26 针 34~36 行	由优质的塔斯马尼亚美利奴羊毛与幼羊驼绒混纺而成，是一款柔软顺滑的平直毛线
14	Diaexceed <Silkmohair>（EXK）	羊毛 49%（塔斯马尼亚美利奴羊毛）、真丝 35%、马海毛 9%（小马海毛）、锦纶 7%	16	40g/ 团	约 120m	中粗	5~6 号	22~24 针 30~32 行	将真丝与塔斯马尼亚美利奴羊毛混纺成的平直毛线，与柔软的小马海毛合捻，是一款漂亮的优质毛线
15	Diaexceed <Cashmere>（EXC）	羊绒 50%、羊毛 50%（塔斯马尼亚美利奴羊毛）	10	30g/ 团	约 112m	粗	4~5 号	24~26 针 35~37 行	由羊绒与塔斯马尼亚美利奴羊毛混纺而成，是一款高品质的平直毛线
16	Tasmanian Merino <Lame>（DTL）	羊毛 97%（塔斯马尼亚美利奴羊毛）、涤纶 3%	14	40g/ 团	约 124m	中粗	5~6 号	22~24 针 31~33 行	在优质的塔斯马尼亚美利奴羊毛中捻入金银丝线加工而成，是一款非常漂亮的平直毛线
17	Diakisara（KI）	羊毛 75%（超细美利奴羊毛）、腈纶 18%、涤纶 7%	5	30g/ 团	约 162m	细	2/0~3/0 号	31~33 针 45~47 行	超细美利奴羊毛与富有光泽的段染线混纺而成，呈现出混色的效果，是一款很适合钩针编织的毛线
18	Diaruine（RN）	羊毛 83%、马海毛 17%（小马海毛）	8	35g/ 团	约 106m	中粗	5~6 号	20~22 针 28~30 行	由 3 种长段染色复杂地组合而成，是一款色彩丰富的花式线
19	Tasmanian Merino <Malti>（DTM）	羊毛 100%（塔斯马尼亚美利奴羊毛）	10	40g/ 团	约 142m	中粗	5~6 号	22~24 针 30~32 行	以塔斯马尼亚美利奴羊毛为原材料的新款平直毛线，自然的渐变色令人回味
20	Diadomina（DD）	羊毛 50%、锦纶 29%、马海毛 21%（小马海毛）	18	40g/ 团	约 112m	中粗	6~7 号	20~22 针 25~27 行	15 种颜色相互融合展现出美妙的渐变色彩，柔软的小马海毛使毛线表面轻微起绒，给人温暖的感觉
21	Diapalmo（PM）	羊毛 90%、马海毛 10%（小马海毛）	12	30g/ 团	约 116m	极粗	8~10 号	19~21 针 30~32 行	漂亮的长段染色令人印象深刻，是一款非常柔软的空心带子纱线

★线的粗细是比较笼统的描述，仅供参考。此外，下针编织标准密度的数据来自厂商。
★有关使用线材的问题，请咨询钻石毛线株式会社。
★此表中序号 1 ~ 10 为作品 1 ~ 20 所用线材；序号 11 ~ 21 为作品 21 ~ 40 所用线材。
★实物粗细的线材见本书封面背面的彩图。
★本书编织图中凡是表示长度但没标单位的数字均以厘米（cm）为单位。

作品的编织方法

●**材料** 钻石线 Isis <Cotton>（粗）原白色（202）300g/8团

●**工具** 棒针6号、5号，钩针3/0号

●**成品尺寸** 胸围90cm，肩宽34cm，衣长52.5cm，袖长23cm

●**编织密度** 10cm×10cm面积内：编织花样A 26针，33行；编织花样B 28针，33行

●**编织方法和组合方法** 后身片…另线锁针起针后，按编织花样A编织。袖窿和领窝做伏针减针和立起侧边1针的减针，斜肩做留针的引返编织。前身片…按编织花样A、B编织，领窝在花样的切换位置减针。袖子…编织要领与身片相同，袖下扭转侧边1针内侧的渡线加针。组合…肩部将前片多出的部分2针并作1针，做盖针接合。胁部、袖下做挑针缝合。下摆解开另线锁针起针，将针目移至棒针上，在前端和领窝挑针后备用。按编织花样C一边编织一边与身片的针目做2针并1针进行连接，然后将编织终点与编织起点接合。袖口也用相同方法编织，袖子与身片之间做引拔缝合。

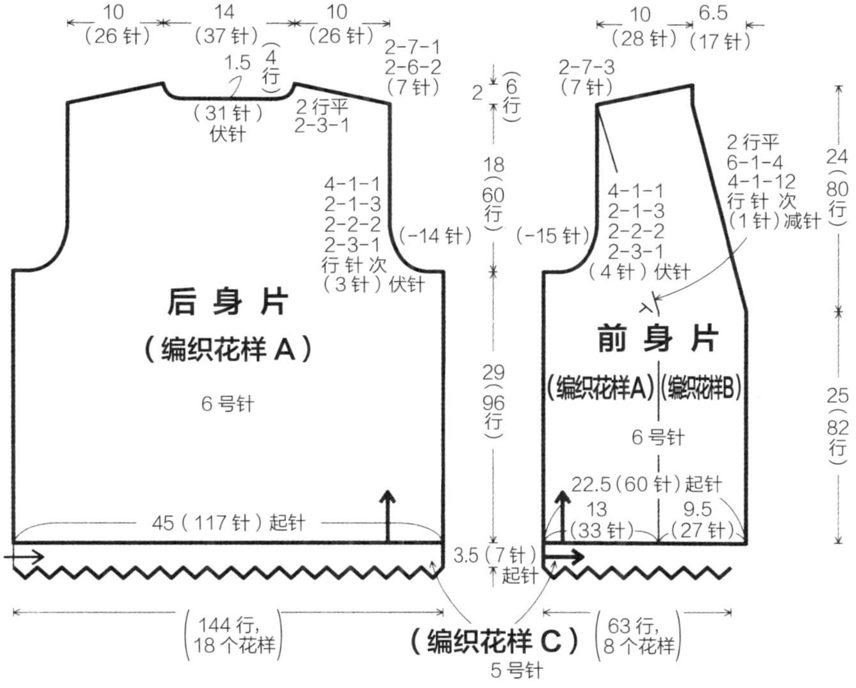

前门襟、衣领（编织花样C）

5号针

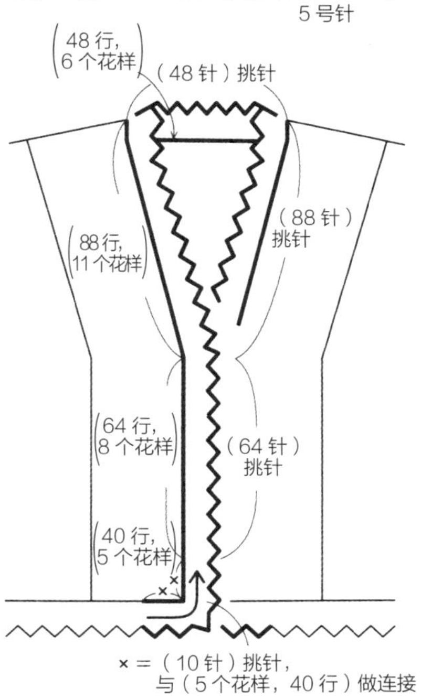

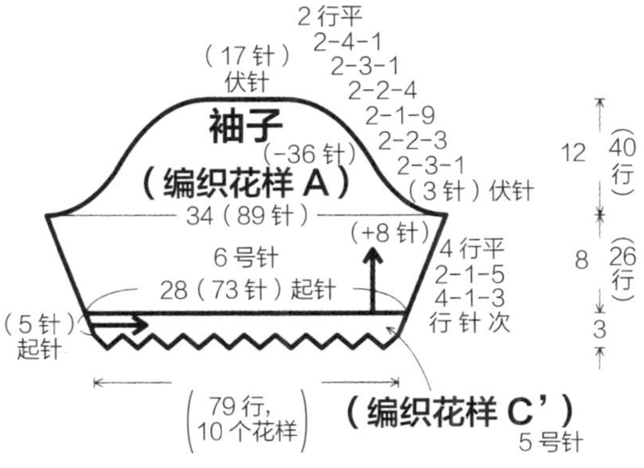

编织花样A

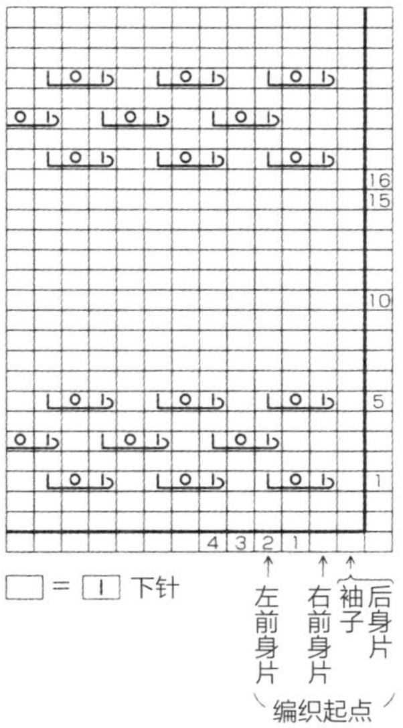

编织花样C

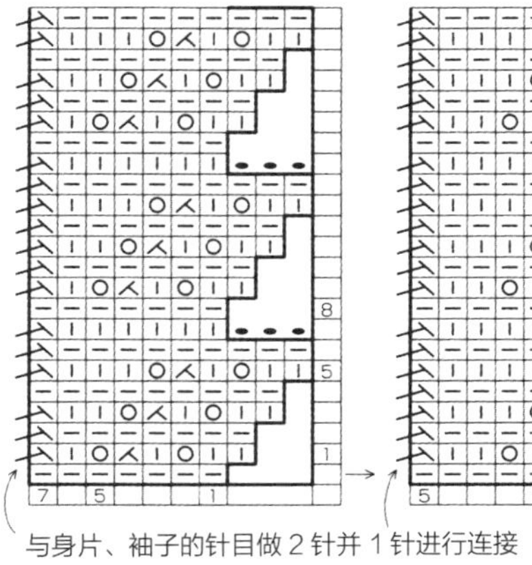

编织花样C'

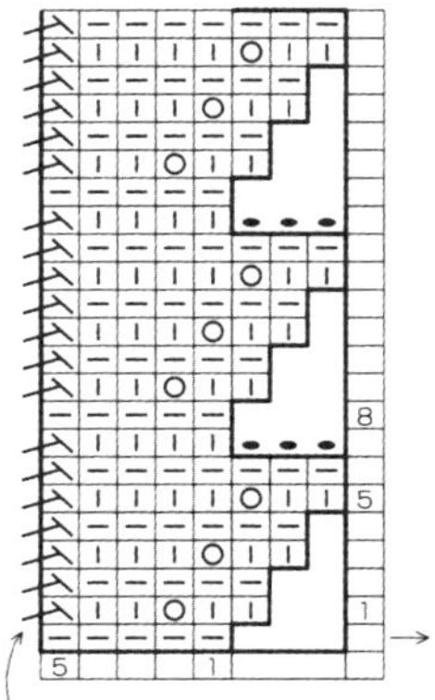

※ 编织花样B见p.67

第7页

3

●**材料** 钻石线 Isis <Cotton>（粗） 原白色（202）160g/4团

●**工具** 棒针6号、4号

●**成品尺寸** 胸围86cm，衣长50cm

●**编织密度** 10cm×10cm面积内：编织花样A 26针，33行；编织花样B 22针，33行

●**编织方法和组合方法** 身片…在下摆的花样切换位置另线锁针起针后，按编织花样A、B编织至腰部，接着变换针号继续编织至腋下。袖窿的第1行减针时，在两端的第3针编织3针并1针，相邻的结编中不要编织挂针。其他行如图所示立起侧边4针编织3针并1针和2针并1针的减针。接着平均加针后，按编织花样C继续编织。后身片结束时做扭针的单罗纹针收针。前身片做卷针加针后继续编织肩带。组合…下摆解开另线锁针的起针，平均做扭针加针后按编织花样C编织，结束时做扭针的单罗纹针收针。胁部做挑针缝合。最后将肩带缝在后身片的编织花样C的位置。

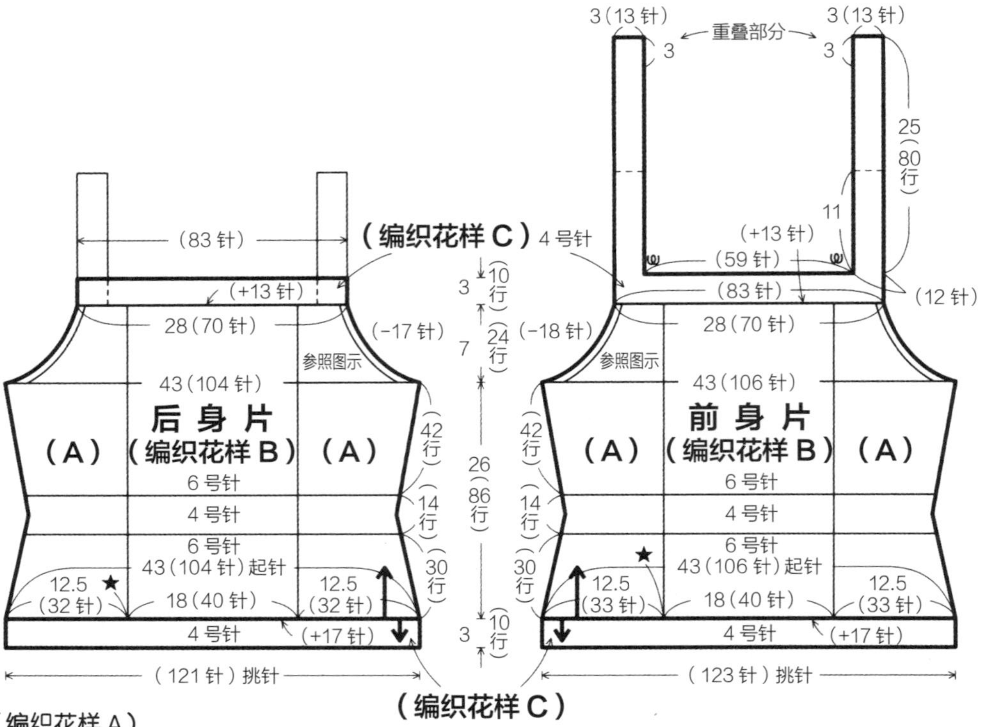

※(A)=（编织花样A）

编织花样B

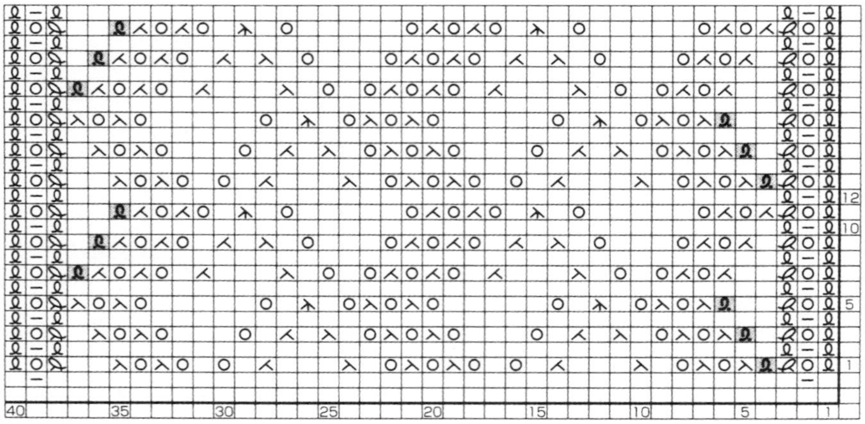

□ = ▯ 下针　　Ω、Ω = 扭转针目之间的渡线加针

编织花样A

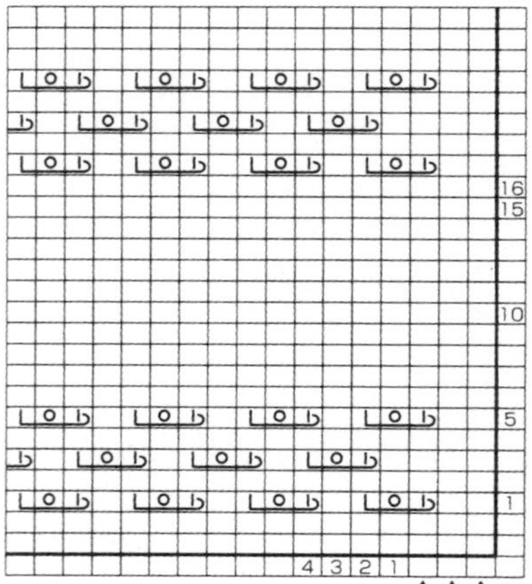

□ = ▯ 下针

编织花样 C

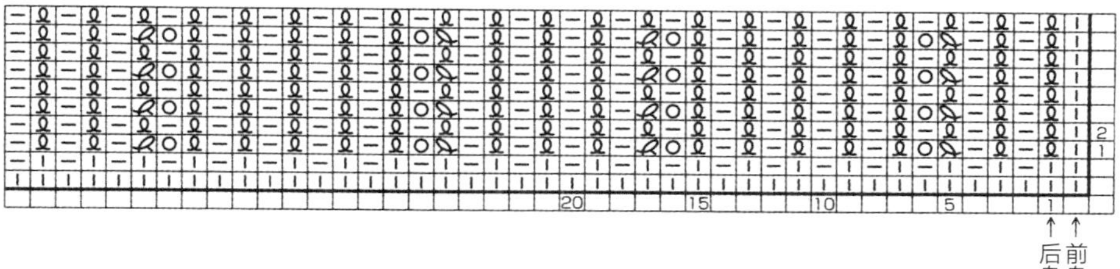

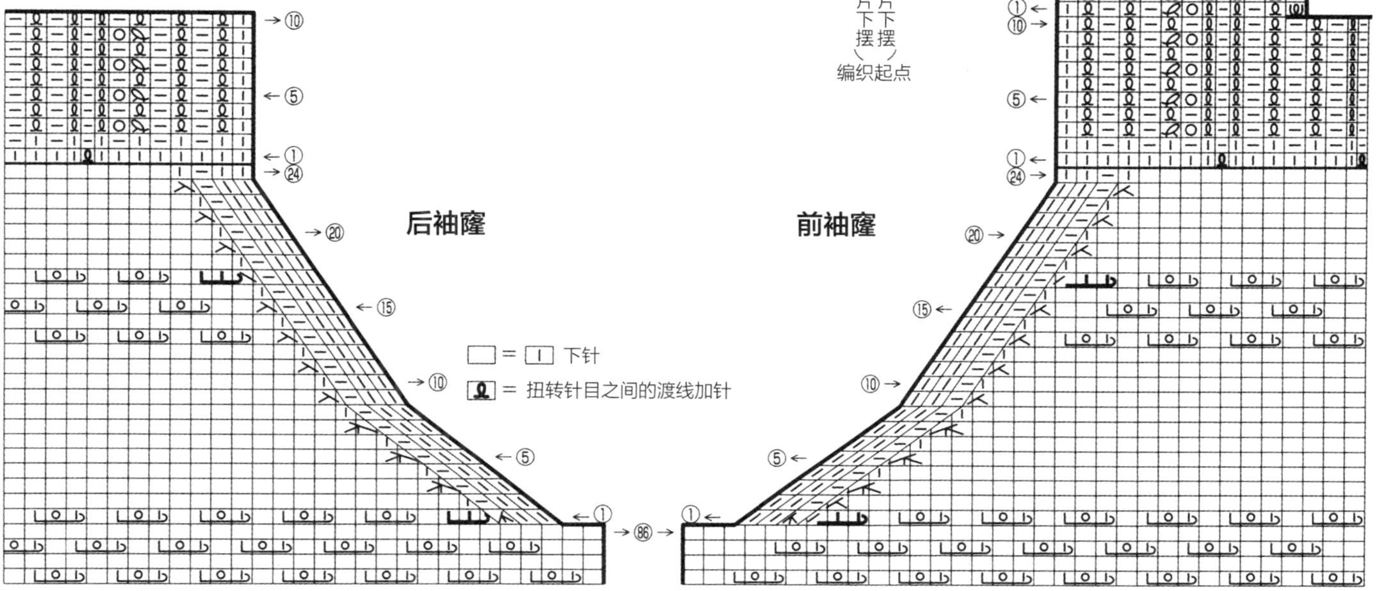

※ 接 p.65 的作品 2

编织花样 B

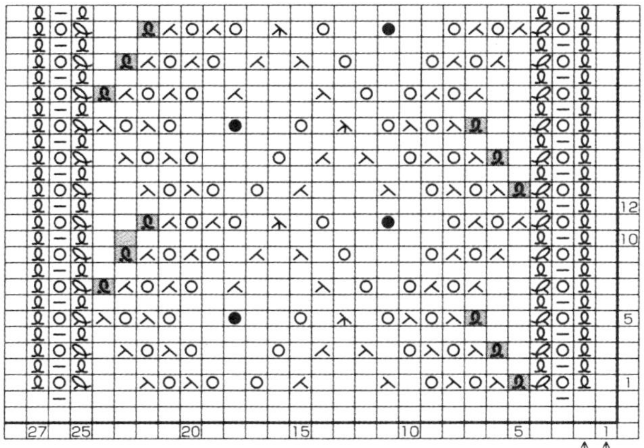

□ = [I] 下针　[Q]、[Q] = 扭转针目之间的渡线加针

[●] = (枣形针) 3/0号针

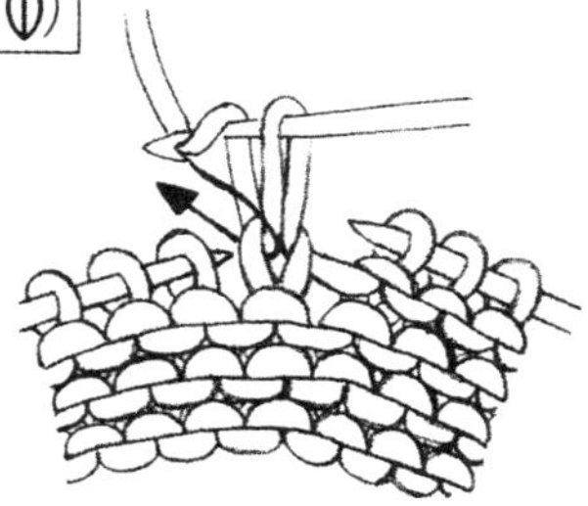

1 用钩针松松地拉出1针，挂线，在同一针目里插入钩针。

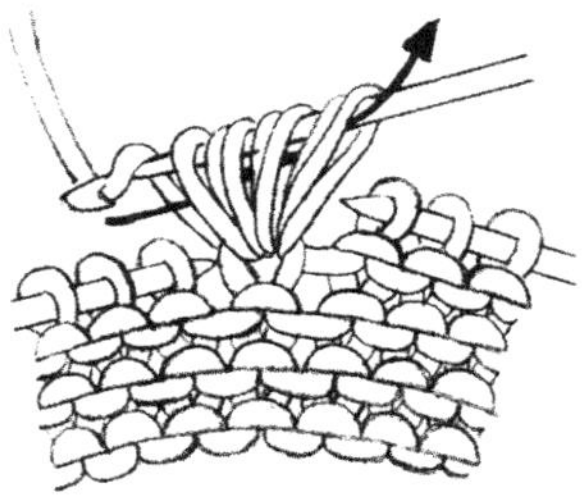

2 挂线后拉出。一共重复 3 次，最后一次性引拔穿过所有线圈。

3 如图所示再引拔 1 次，收紧针目。

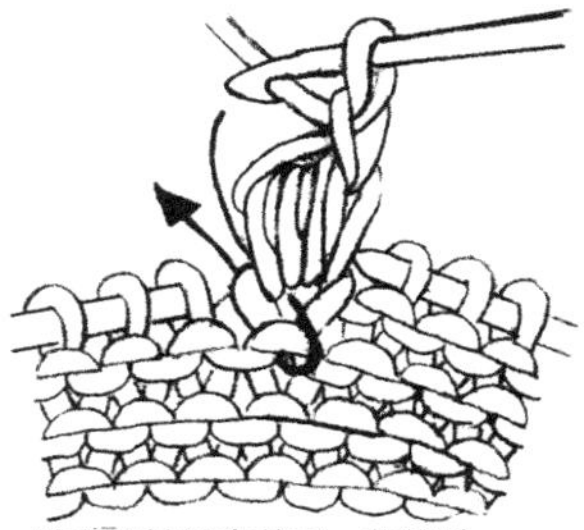

4 将枣形针倒向前面，如箭头所示插入钩针引拔。

●**材料** 钻石线 Silk Elegante（粗） 原白色（701）190g/7团

●**工具** 棒针4号、3号，钩针3/0号

●**成品尺寸** 胸围92cm，肩宽36cm，衣长53.5cm

●**编织密度** 10cm×10cm面积内：编织花样A 27针，34行

●**编织方法和组合方法** 身片…在下摆的花样切换位置另线锁针起针后，按编织花样A编织。胁部在侧边1针的内侧做扭针加针，袖窿如图所示利用花样做伏针减针和立起侧边1针的减针。下摆解开另线锁针的起针，一边平均减针一边松松地做伏针收针。然后按编织花样B编织，结束时交替编织下针和上针做伏针收针。组合…肩部做盖针接合，胁部做挑针缝合。衣领挑针后按扭针的单罗纹针和编织花样C环形编织，转角处如图所示减针，结束时做扭针的单罗纹针收针。袖窿环形编织扭针的单罗纹针。

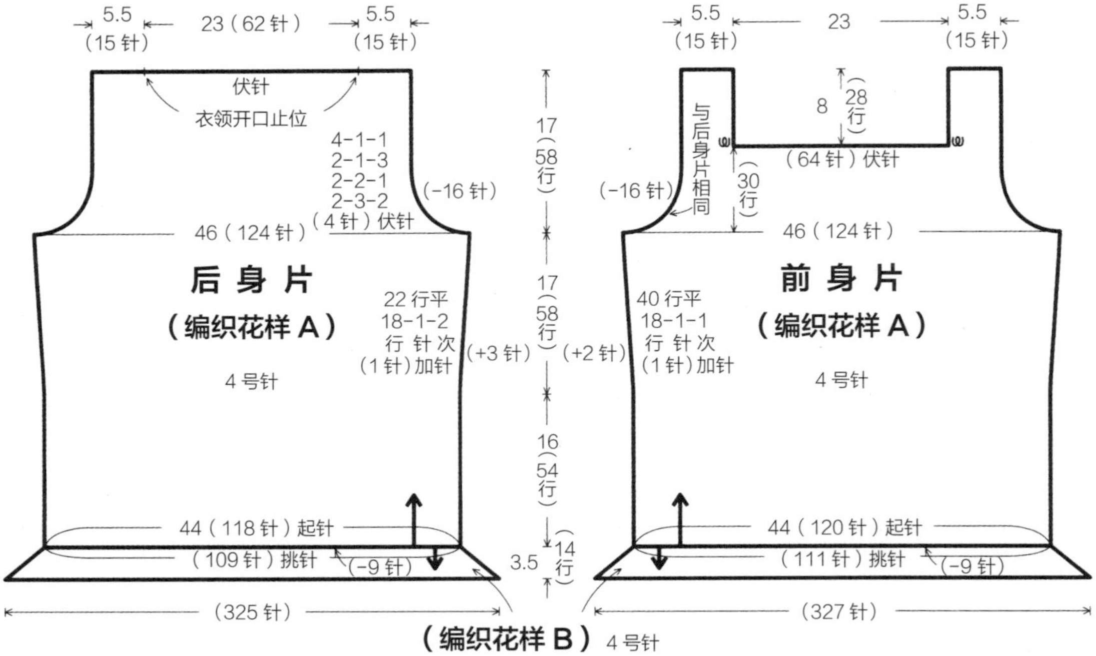

衣领、袖窿（扭针的单罗纹针）

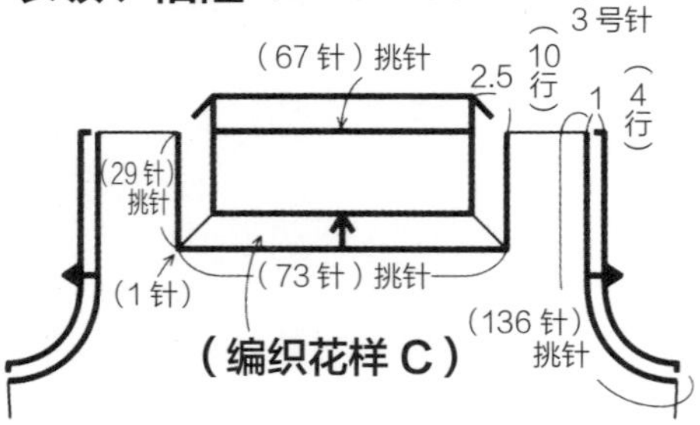

编织花样 C 与衣领转角的编织方法

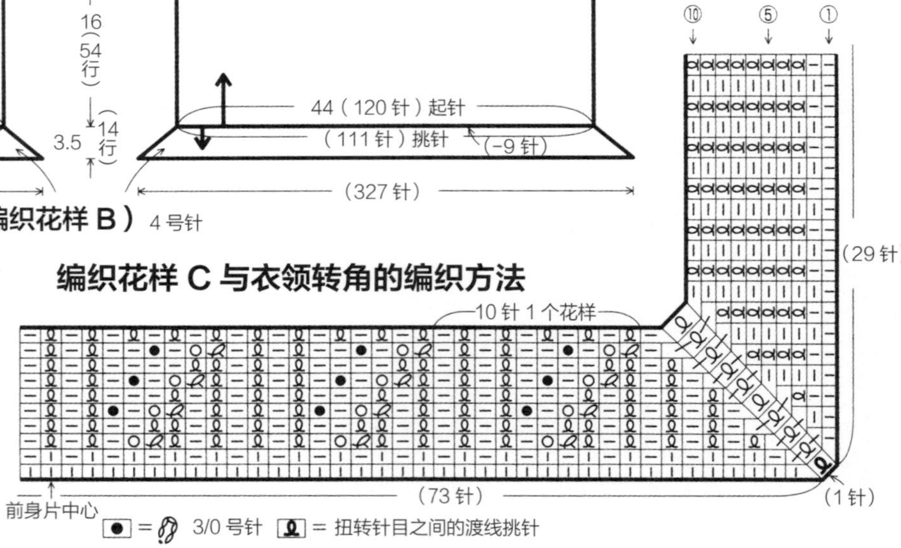

编织花样 B

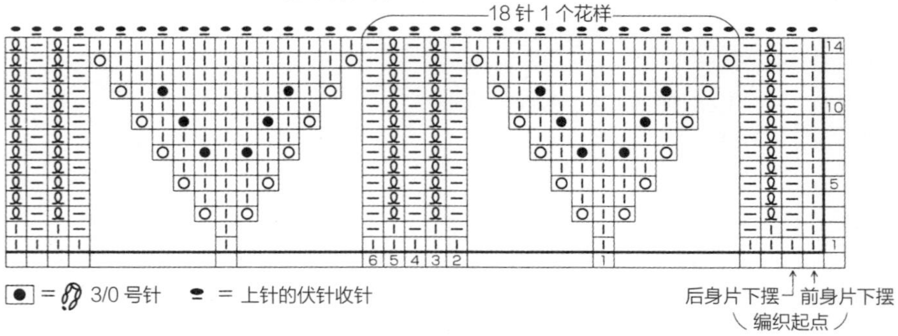

扭针的单罗纹针

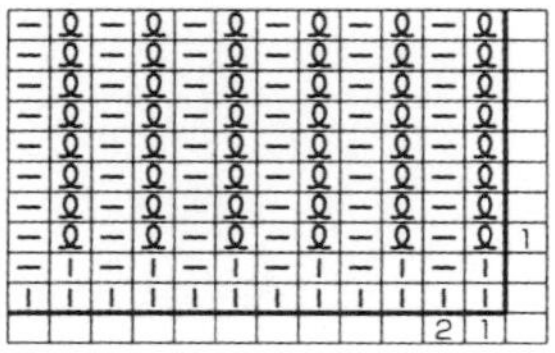

编织花样A

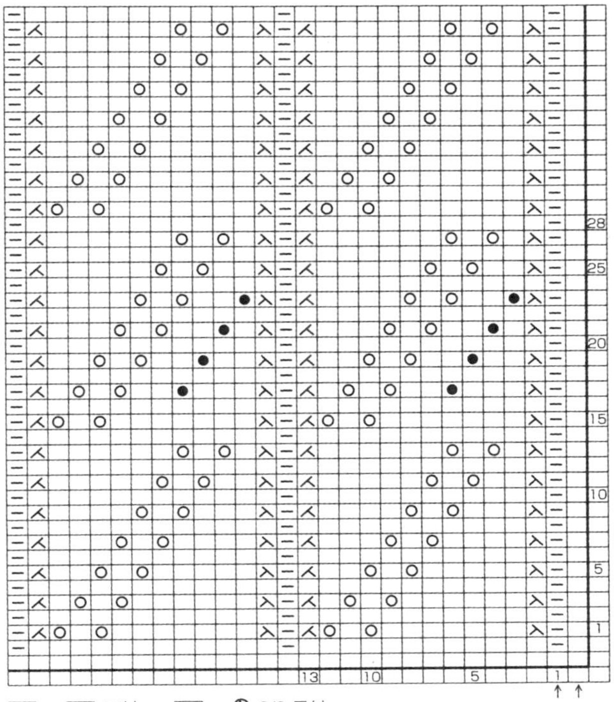

□ = [|] 下针　● = 3/0 号针

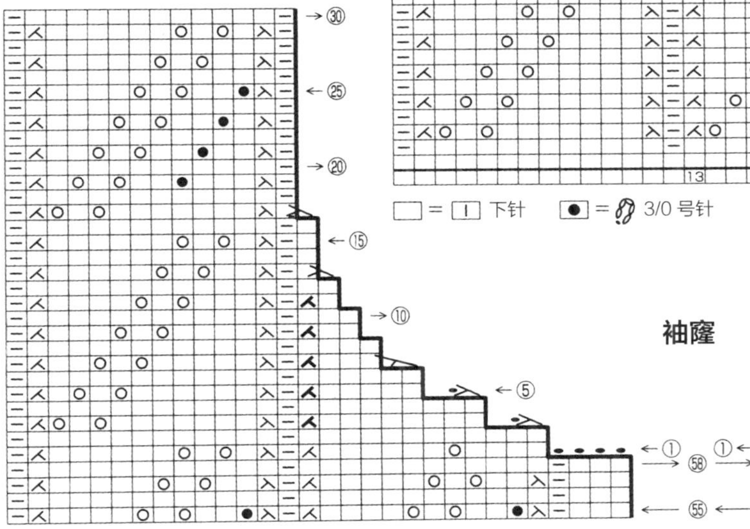

袖窿

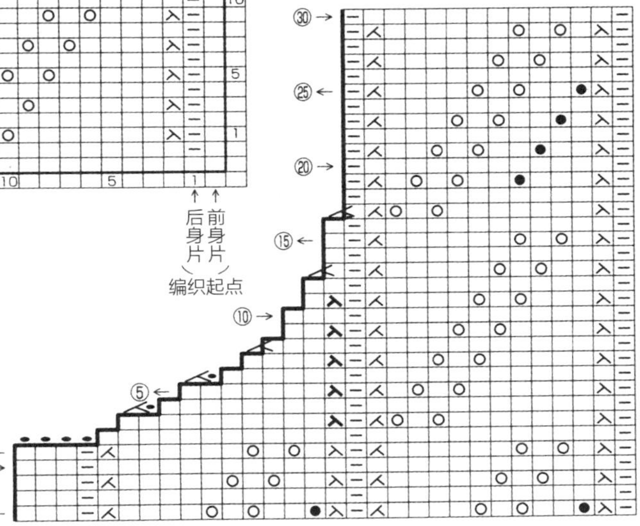

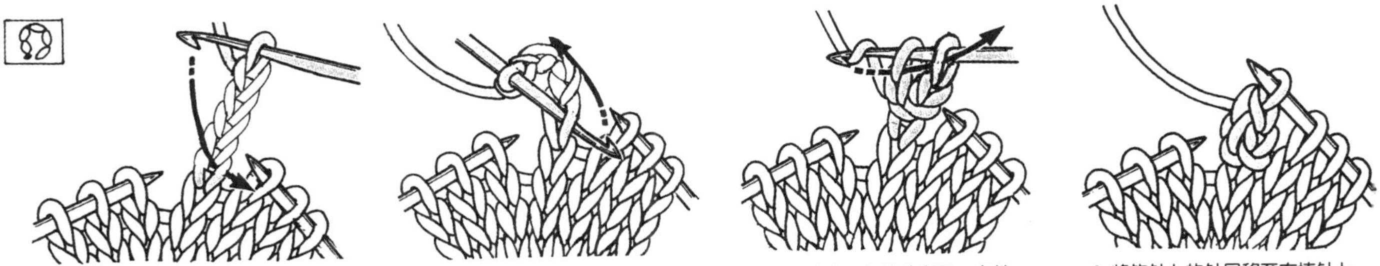

1 用钩针钩织 5 针锁针，从第 1 针锁针的前面插入钩针。

2 在插入钩针的状态下朝箭头所示方向转动针头。

3 针头挂线，如箭头所示一次性引拔。

4 将钩针上的针目移至右棒针上，5 针锁针的枣形针完成。

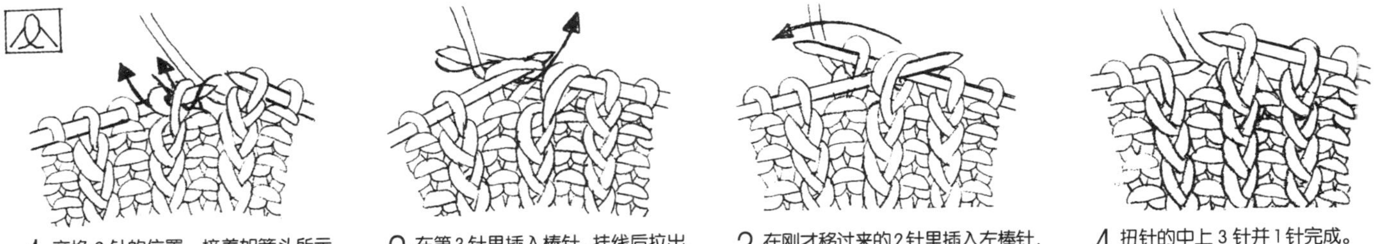

1 交换 2 针的位置，接着如箭头所示依次插入棒针，不编织直接移至右棒针上。

2 在第 3 针里插入棒针，挂线后拉出，编织下针。

3 在刚才移过来的 2 针里插入左棒针，将其覆盖在已织针目上。

4 扭针的中上 3 针并 1 针完成。

第 8 页

4

●**材料** 钻石线 Fair Silk（粗）原白色（601）245g/9团

●**工具** 棒针3号、2号

●**成品尺寸** 胸围92cm，肩宽34cm，衣长53.5cm，袖长25cm

●**编织密度** 10cm×10cm面积内：编织花样A 29针，35行

●**编织方法和组合方法** 身片…在下摆位置另线锁针起针后，按编织花样A编织。肋部减针时，立起侧边1针减针；加针时，在侧边1针的内侧做扭针加针。腰部如图所示做分散加减针。袖窿和领窝做伏针减针和立起侧边1针的减针。袖子…编织要领与身片相同。组合…肩部做盖针接合，肋部、袖下做挑针缝合。下摆、袖口解开另线锁针的起针，将针目移至棒针上备用。另线锁针起针，按编织花样B、B' 一边编织一边与主体的针目做2针并1针进行连接，然后将编织终点与编织起点接合。衣领从后身片中心开始挑针一圈备用，然后按编织花样B' 一边编织一边做连接。袖子与身片做引拔缝合。

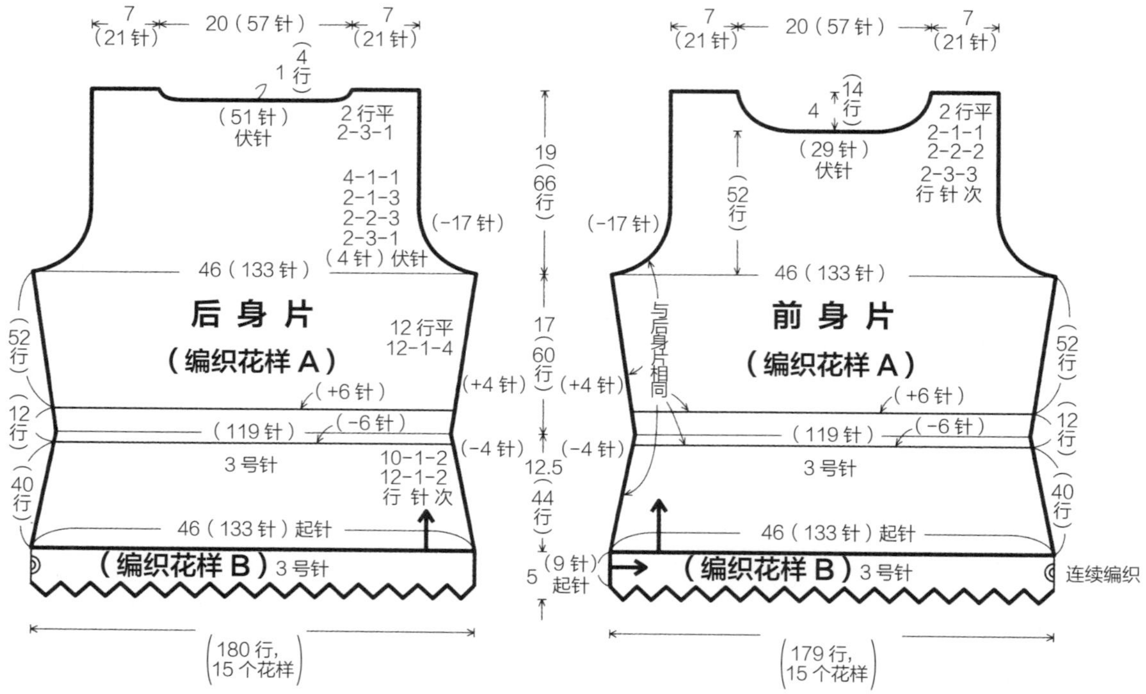

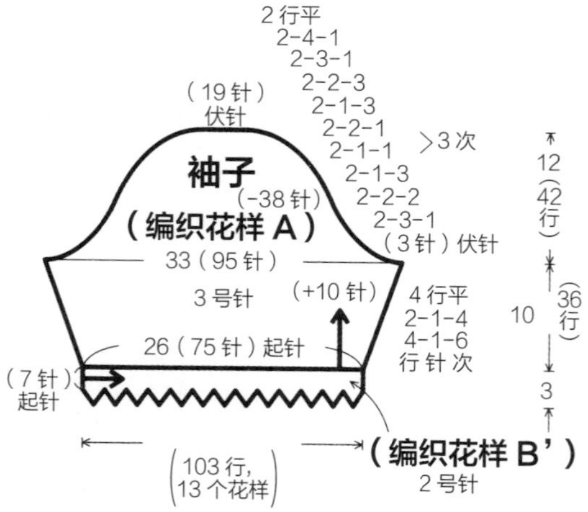

编织花样 B

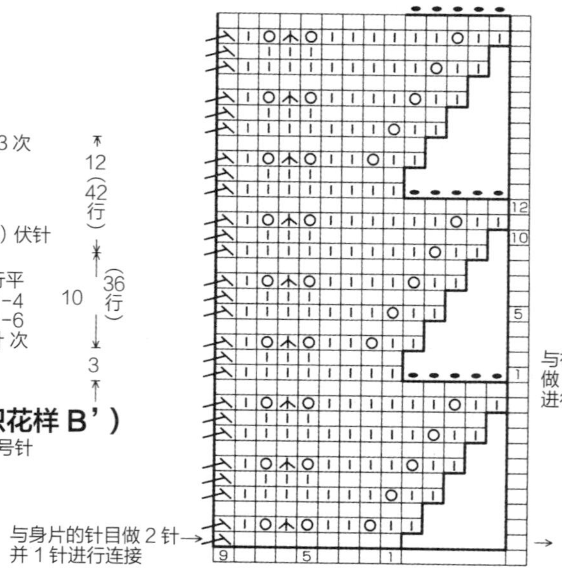

□ = ⊟ 上针

编织花样 B'

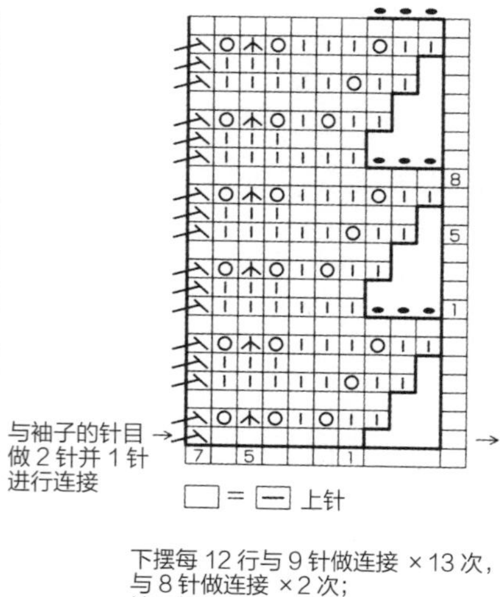

□ = ⊟ 上针

下摆每12行与9针做连接×13次，与8针做连接×2次；
袖口每8行与6针做连接×10次，与5针做连接×3次

腰部分散加减针的方法

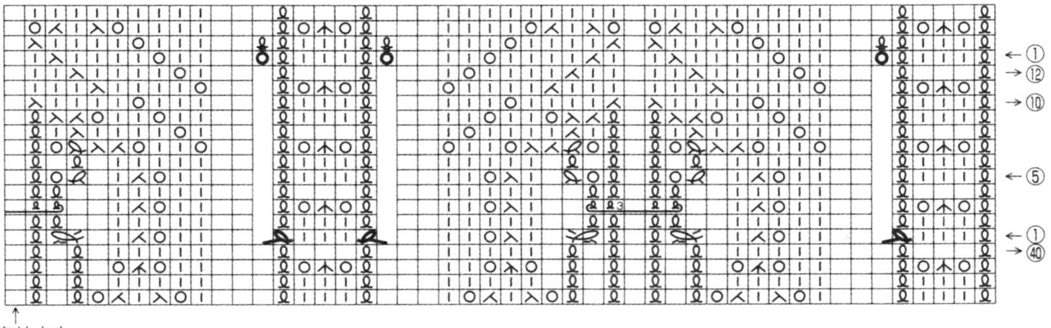

身片中心

衣领（编织花样 B’）2号针

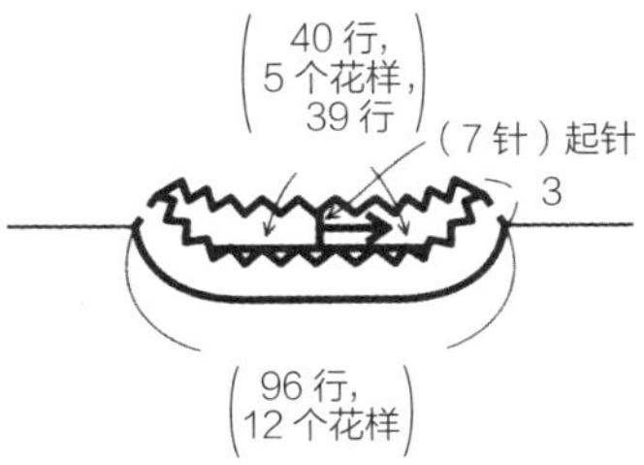

从前领窝挑取 72 针，从后领窝挑取 60 针备用。
按编织花样 B’一边编织一边做连接

编织花样 A

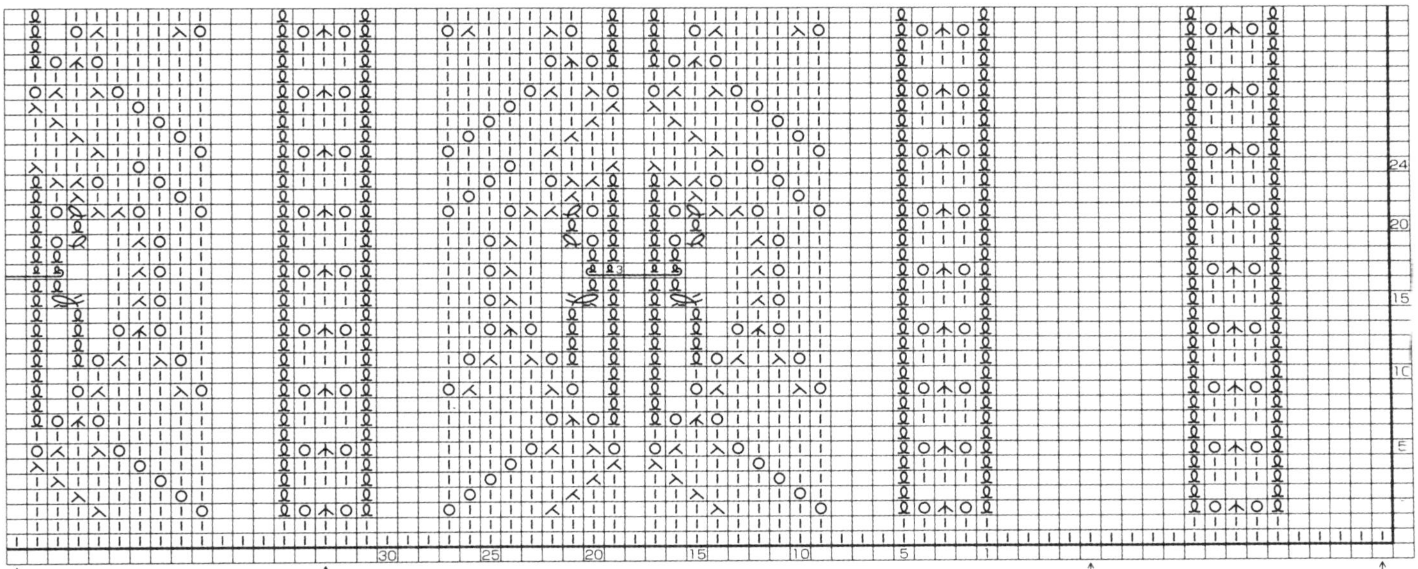

身片中心　袖子中心　袖子　身片　编织起点

□ = ⊟ 上针　※ 以中心为轴左右对称编织

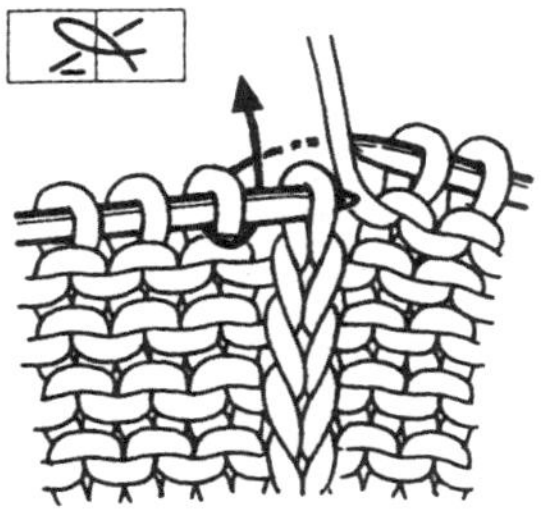

1 如箭头所示将棒针插入左边的针目，将其拉至右侧。

2 如图所示将左边的针目拉出至右侧，编织上针。

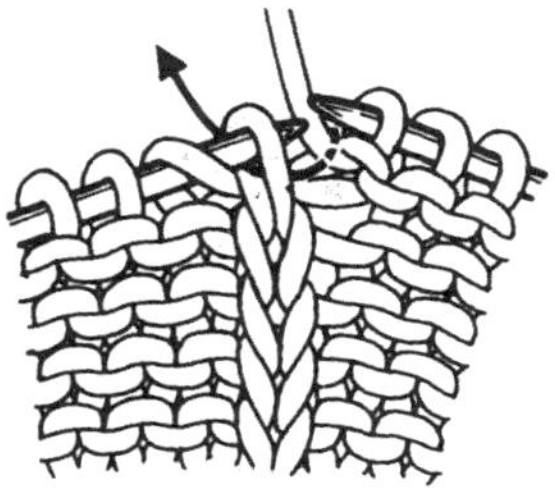

3 将左边的针目保留在针上，接着在右边的针目里编织扭针。

4 从左棒针上取下 2 针，完成。

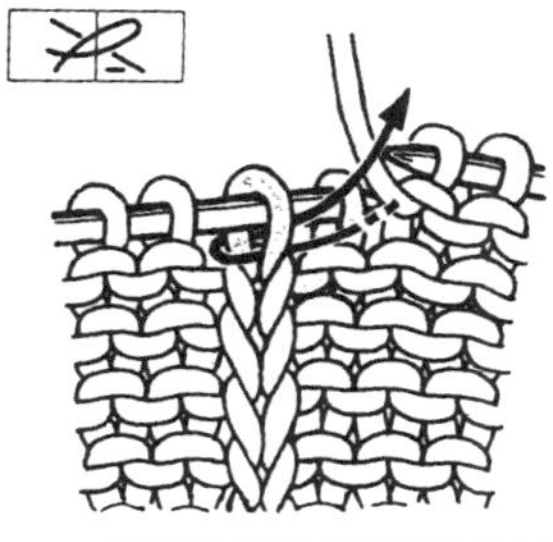

1 如箭头所示将棒针插入左边的针目，将其拉至右侧。

2 挂线后拉出线圈，编织下针（即扭针）。

3 将左边的针目保留在针上，接着在右边的针目里编织上针。

4 从左棒针上取下 2 针，完成。

●**材料** 钻石线 Masterseed Cotton <Lame>（粗）白色（201）285g/10团

●**工具** 棒针4号、3号

●**成品尺寸** 胸围94cm，肩宽38cm，衣长53cm，袖长42.5cm

●**编织密度** 10cm×10cm面积内：编织花样30针，32行

●**编织方法和组合方法** 身片…在下摆位置另线锁针起针后，按编织花样开始编织。一边变换针号调整编织密度，一边编织至腋下。袖窿、前领窝如图所示利用花样做伏针减针和立起侧边1针的减针。下摆解开另线锁针的起针后编织起伏针，结束时利用花样的曲线做上针的伏针收针，注意线不要拉得太紧。袖子…编织要领与身片相同，如图所示利用花样做加减针。组合…肩部做盖针接合，胁部、袖下做挑针缝合。衣领挑针后环形编织起伏针，结束时做上针的伏针收针。袖子与身片之间做引拔缝合。

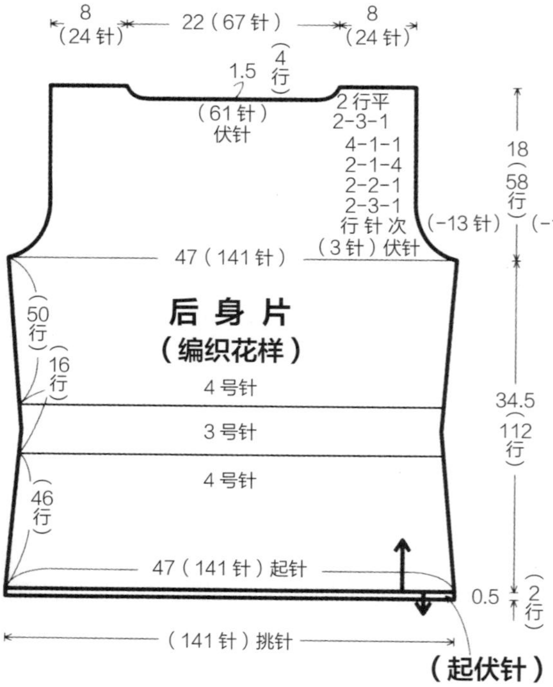

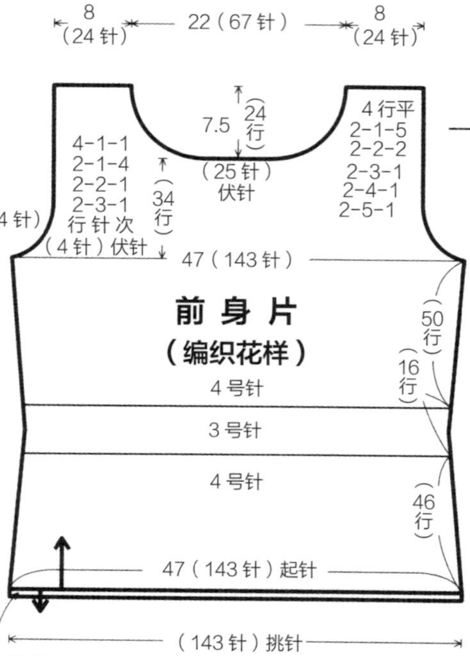

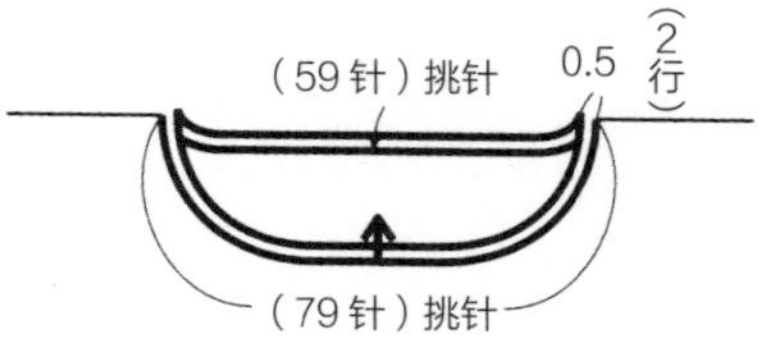

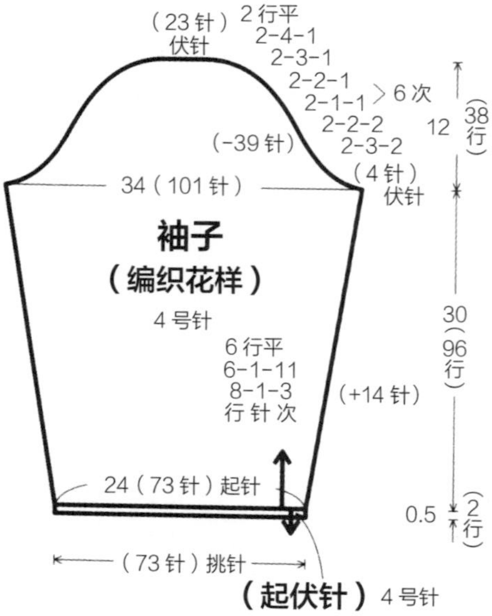

编织花样

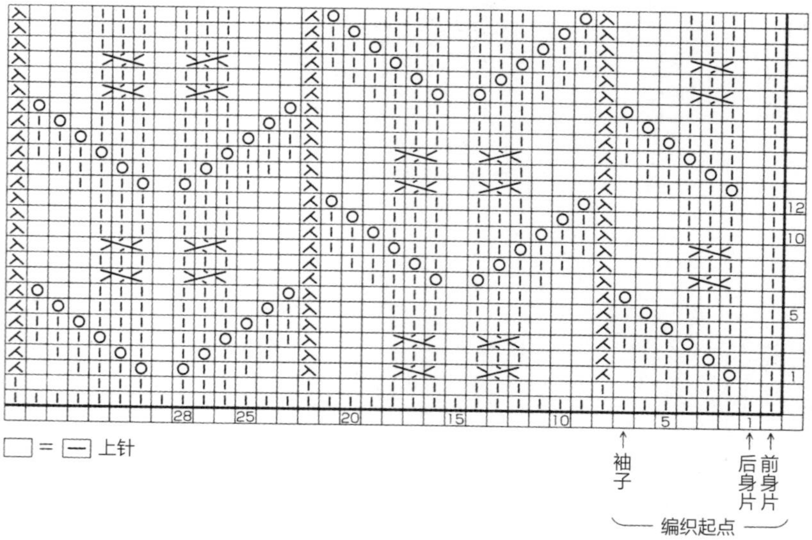

前领窝

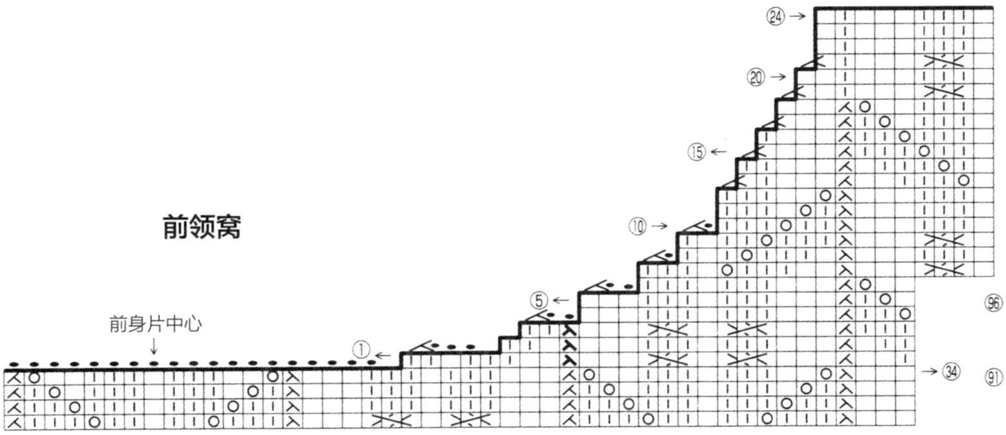

前领窝

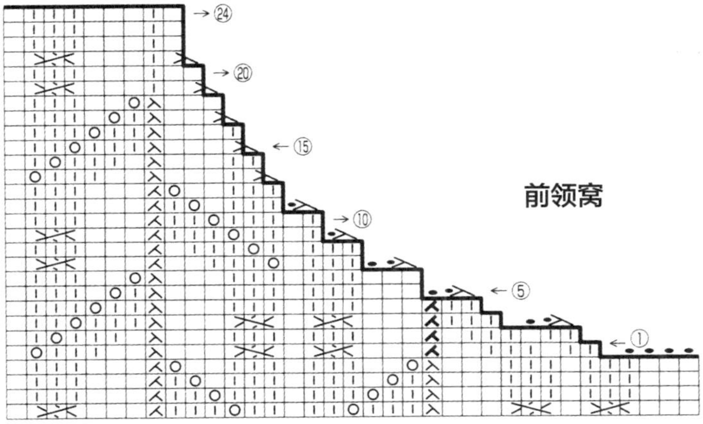

□ = ⊟ 上针

○ = 挂针的加针

♀ = 扭转针目之间的渡线编织上针的加针

♀ = 扭转针目之间的渡线编织下针的加针

前袖窿

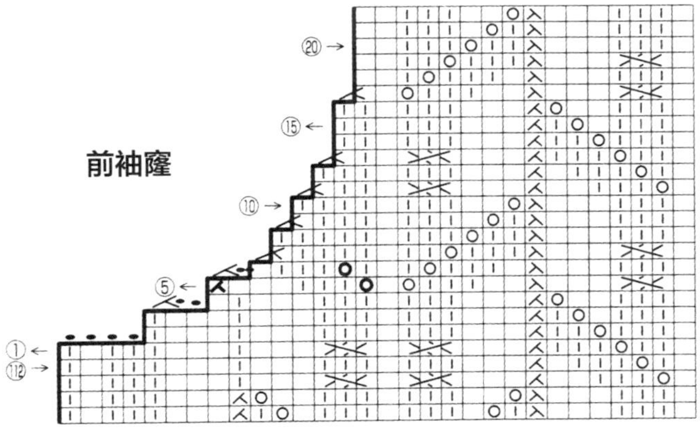

后袖窿

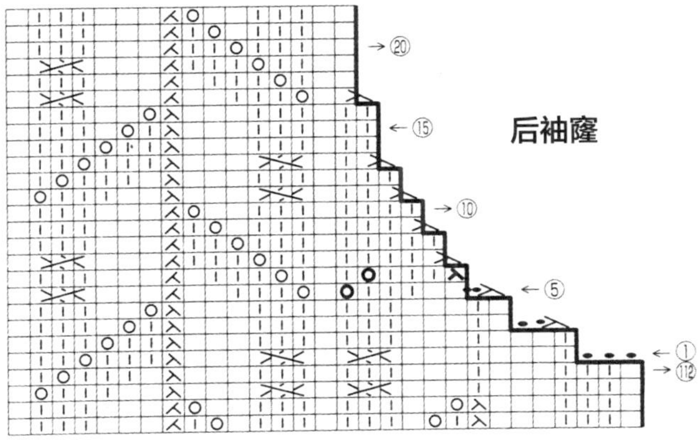

袖下

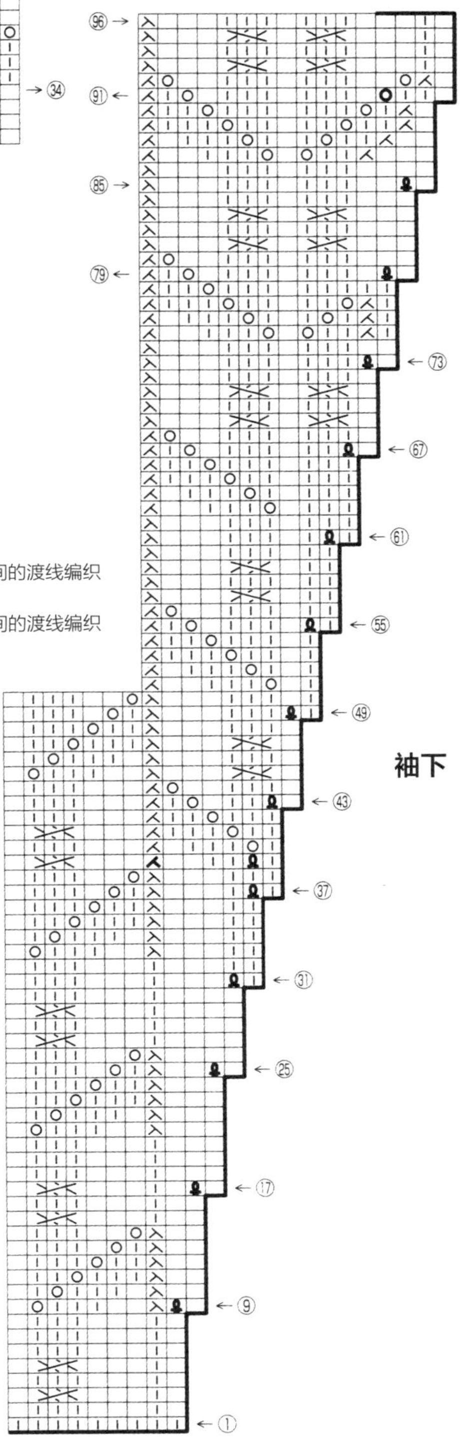

※ 作品16 的编织花样

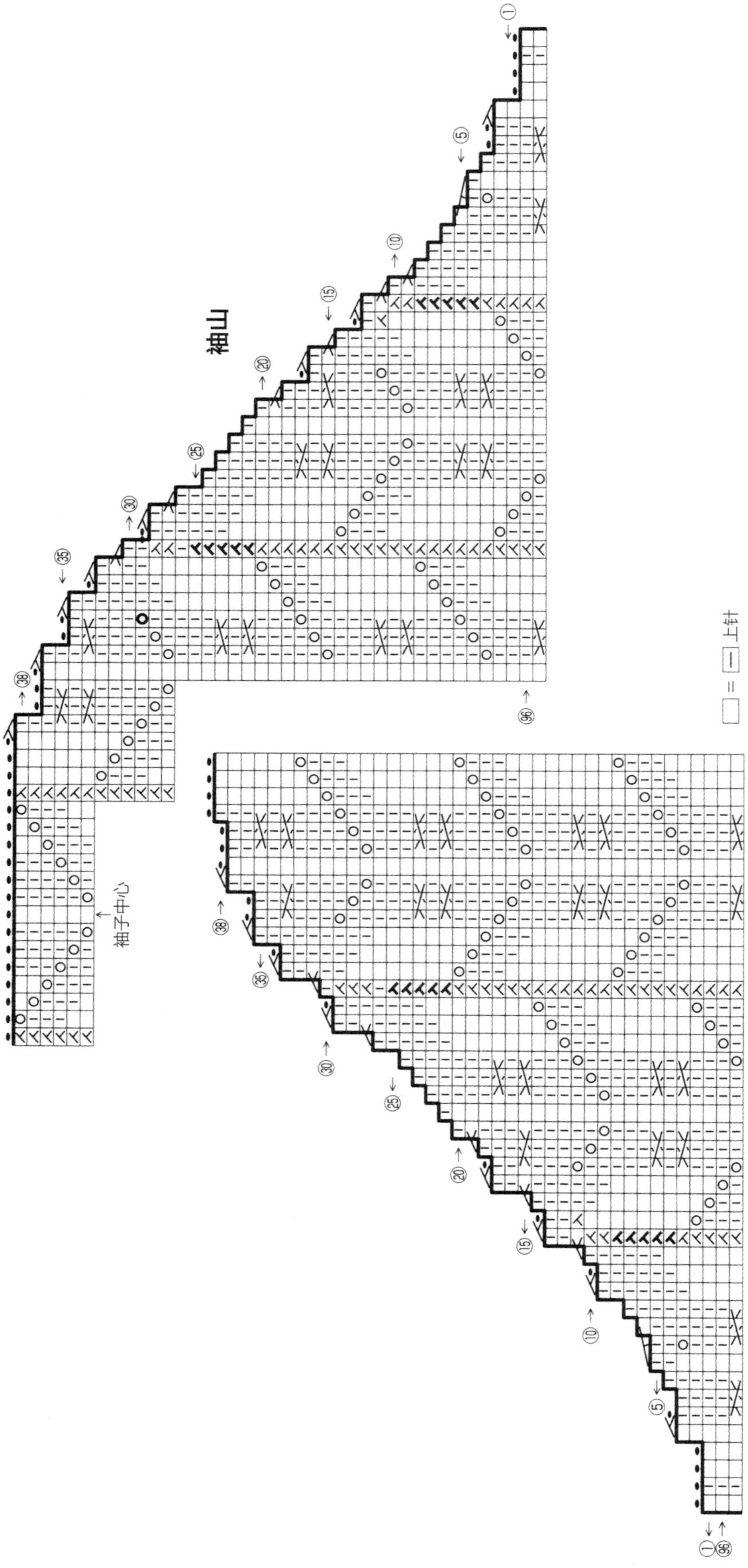

编织花样 A

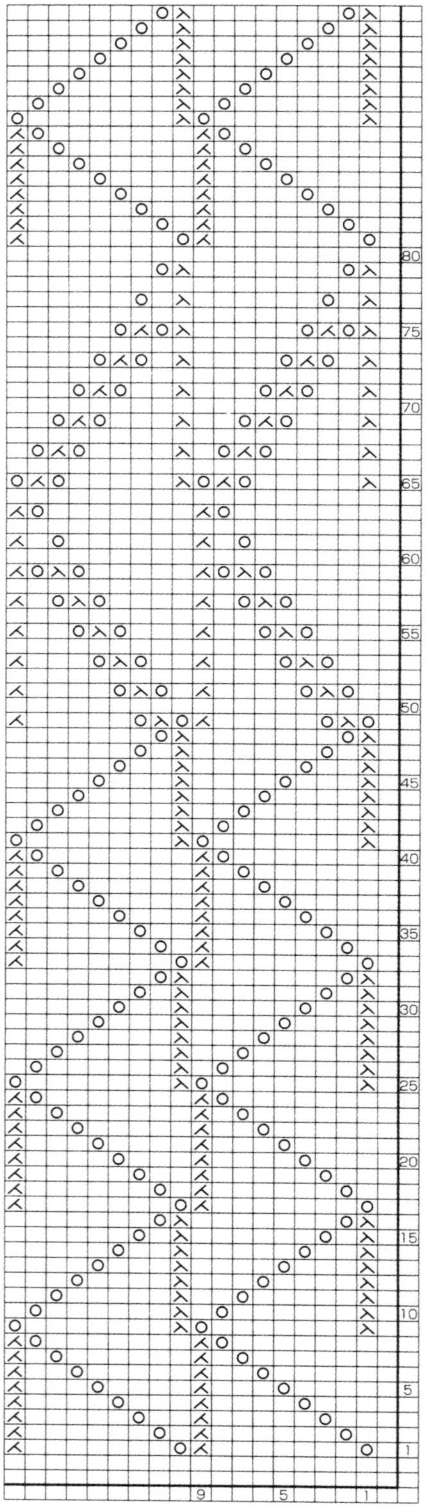

□ = | 下针

第28页

16

●**材料**　钻石线 Masterseed Cotton <Lame>（粗）浅绿色（206）220g/8团

●**工具**　棒针4号、3号

●**成品尺寸**　胸围90cm，衣长55cm，连肩袖长28.5cm

●**编织密度**　10cm×10cm面积内：编织花样A 26针，34行

●**编织方法和组合方法**　身片…在下摆位置另线锁针起针后，按编织花样A开始编织。等针直编至腋下，在袖下另线锁针起针后继续编织。前领窝参照图示，利用花样做伏针减针和立起侧边1针的减针。下摆解开另线锁针的起针后编织下针，结束时从反面做伏针收针。组合…肩部做引拔接合。衣领挑针后按编织花样B环形编织，结束时做扭针的罗纹针收针。袖口按编织花样B往返编织。袖下解开起针时的另线锁针后做下针的无缝缝合，接着在胁部做挑针缝合。

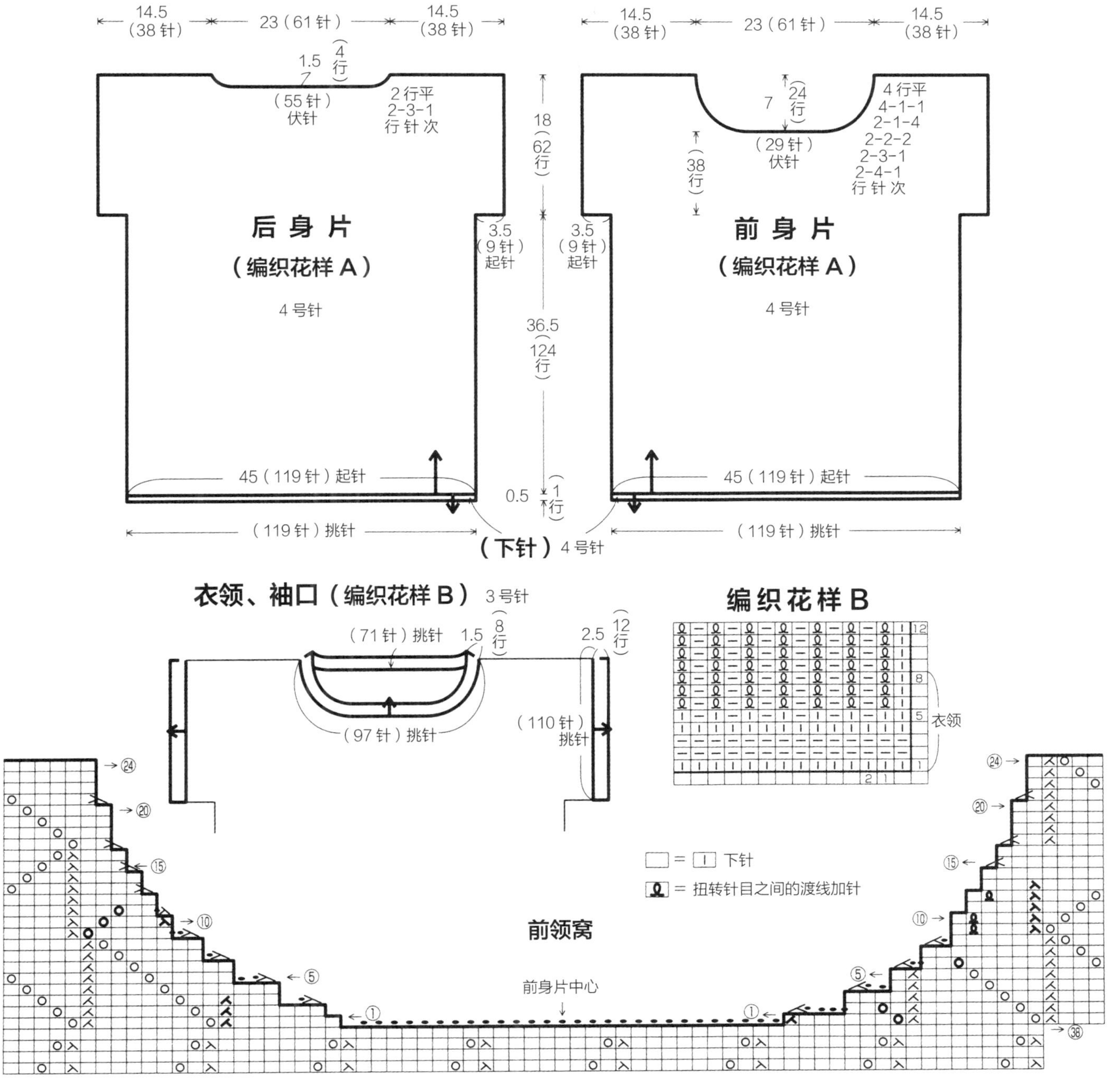

第11页

6

●材料 钻石线 Masterseed Cotton（粗）白色（101）290g/10团；直径1.5cm的纽扣5颗

●工具 棒针5号、3号

●成品尺寸 胸围98.5cm，肩宽37cm，衣长53.5cm，袖长42cm

●编织密度 10cm×10cm面积内：编织花样A 28针，36行

●编织方法和组合方法 身片…在下摆的花样切换位置另线锁针起针后，按编织花样A和下针编织。前领窝参照图示利用花样减针。下摆解开另线锁针的起针，平均加针后按编织花样B编织，结束时做扭针的罗纹针收针。袖子…袖下、袖山如图所示做加减针。组合…肩部做盖针接合，胁部、袖下做挑针缝合。前门襟、衣领挑针后按编织花样B编织，在右前门襟留出扣眼，结束时做扭针的罗纹针收针。袖子与身片做引拔缝合。

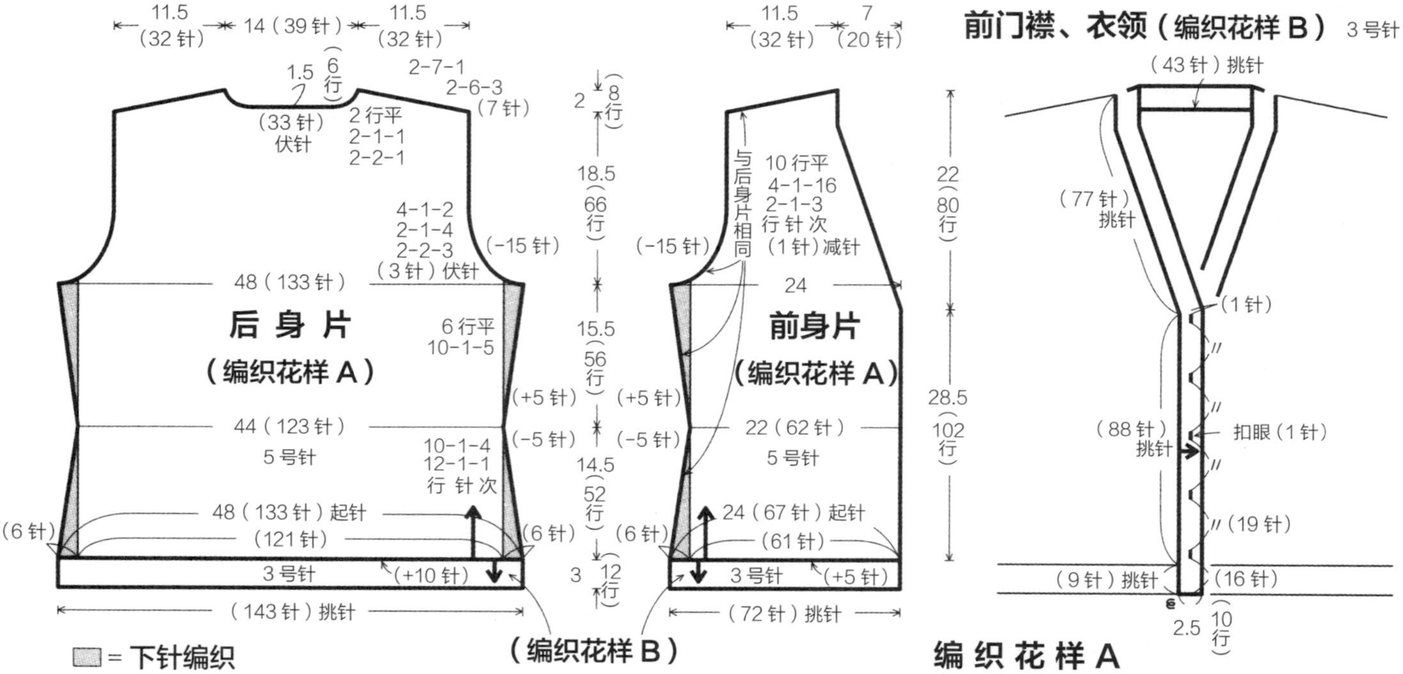

□=下针编织

编织花样A

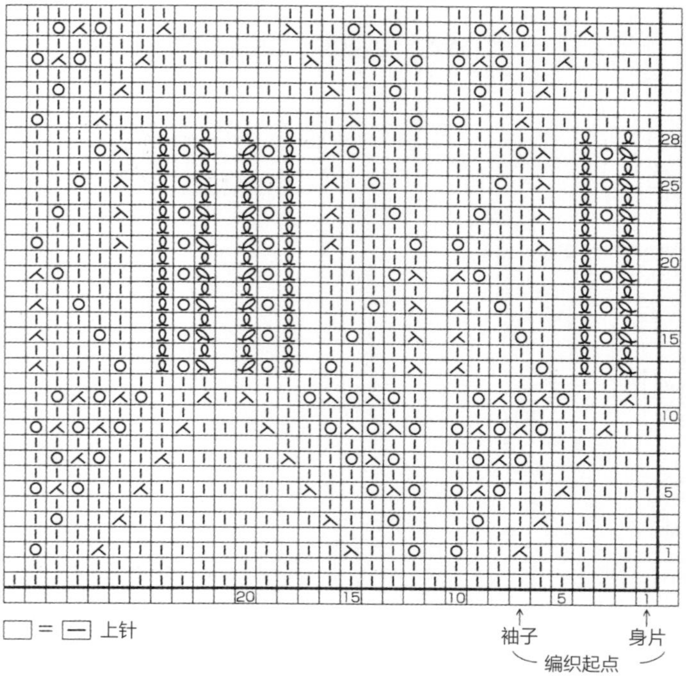

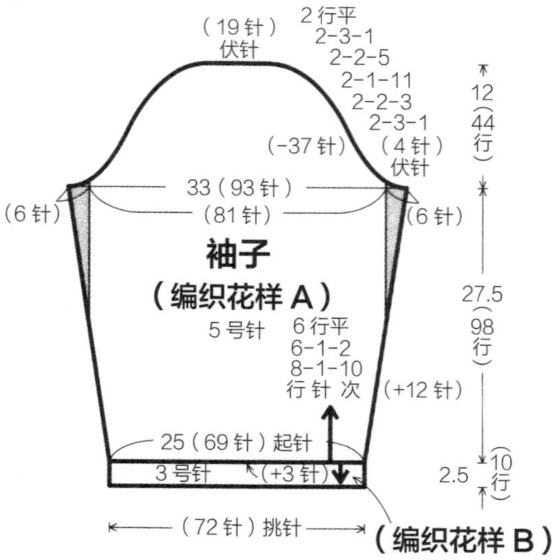

□ = ⊟ 上针

○ = 挂针的加针

⓪ = 扭转针目之间的渡线编织下针的加针

⓪ = 扭转针目之间的渡线编织上针的加针

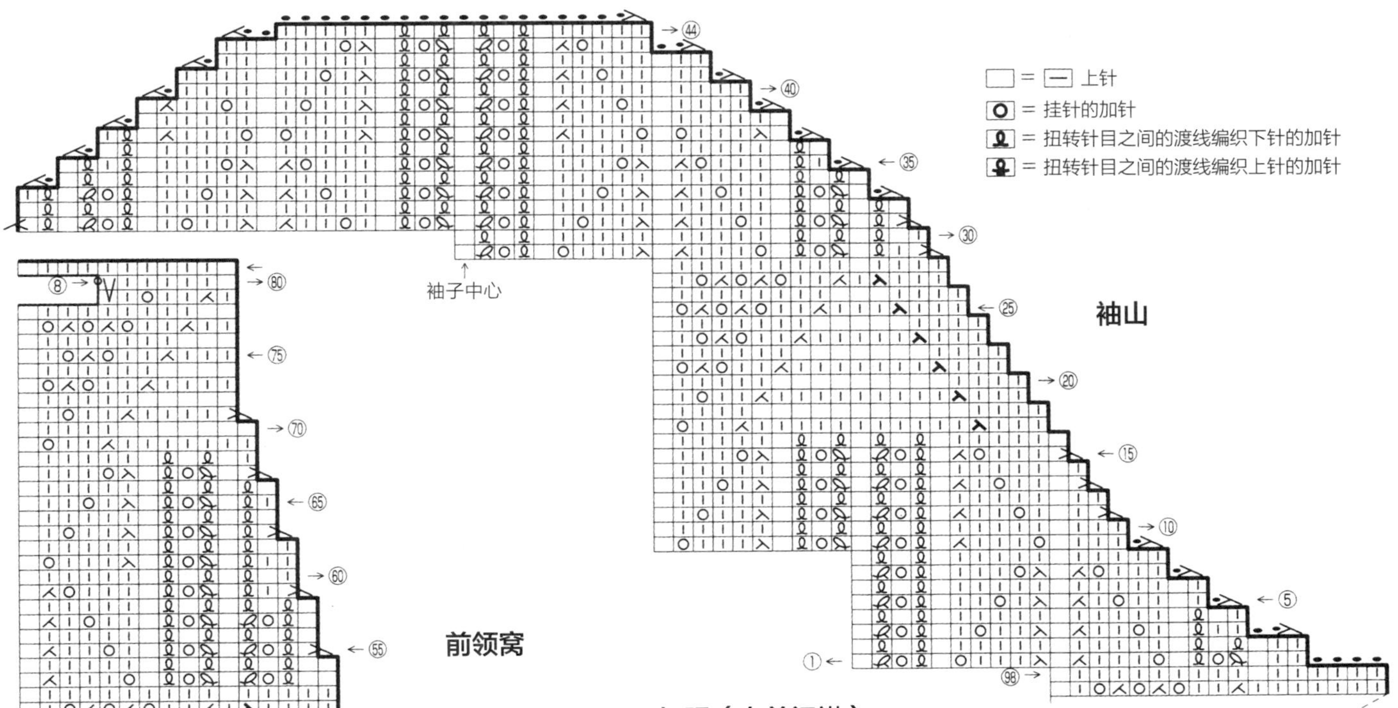

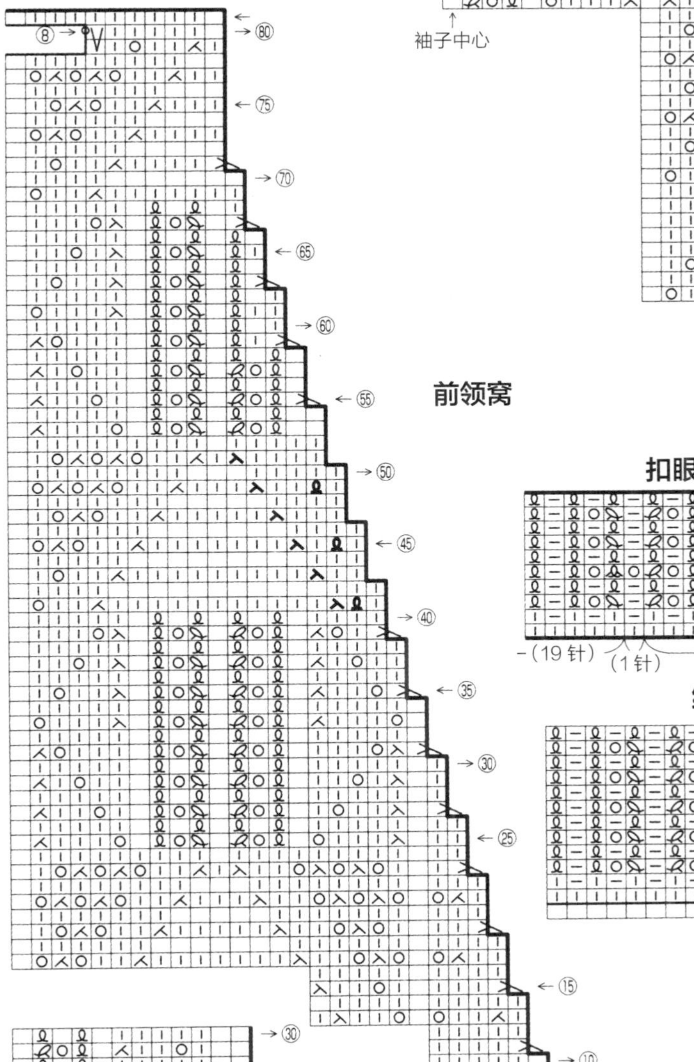

扣眼（右前门襟）

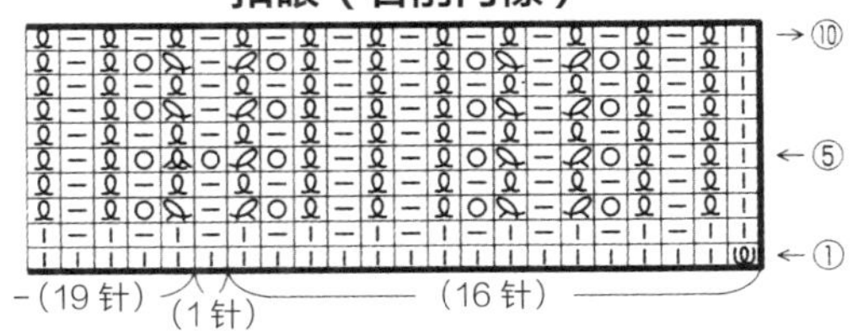

编织花样 B

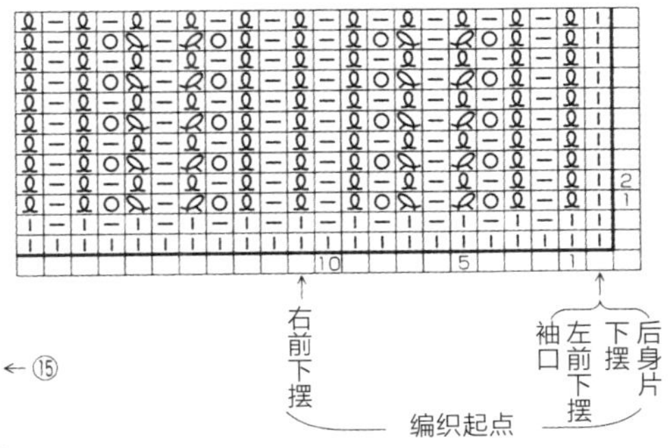

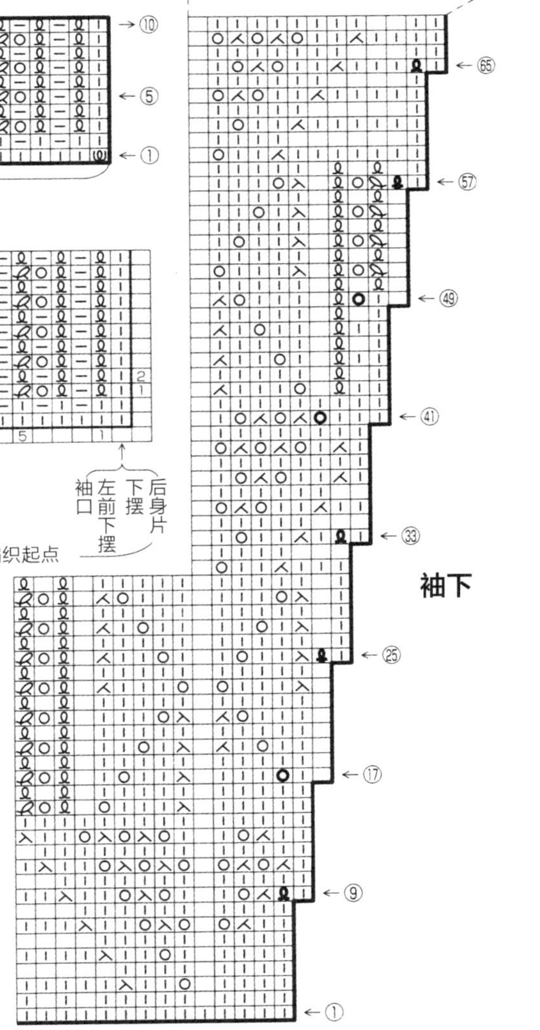

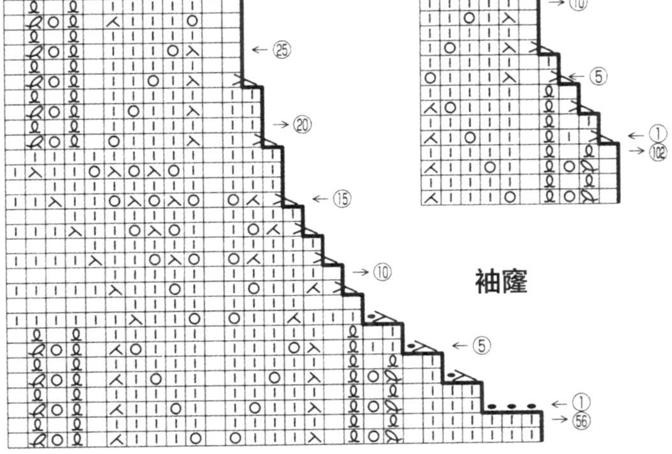

●**材料** 钻石线 Silkaura（粗）黑色（908）275g/11团

●**工具** 钩针3/0号

●**成品尺寸** 胸围90cm，肩宽35cm，衣长46.5cm，袖长37.5cm

●**编织密度** 10cm×10cm面积内：编织花样的3.2个花样，17行

●**编织方法和组合方法** 身片…在下摆位置锁针起针后，按编织花样编织。花样是在9针锁针的线环里钩织11针短针。袖窿、领窝、前身片下摆参照图1~图4做加减针。袖子…参照图5，在袖下、袖山做加减针。组合…肩部钩织“1针引拔针、3~5针锁针”做锁针接合，胁部、袖下做锁针缝合。下摆、前门襟、衣领和袖口如图所示挑针后环形编织边缘。边缘的第3行先钩织未完成的5卷长针，在引拔2次后的位置插入钩针，钩织3针“3卷长针的枣形针”。引拔后继续钩织第4、5行，逐个完成花样。袖子与身片做引拔缝合。

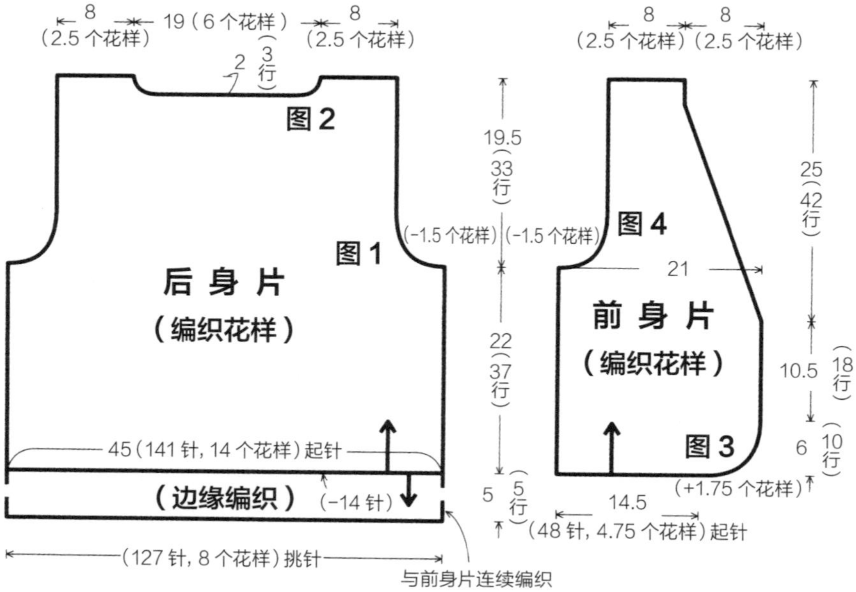

下摆、前门襟、衣领（边缘编织）

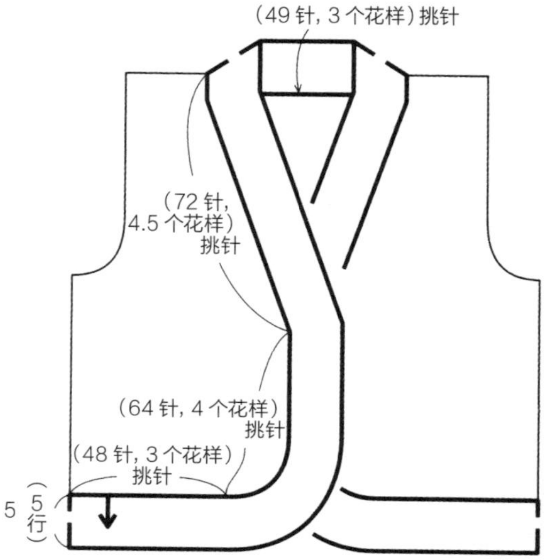

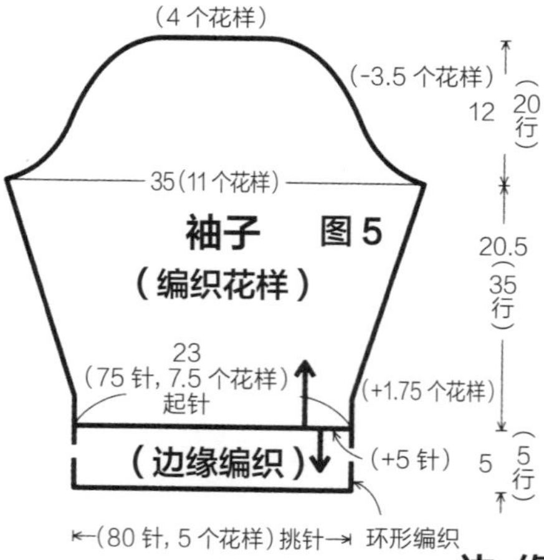

编织花样

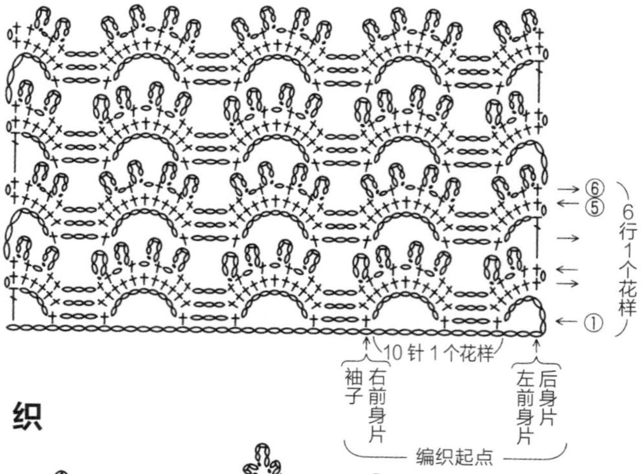

边缘编织

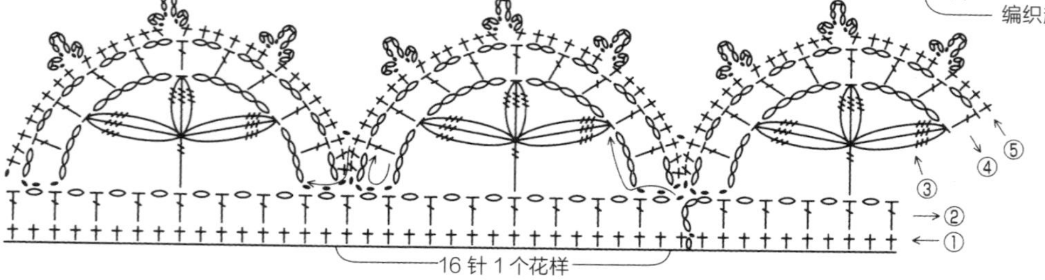

边缘编织的方向

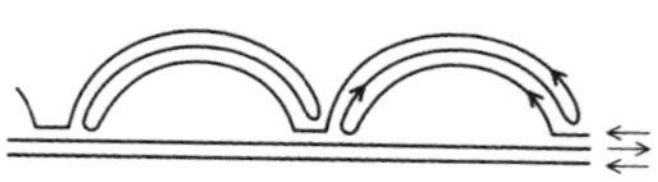

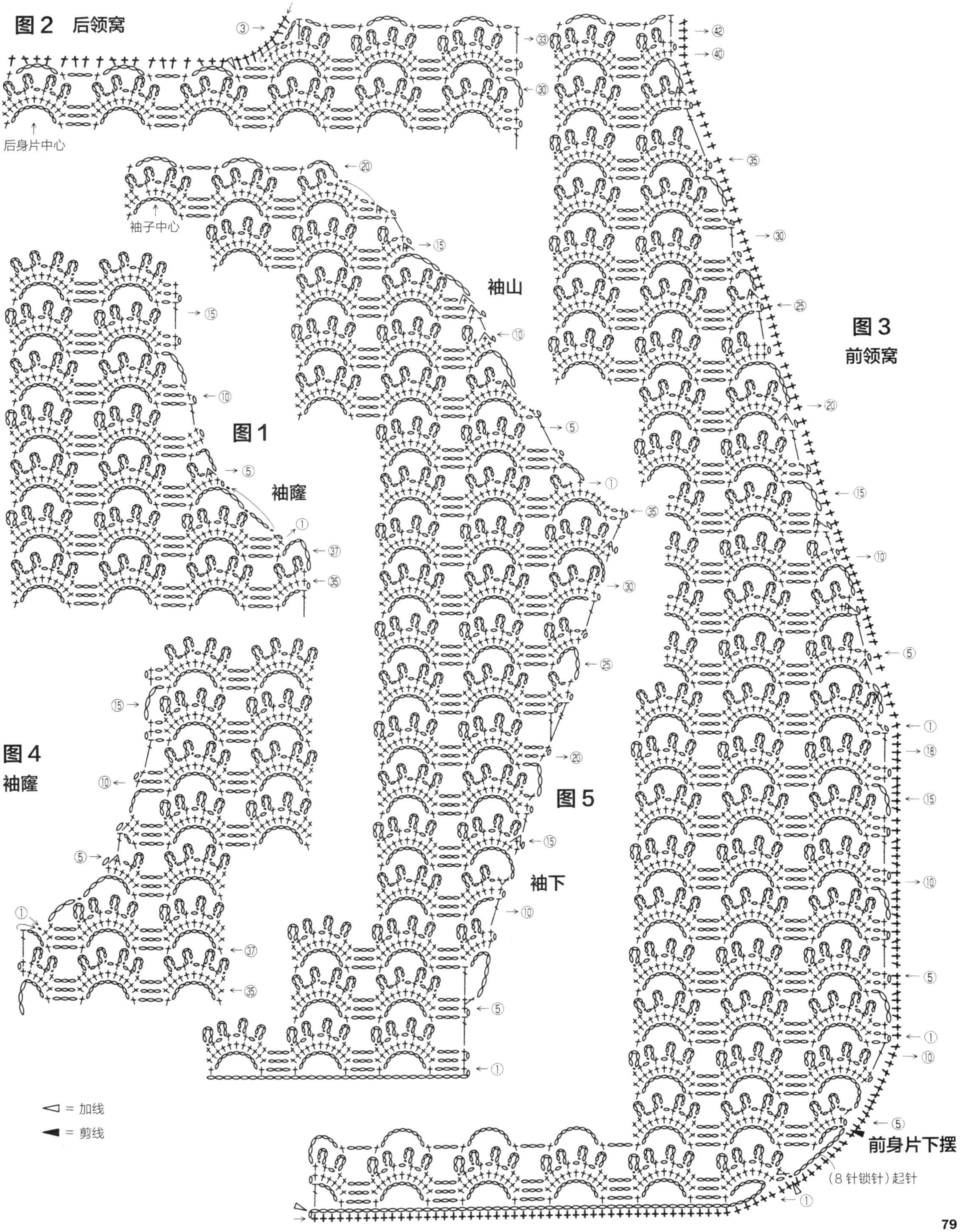
图 2 后领窝
后身片中心
图 1
袖窿
袖子中心
袖山
图 3
前领窝
图 4
袖窿
图 5
袖下
前身片下摆
（8 针锁针）起针
◁ = 加线
◀ = 剪线

第 14 页

8

●**材料** 钻石线 Silk Domani（细）深紫色（224）185g/8团；直径1.1cm的纽扣3颗

●**工具** 钩针3/0号、2/0号

●**成品尺寸** 胸围90cm，肩宽35cm，衣长50cm，袖长22.5cm

●**编织密度** 编织花样的3个花样9.5cm，10cm16行

●**编织方法和组合方法** 身片…锁针起针后，无须加减针编织至腋下，注意在腰部变换针号调整编织密度。袖窿、斜肩、领窝参照图示编织。袖子…参照图示，在袖下、袖山做加减针。组合…肩部根据针目状态钩织“引拔针和锁针”做锁针接合，胁部、袖下做锁针缝合。下摆、袖口挑针后按边缘编织A、A’环形编织，在第3行与相邻花样的针目做引拔连接。衣领如图所示挑针后按边缘编织A”编织，接着如图所示整理两端的针目，再在后背开口处钩织短针。袖子与身片做锁针缝合。

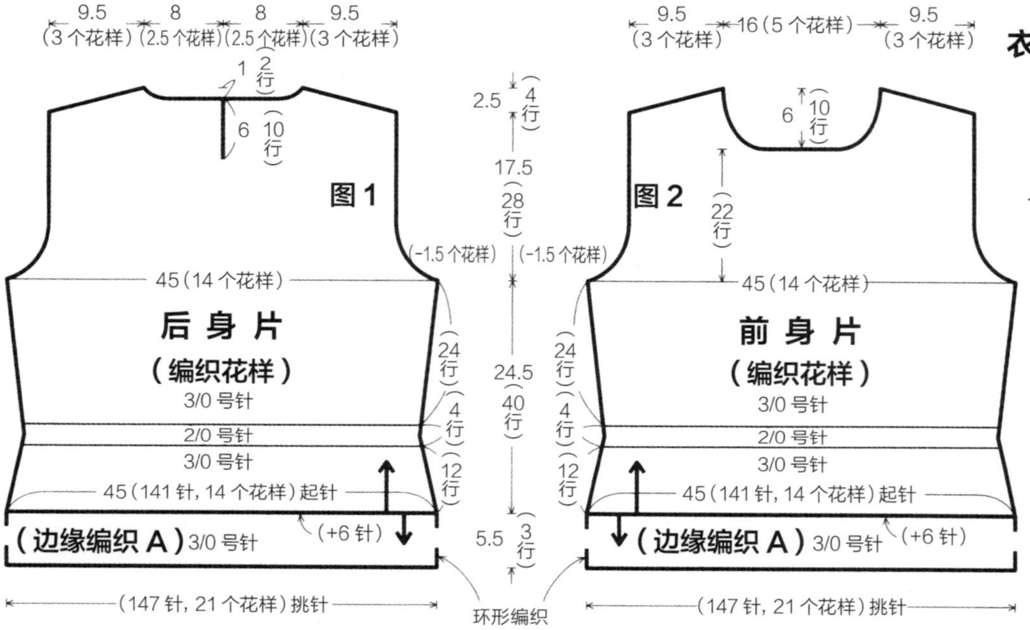

衣领（边缘编织 A”）3/0号针

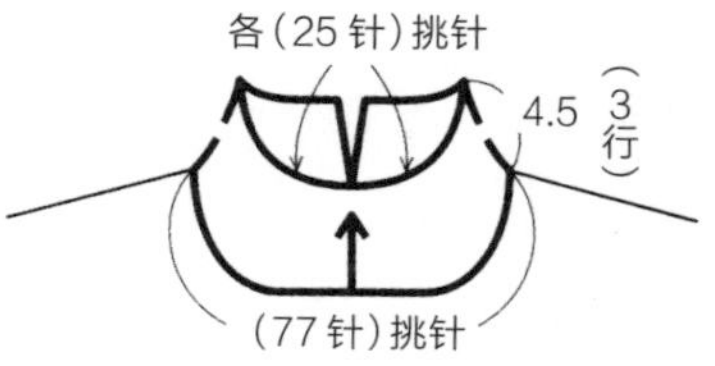

后背开口的处理（短针）

3/0 号针

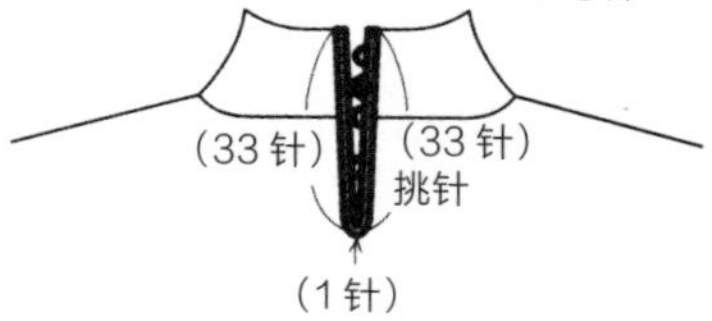

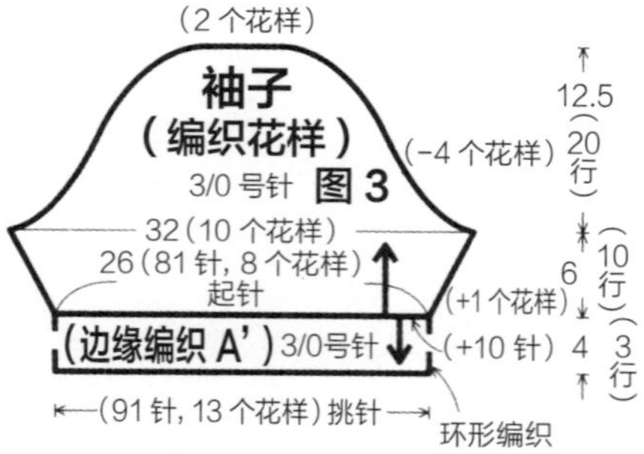

编织花样

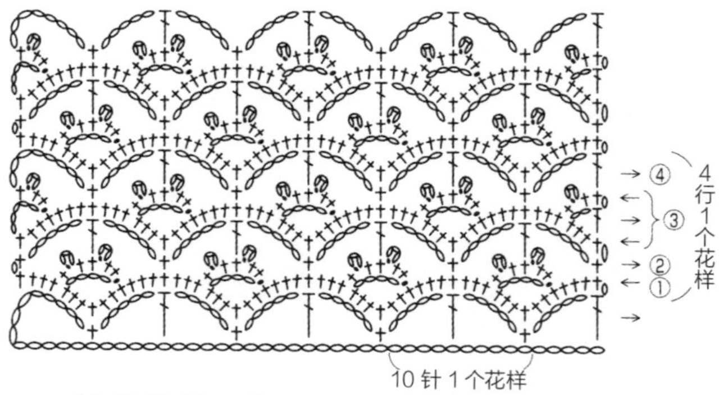

边缘编织 A

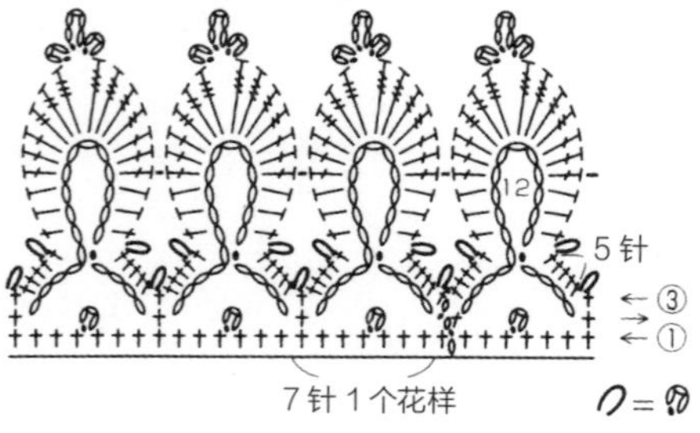

边缘编织 A’

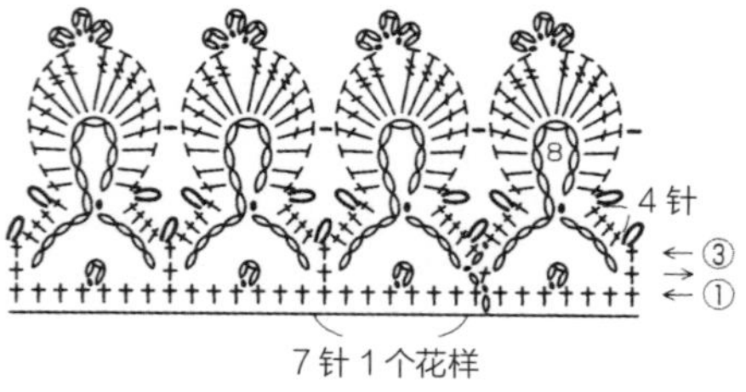

边缘编织 A”

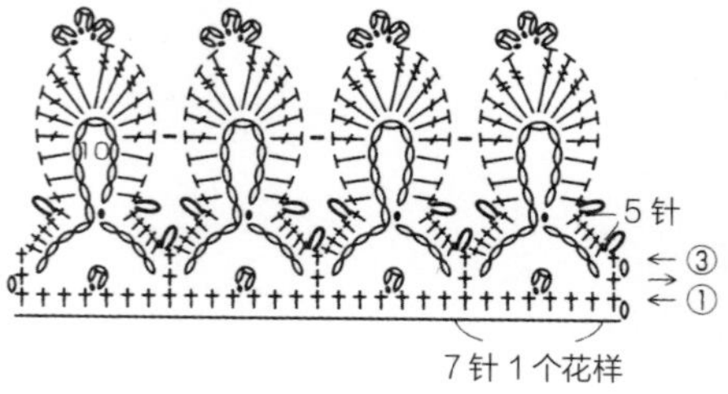

图1

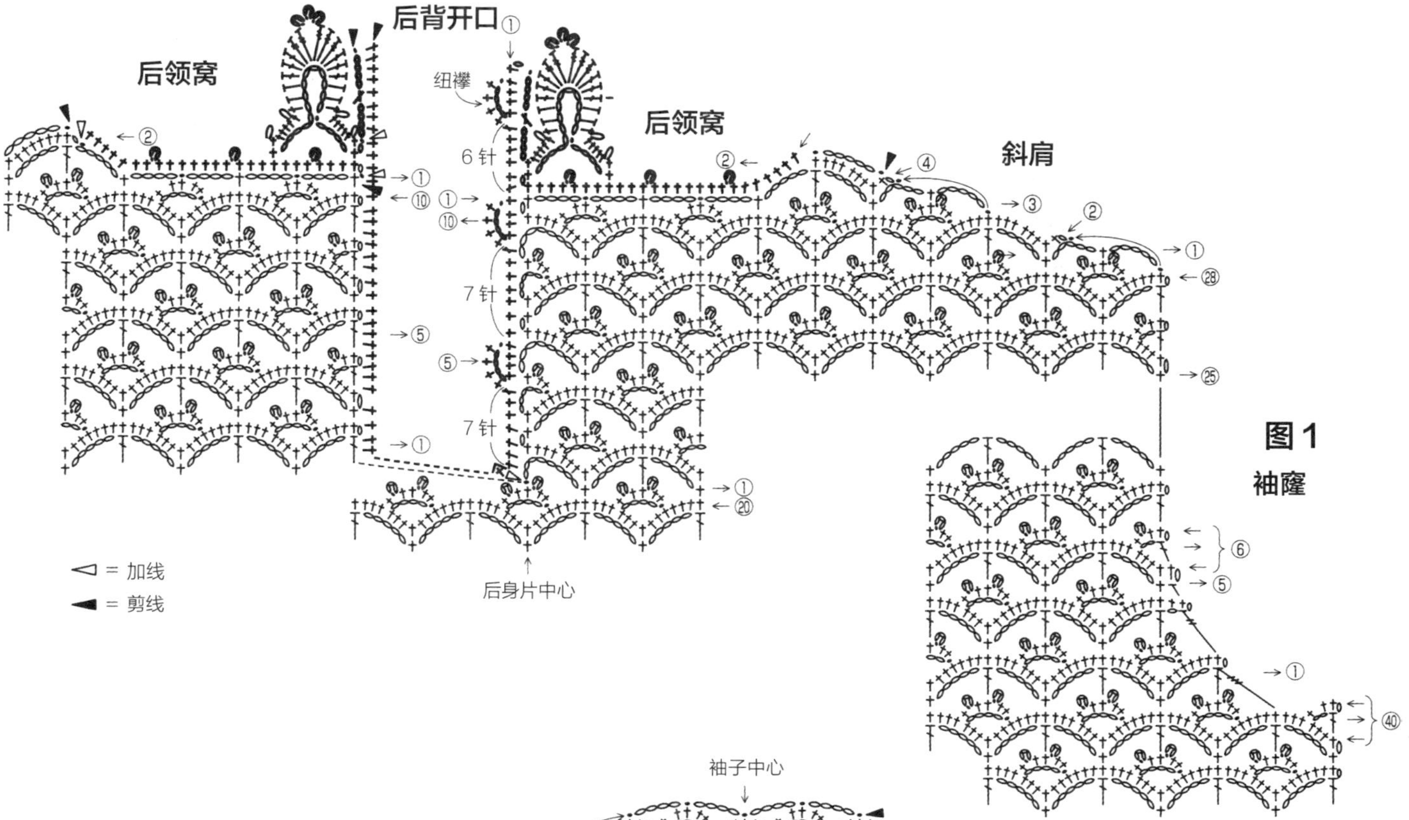
后领窝
后背开口
纽襻
6针
7针
7针
后领窝
斜肩
袖窿
后身片中心
◁ = 加线
◀ = 剪线

图2

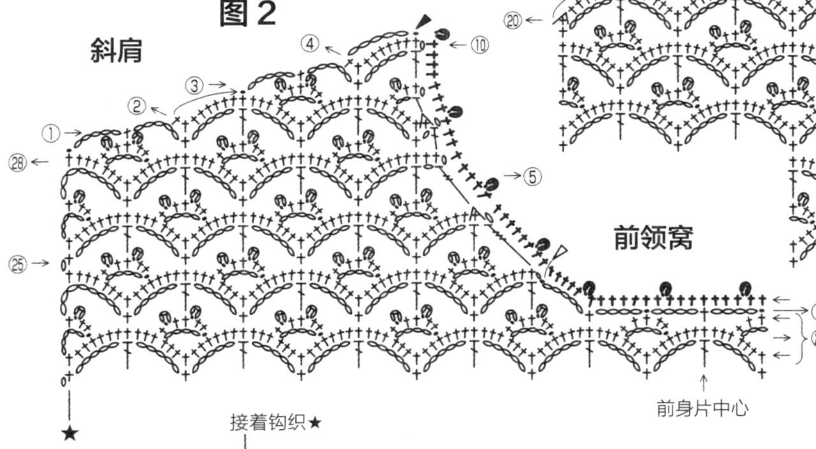
斜肩
前领窝
前身片中心

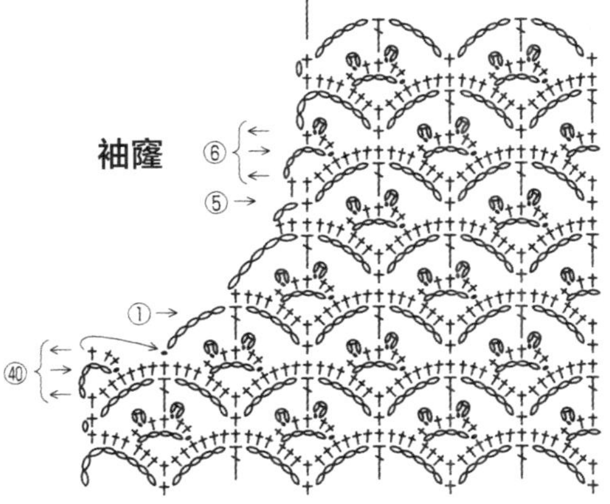
接着钩织★
袖窿

图3

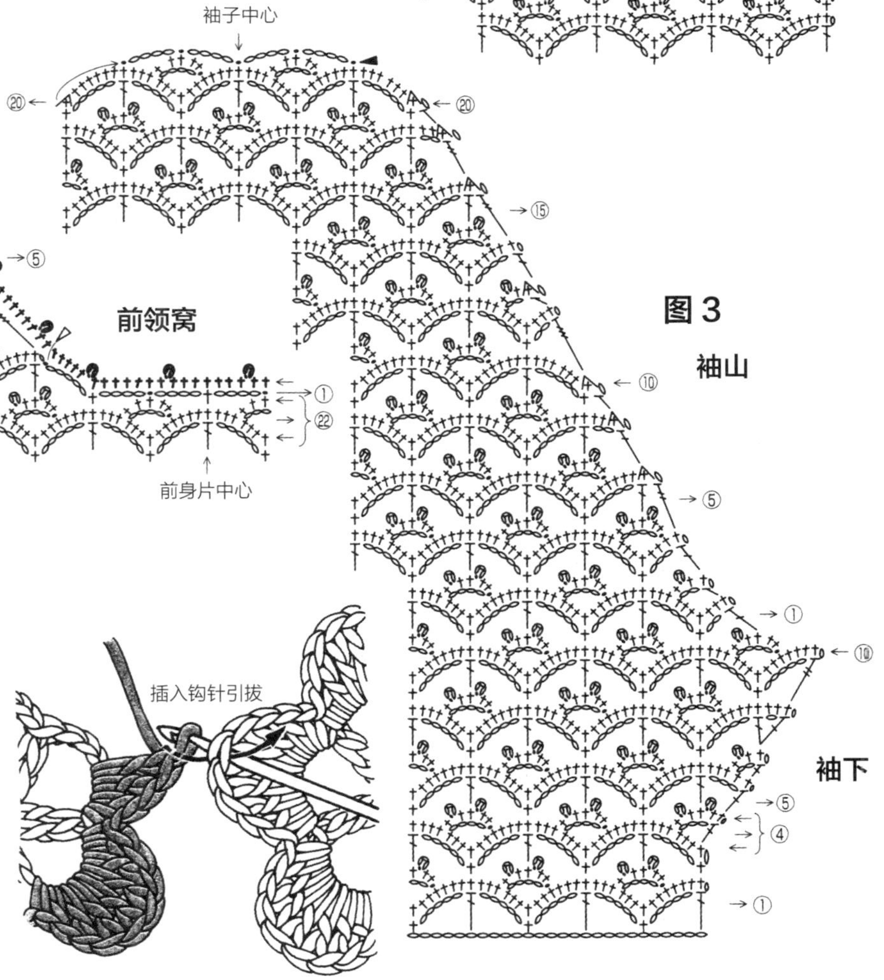
袖子中心
袖山
袖下
插入钩针引拔

第 17 页

9

●**材料** 钻石线 Silkaura（粗） 白色（901）230g/10团

●**工具** 钩针3/0号

●**成品尺寸** 胸围94cm，肩宽37cm，衣长52.5cm，袖长21.5cm

●**编织密度** 10cm×10cm面积内：编织花样的3个花样，13行

●**编织方法和组合方法** 身片…在下摆位置锁针起针后，按编织花样编织。袖窿、领窝参照图示编织，在前肩的最后一行与后肩做引拔连接。袖子…袖下、袖山如图所示做加减针。组合…胁部、袖下结合针目的高度钩织“1针引拔针、2~3针锁针”做锁针缝合。如图所示钩织花朵和叶子（大、小）的花片，将下摆、袖口位置的花片交替连接成环形备用。下摆、袖口一边钩织短针，一边在花片的顶部插入钩针拉出针目连接。领口钩织边缘调整形状。连接3片叶子，缝上花朵，再参照图示缝在前领窝。袖子与身片做锁针缝合。

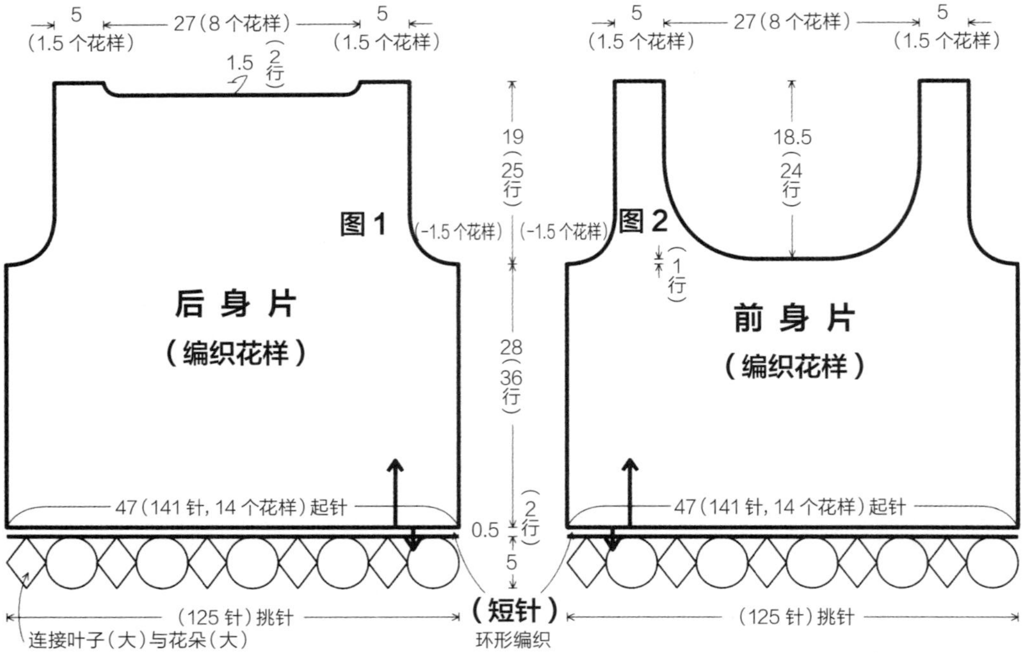

花片

叶子（小）11片

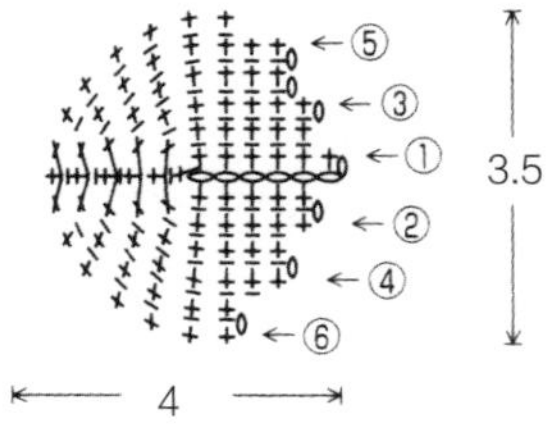

花朵（小）8片

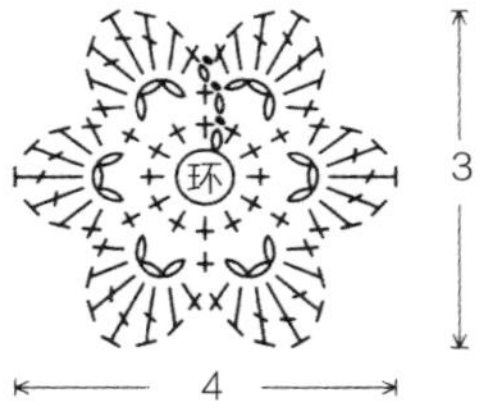

叶子（大）18片

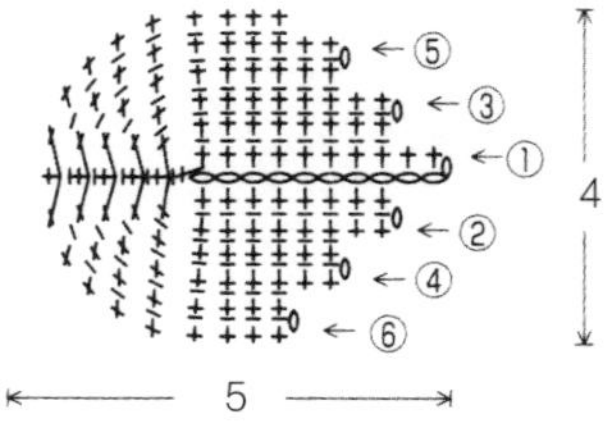

花朵（大）17片

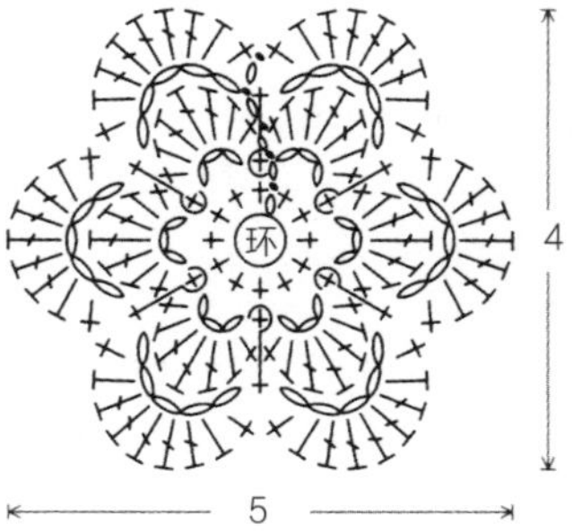

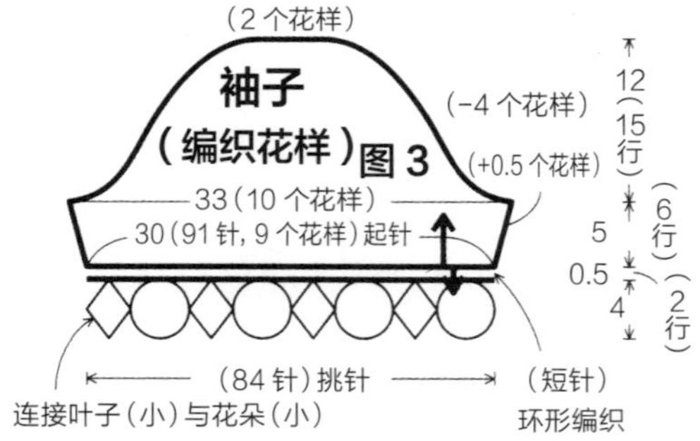

编织花样

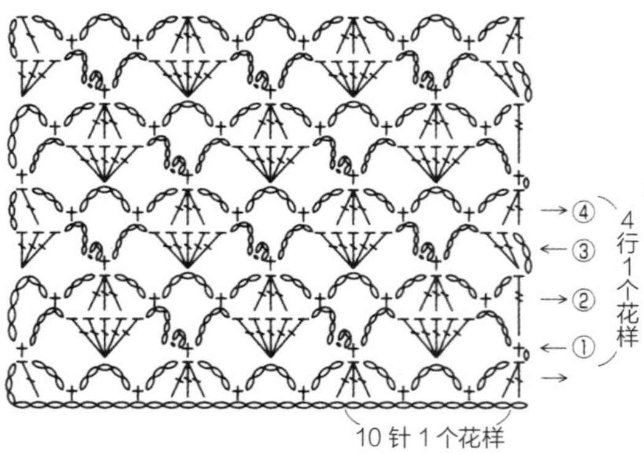

领口（边缘编织）

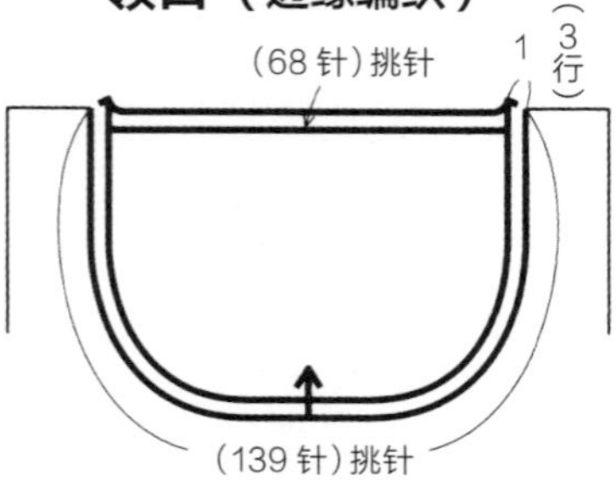

边缘编织

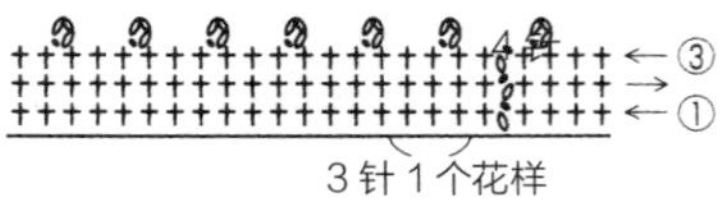

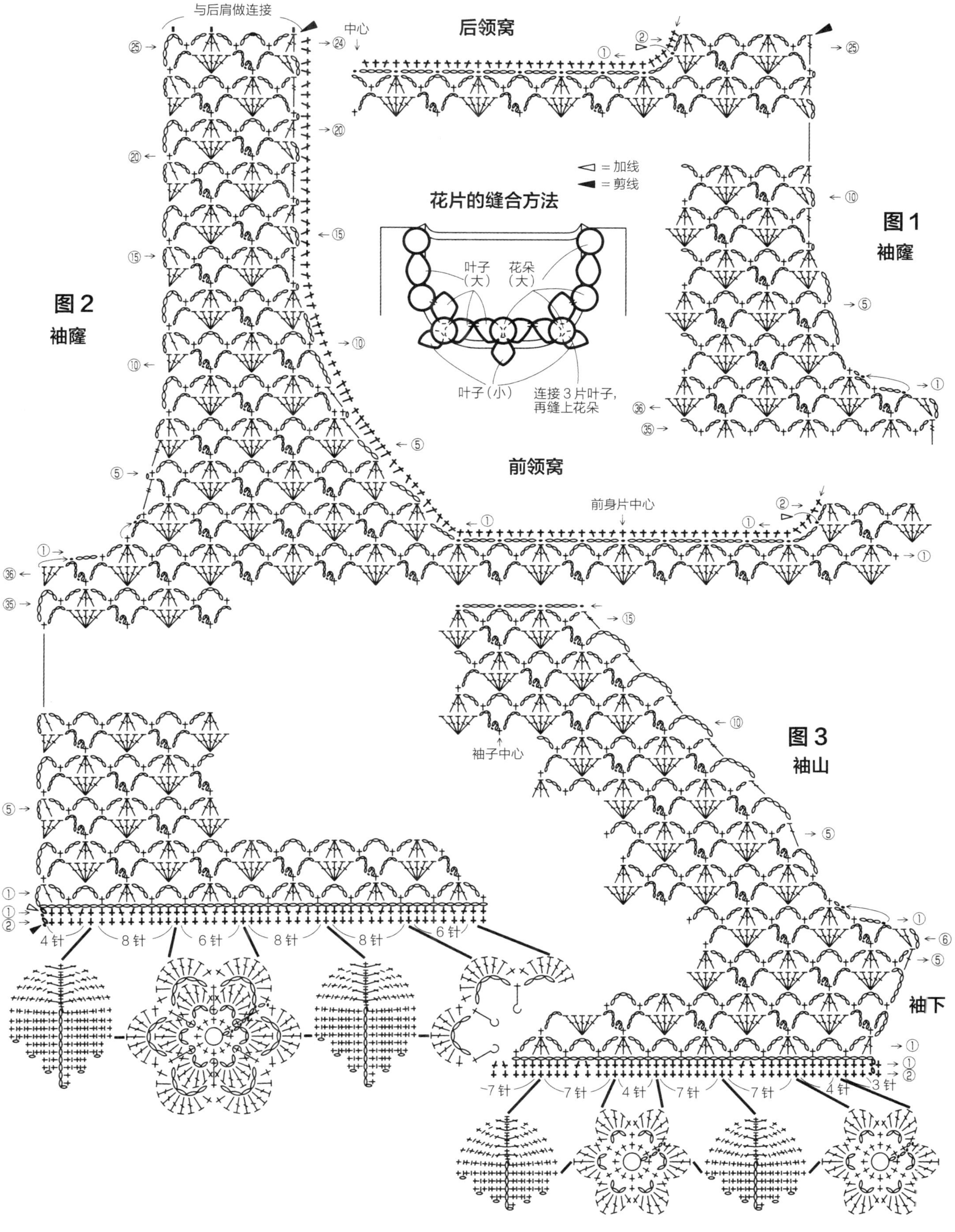
与后肩做连接
中心
后领窝
◁ = 加线
◀ = 剪线
花片的缝合方法
叶子（大）
花朵（大）
叶子（小）
连接 3 片叶子，
再缝上花朵
图 1
袖窿
图 2
袖窿
前领窝
前身片中心
4 针
8 针
6 针
8 针
8 针
6 针
袖子中心
图 3
袖山
袖下
7 针
7 针
4 针
7 针
7 针
4 针
3 针

●**材料** 钻石线 Masterseed Cotton（粗）象牙白色（102）230g/8团

●**工具** 钩针3/0号

●**成品尺寸** 胸围94cm，肩宽37cm，衣长53cm

●**编织密度** 10cm×10cm面积内：编织花样31针，12行

●**编织方法和组合方法** 身片…在下摆位置锁针起针后，按8针12行1个花样的编织花样编织。花样的第2、4、6行先钩1针长长针，在引拔1次后的位置插入钩针再钩2针长针。肋部参照图1和图3，袖窿、领窝、斜肩参照图2和图4做加减针。组合…肩部对齐前、后片做卷针缝合，肋部结合针目的高度钩织“1针引拔针、3~4针锁针”做锁针缝合。下摆每2个花样减1针，挑针后按边缘编织A环形编织。衣领参照图示挑针后，按边缘编织A’环形编织。袖窿环形钩织2行短针调整形状。

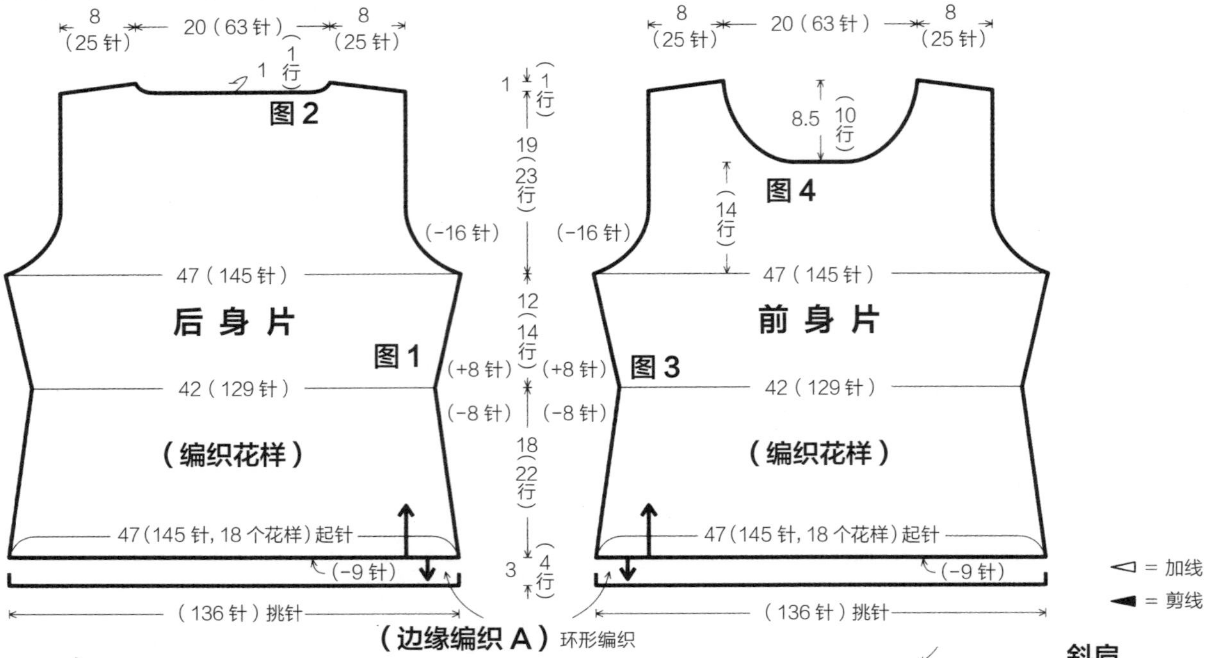

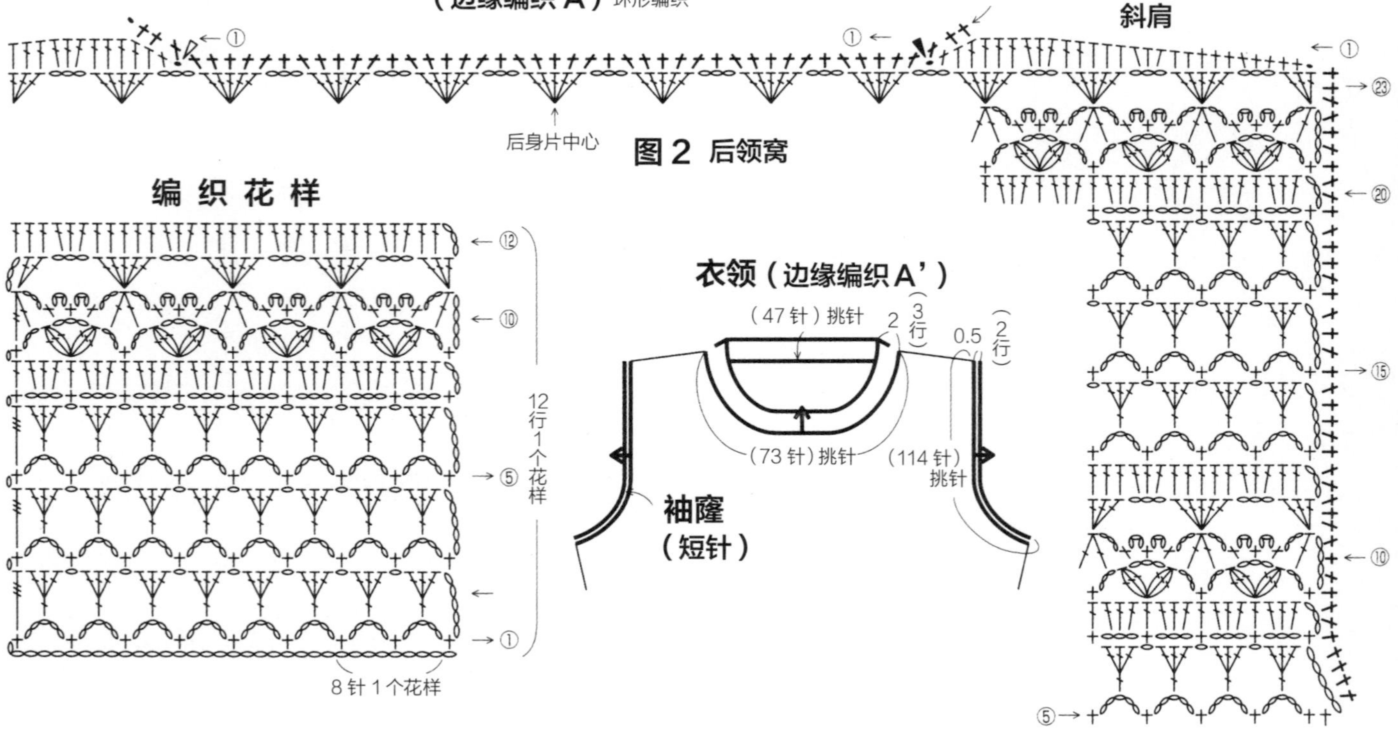

斜肩

图 4

前领窝

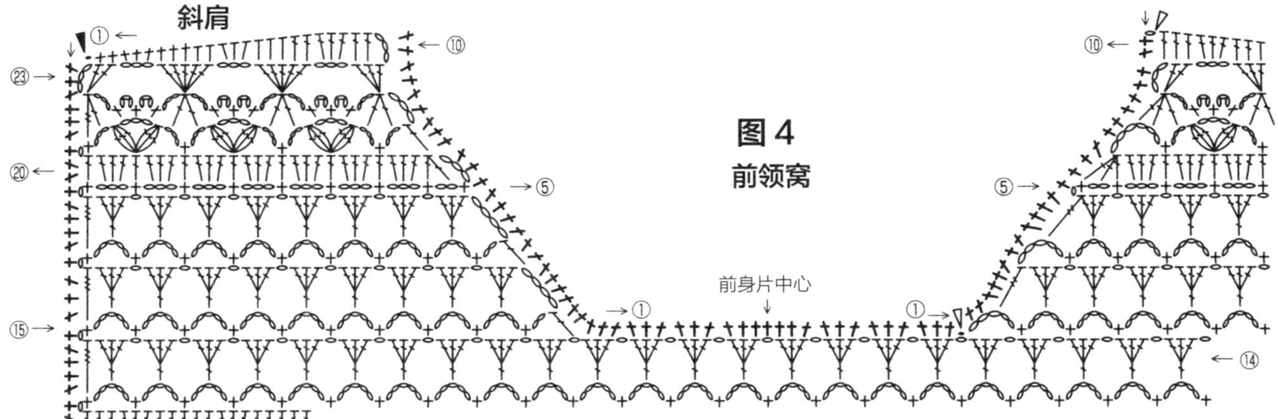

△ = 加线

◀ = 剪线

袖窿

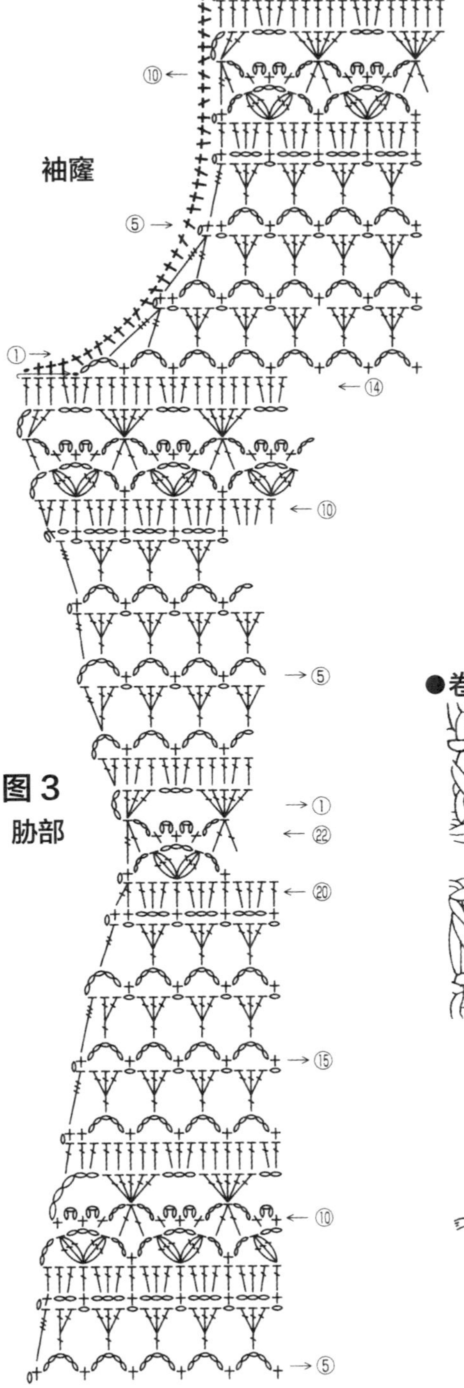

图 3

胁部

袖窿

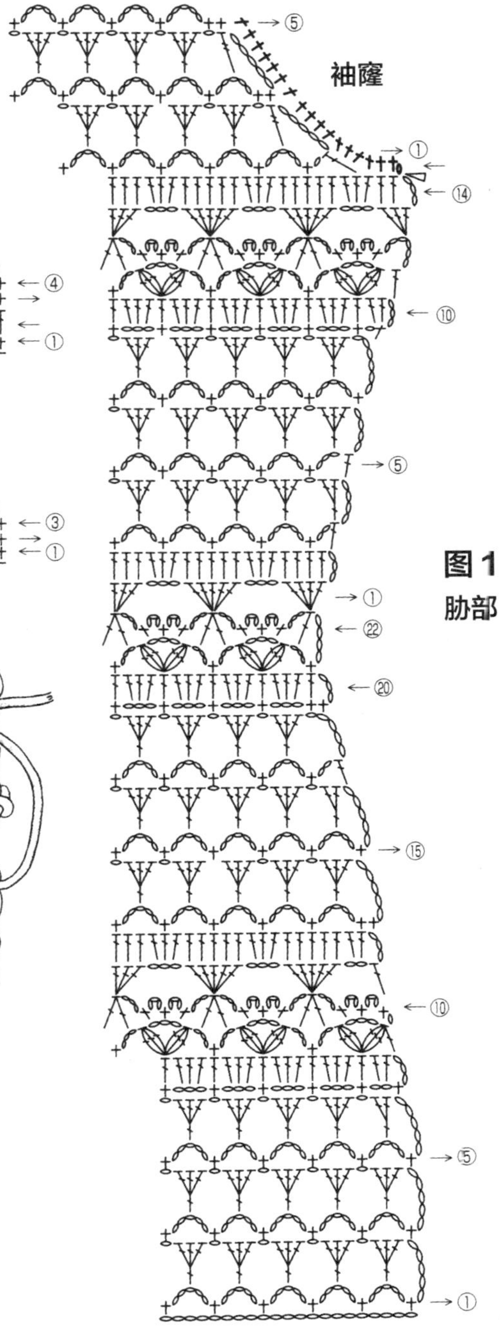

图 1

胁部

边缘编织 A

8 针 1 个花样

边缘编织 A'

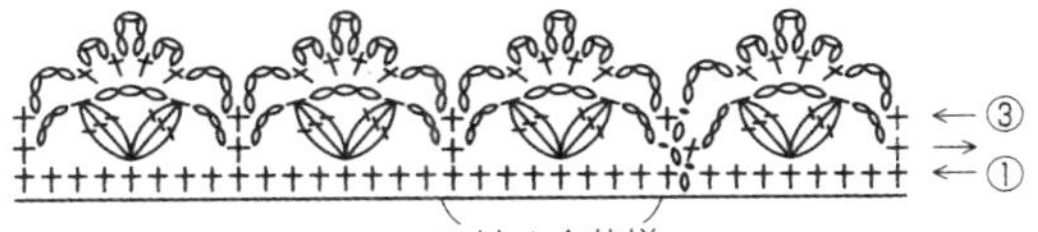

8 针 1 个花样

●卷针缝合

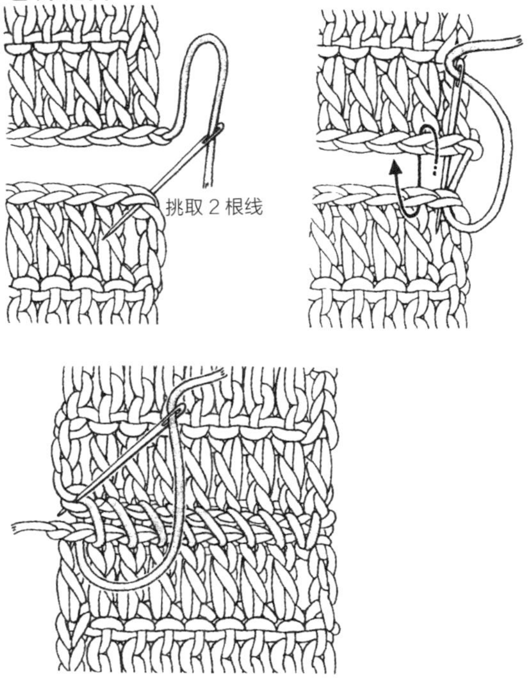

第 19 页

11

●**材料** 钻石线 Dialien（粗） 灰色渐变与蓝色系段染（601）300g/9团

●**工具** 钩针4/0号、5/0号

●**成品尺寸** 胸围92cm，肩宽36cm，衣长65cm

●**编织密度** 编织花样B的5个花样10.5cm，10cm12行

●**编织方法和组合方法** 身片…编织花样A用4/0号针编织，编织花样B用5/0号针编织。在下摆位置锁针起针后，按编织花样A编织至腋下，如图所示做分散减针。接着换成5/0号针钩织1行短针，注意在两端各减1针，每个花样减2针，然后按编织花样B继续编织。袖窿、斜肩、领窝参照图示编织。组合…肩部做卷针缝合，胁部钩织“1针引拔针、3针锁针”做锁针缝合。下摆、衣领、袖窿如图所示挑针后，环形钩织边缘并调整形状。

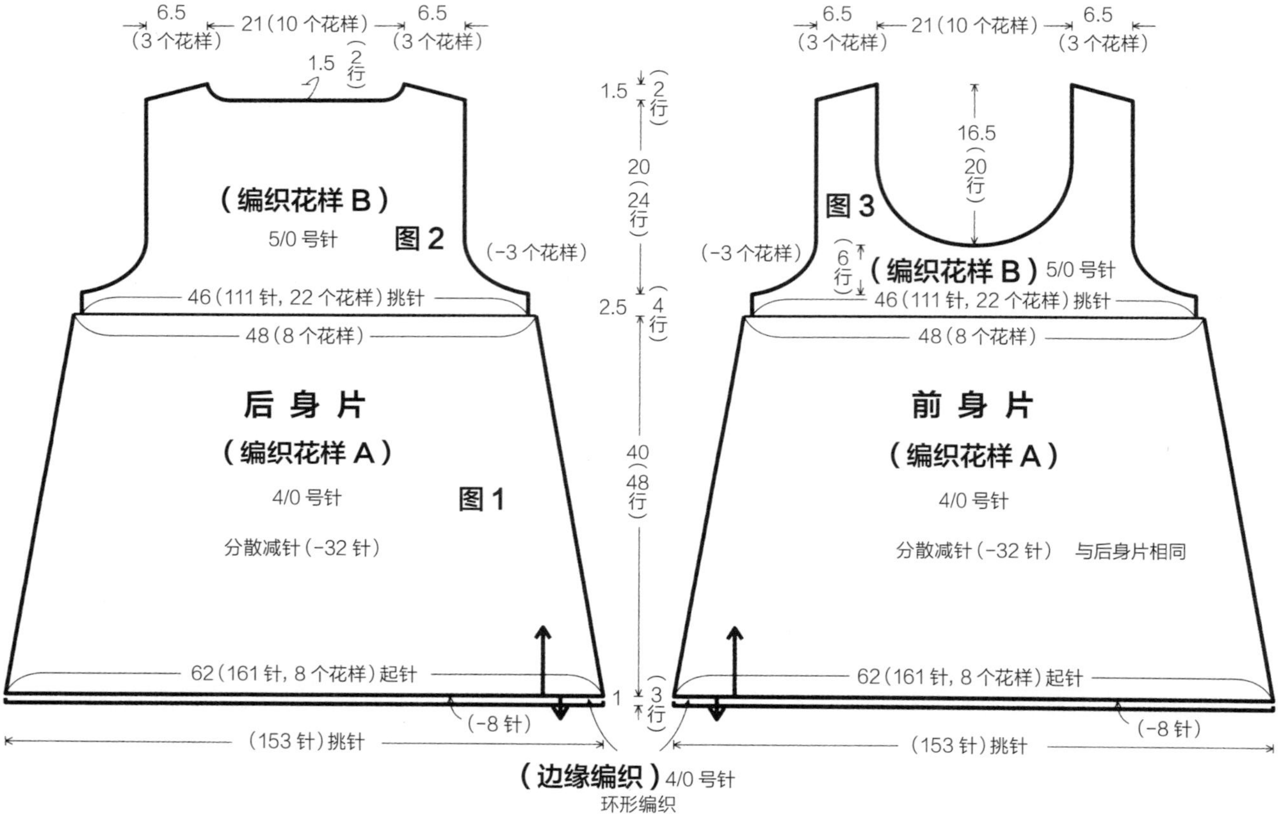

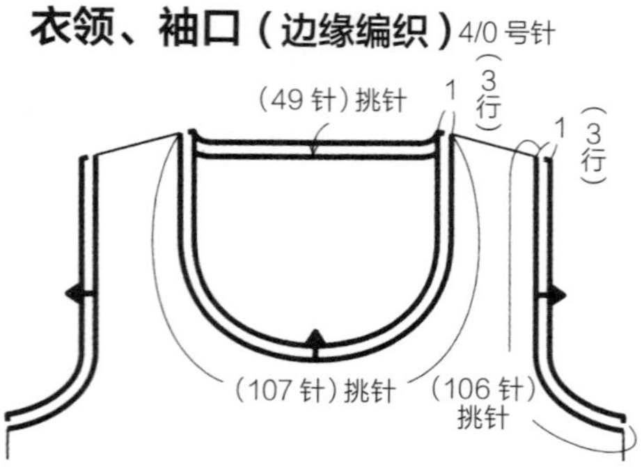

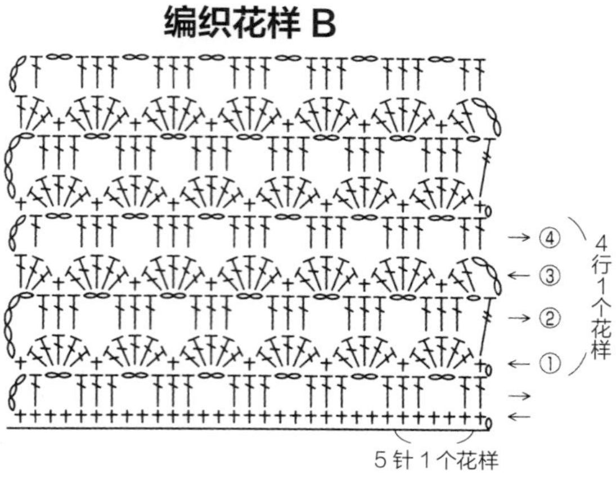

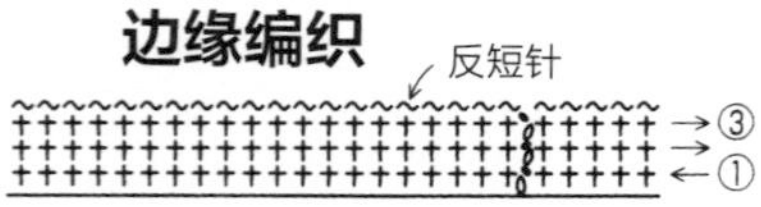

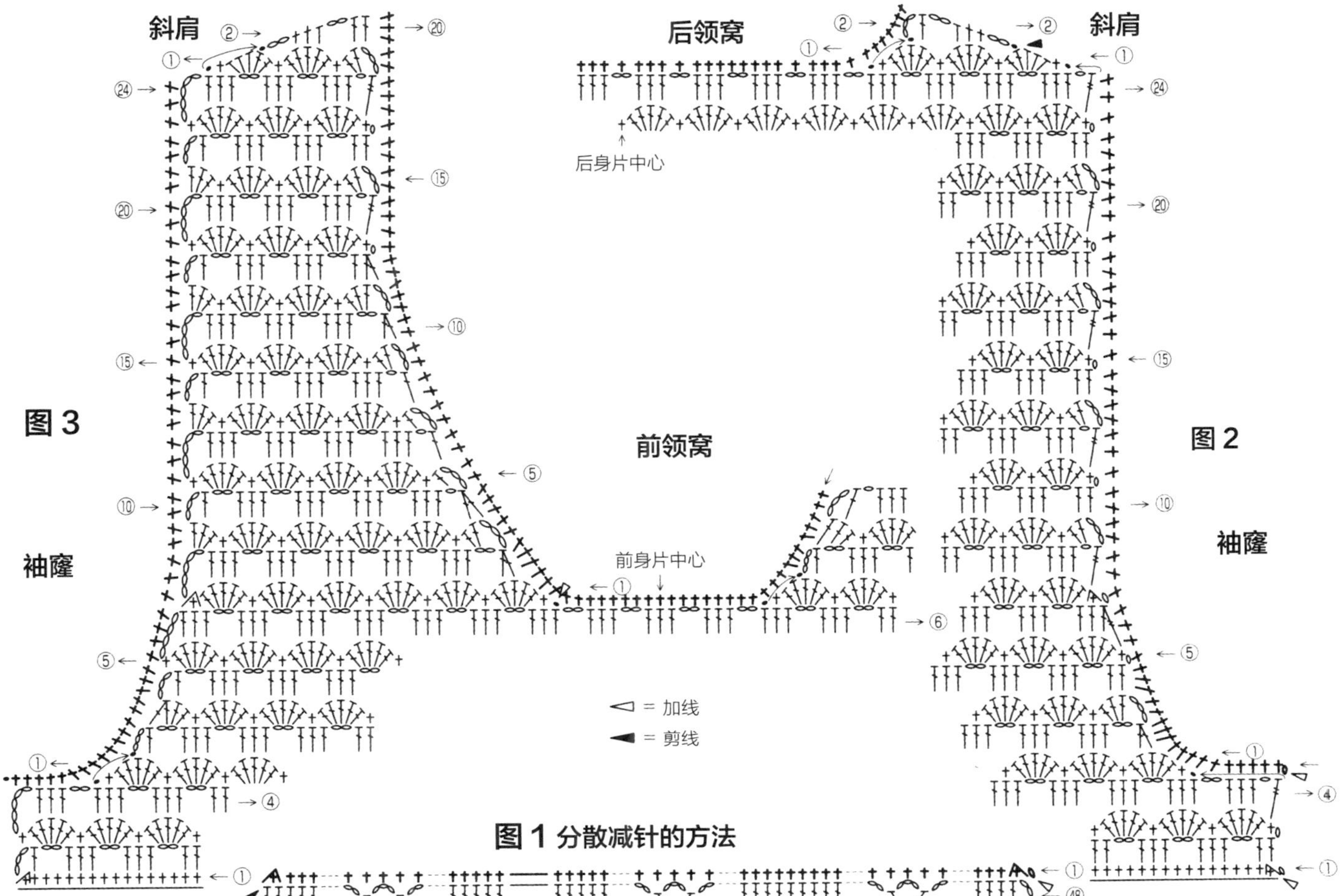
图3
斜肩
袖窿
后领窝
后身片中心
前领窝
前身片中心
图2
斜肩
袖窿
◁ = 加线
◀ = 剪线

图1 分散减针的方法

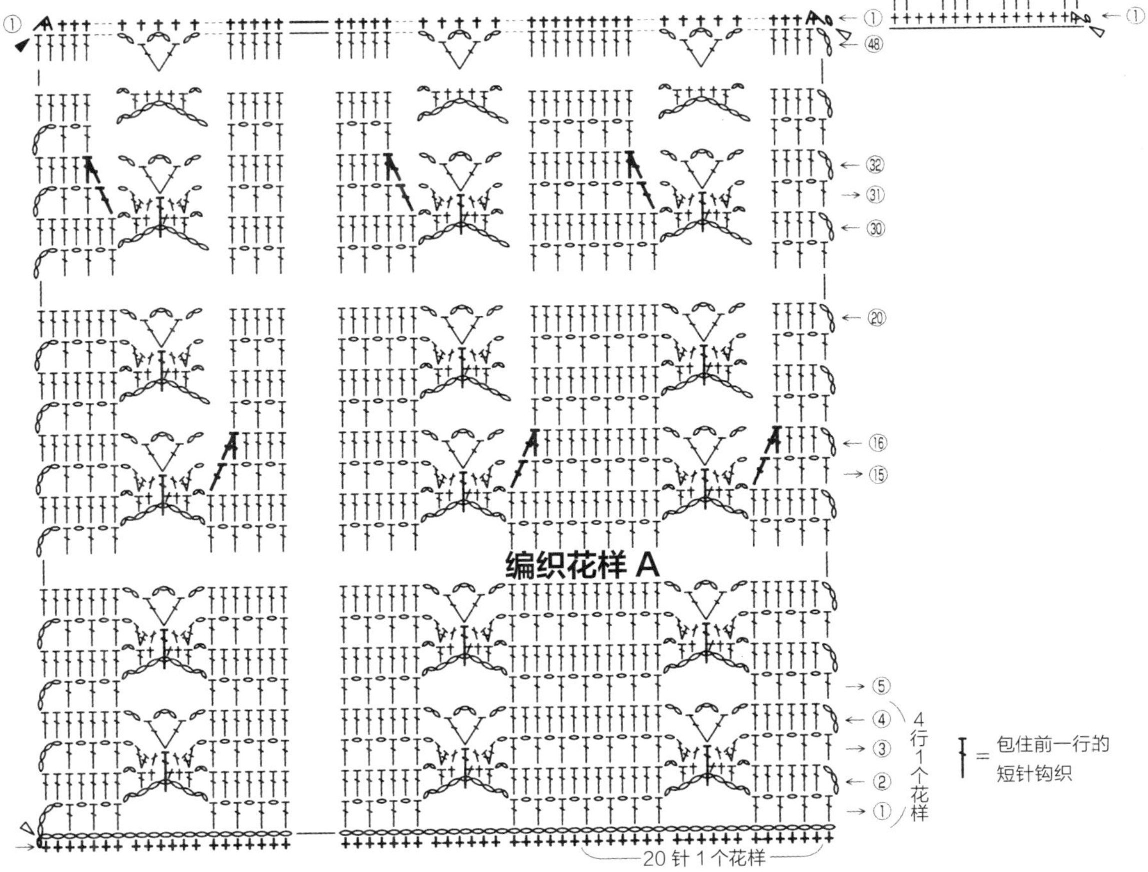
编织花样A
4行1个花样
20针1个花样
= 包住前一行的短针钩织

●**材料** 钻石线 Silk Soierl（粗） 米色（328）250g/7团

●**工具** 钩针4/0号，棒针5号

●**成品尺寸** 胸围94cm，肩宽33cm，衣长66.5cm，袖长18.5cm

●**编织密度** 10cm×10cm面积内：编织花样A、A’均为20针，29行；编织花样B的2个花样9.5cm，1个花样6行5.5cm

●**编织方法和组合方法**身片…在下摆的花样切换处手指挂线起针后，按编织花样A编织。如图所示做分散减针后按编织花样A’继续编织，结束时做伏针收针。接着用短针一边挑针一边平均加针，如图所示按编织花样B编织。袖子…手指挂线起针后按编织花样A’编织，如图所示做加减针。组合…肩部钩织“1针引拔针、2针锁针”做锁针接合。胁部、袖下做挑针缝合，钩针部分做锁针缝合。下摆一边挑针一边平均加针，按编织花样B将前、后身片连起来做环形编织。领口、袖口按边缘编织A、B环形编织。袖子与身片做半回针缝缝合。

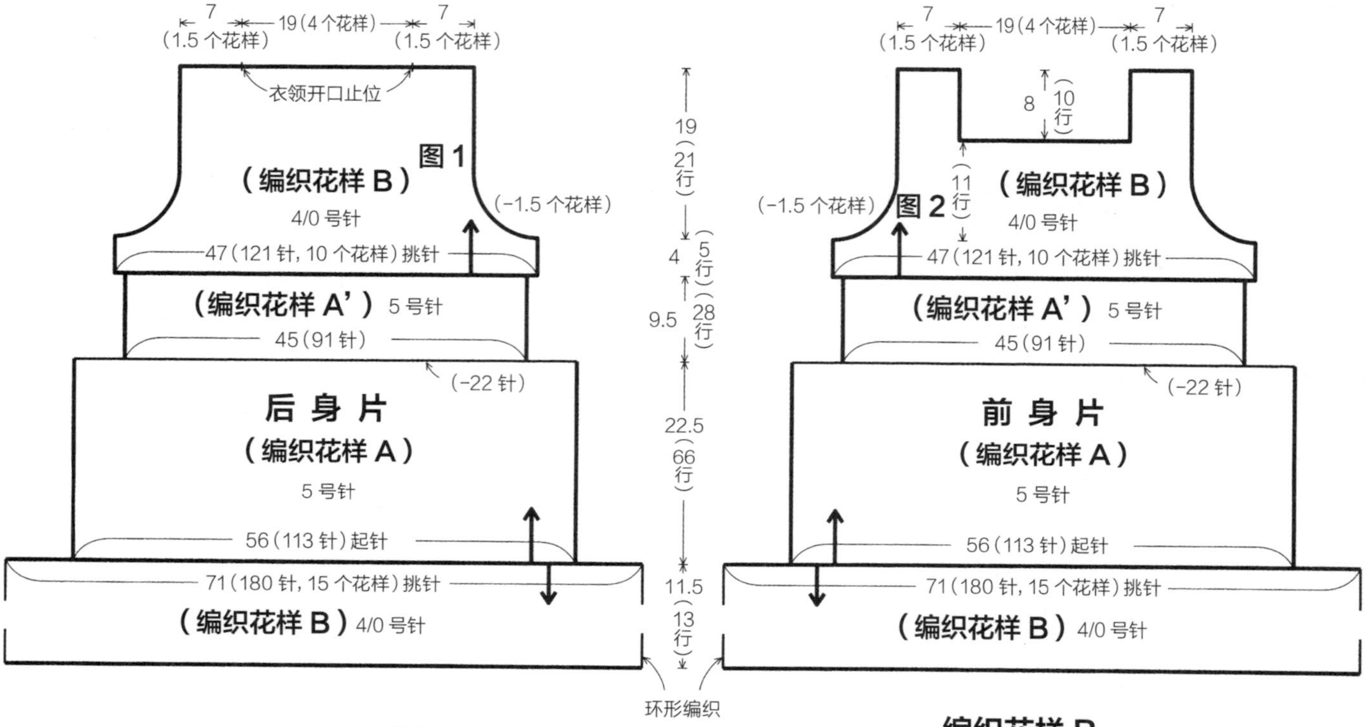

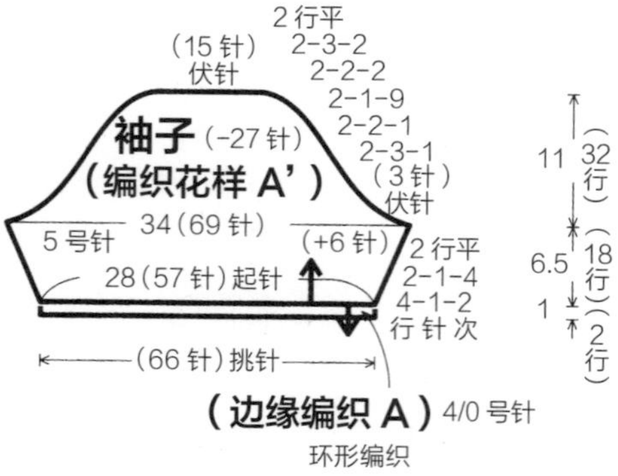

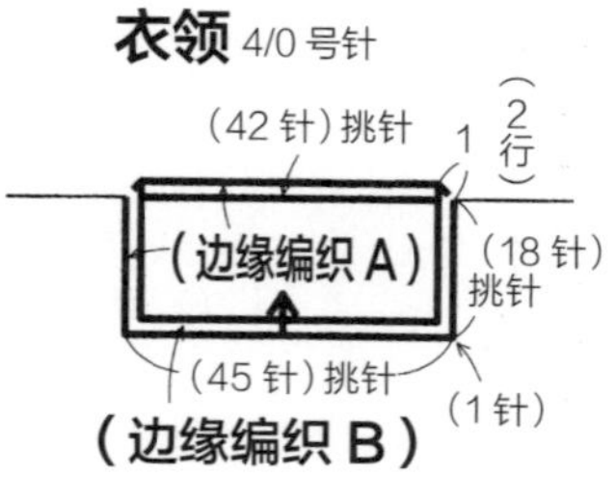

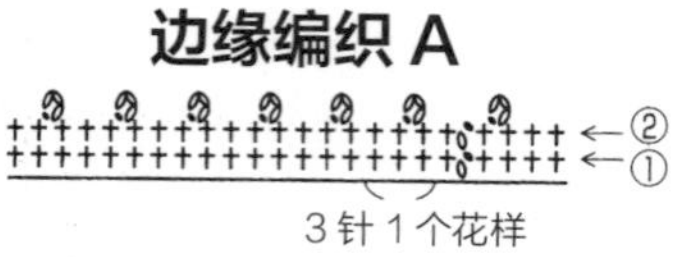

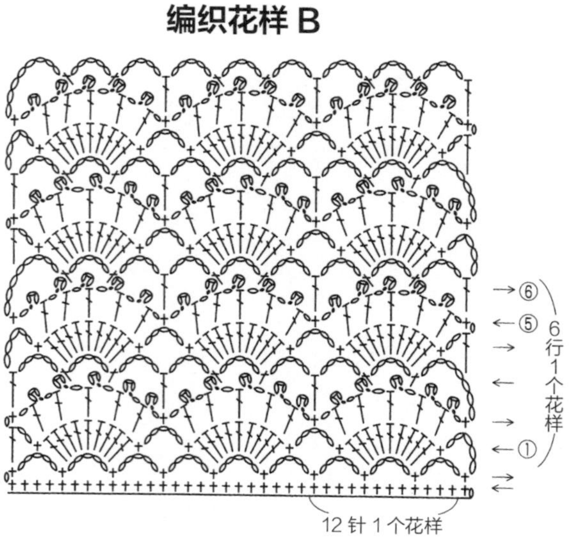

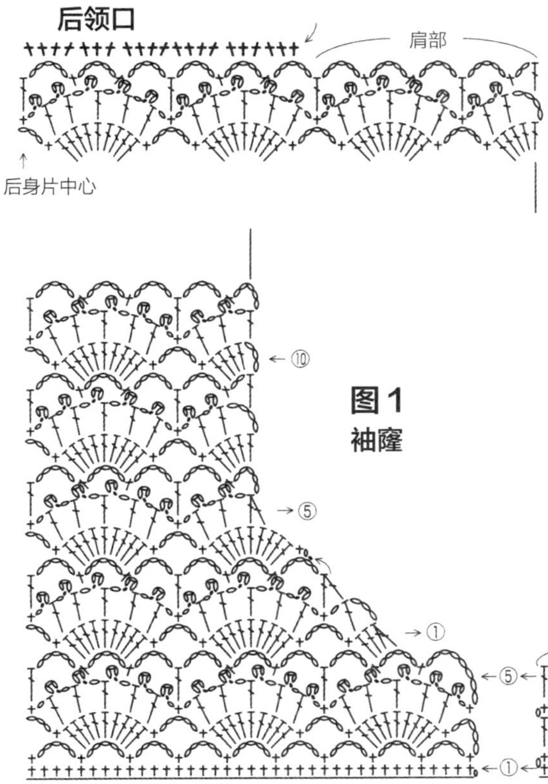

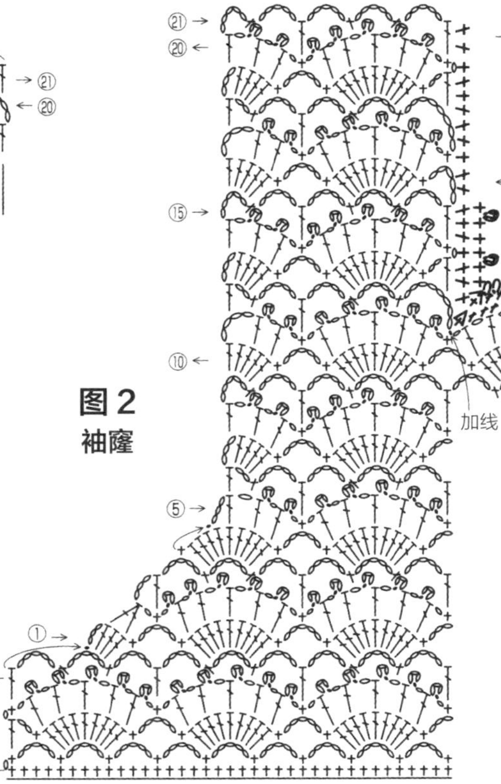

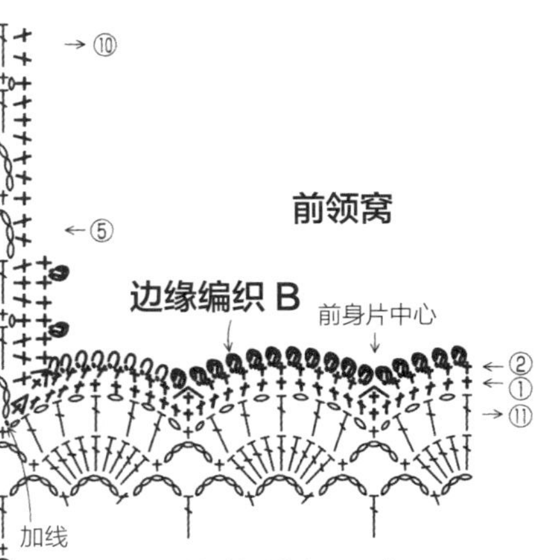

边缘编织 A'

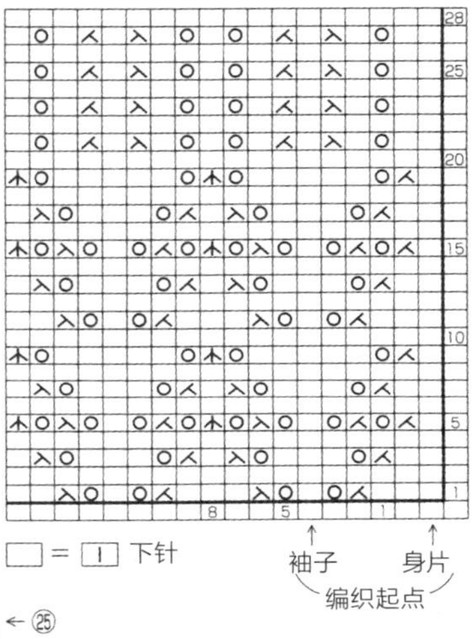

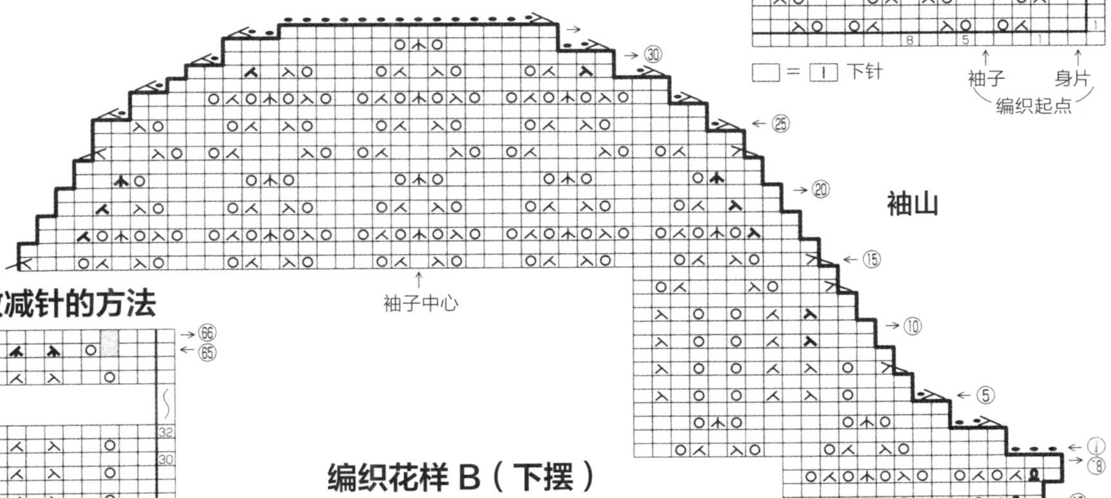

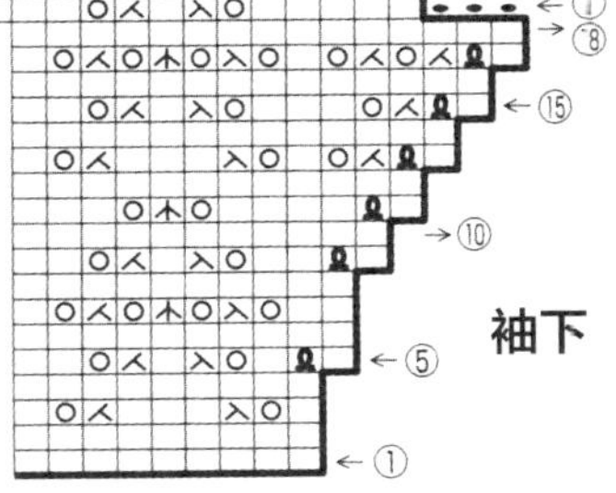

ᘯ = 扭转针目之间的渡线加针

编织花样 A 与分散减针的方法

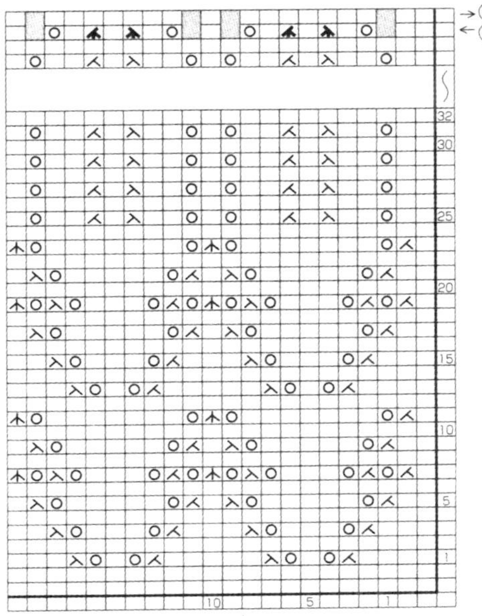

□ = ⏐ 下针　　▨ = 无针目处

编织花样 B（下摆）

第 23 页

13

●**材料** 钻石线 Fair Silk（粗）浅茶色（617）175g/6团
●**工具** 棒针5号，钩针3/0号
●**成品尺寸** 宽38cm，长135cm
●**编织密度** 10cm×10cm面积内：编织花样A 22针，27行
●**编织方法和组合方法** 披肩…另线锁针起针后，两端的3针编织起伏针，主体部分按编织花样A编织，无须加减针编织194行。参照图示，接下来主体部分按编织花样B编织。第1行两侧的半个花样分别做2针并1针的减针，各减2针共4针。中间的3个花样分别做扭针加针，各加2针共6针。加减针后一共有81针，两端的3针继续编织起伏针。按编织花样B编织72行，从20针1个花样加针至40针1个花样。另一侧解开另线锁针的起针，用相同方法加减针后从编织花样B的第2行开始编织。组合…编织终点如图所示，利用花样的波浪边，依次在7针、6针、3针里一次性插入钩针钩织1针短针，间隔7针和11针的锁针，一边钩织边缘一边收针。

编织花样A

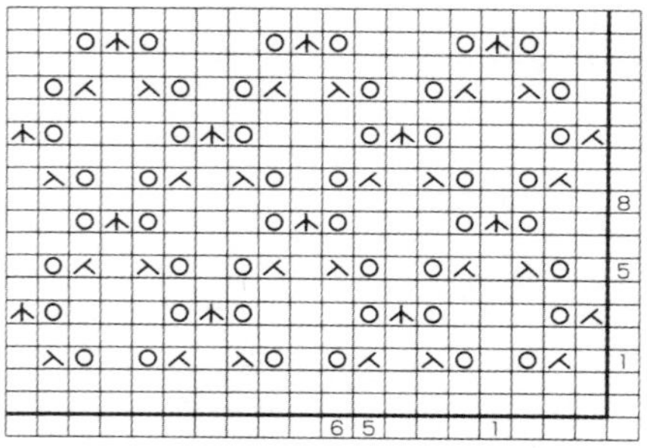

□ = ⊟ 下针

编织花样B

40针1个花样

边缘编织

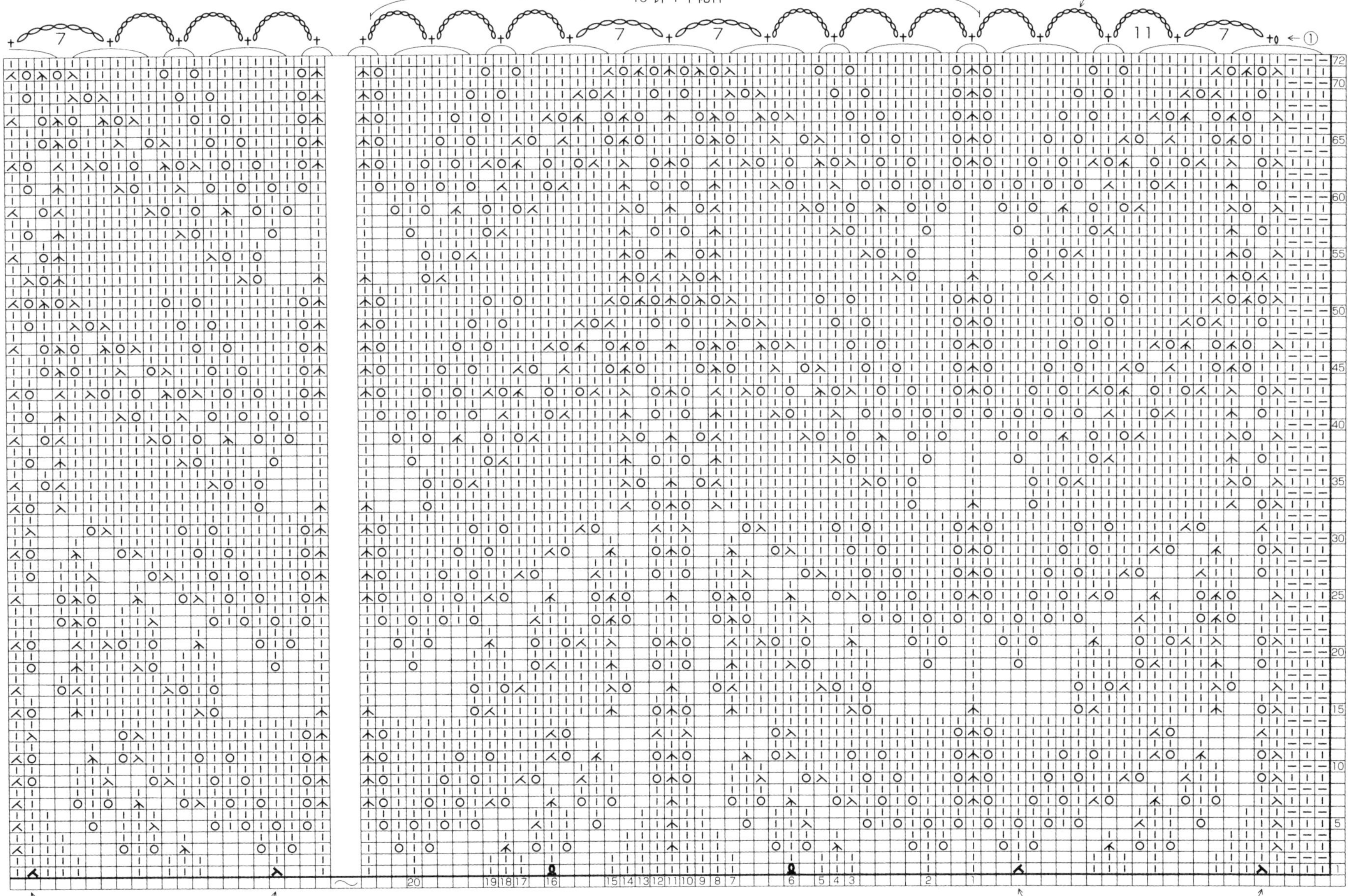

仅在两侧减针

ϱ = 扭转针目之间的渡线加针

□ = 无针目处

仅在两侧减针

第25页

14

●**材料** 钻石线 Masterseed Cotton <Lame>（粗）浅灰色（203）250g/9团

●**工具** 棒针5号、4号、3号

●**成品尺寸** 胸围92cm，衣长53.5cm，连肩袖长41cm

●**编织密度** 10cm×10cm面积内：下针编织25针，33行；编织花样A 29针，33行

●**编织方法和组合方法** 身片…在下摆位置另线锁针起针后，按编织花样A和下针编织，注意在花样的切换处如图所示减针，腰部变换针号编织。下摆解开另线锁针的起针后编织起伏针，结束时做上针的伏针收针。袖子…按下针编织，在袖下加针。育克…对齐相同标记接合后，从左袖位置开始挑针。按编织花样C做环形编织，如图所示做分散减针。组合…接着按编织花样D、B环形编织衣领，结束时做扭针的单罗纹针收针。胁部、袖下做挑针缝合。

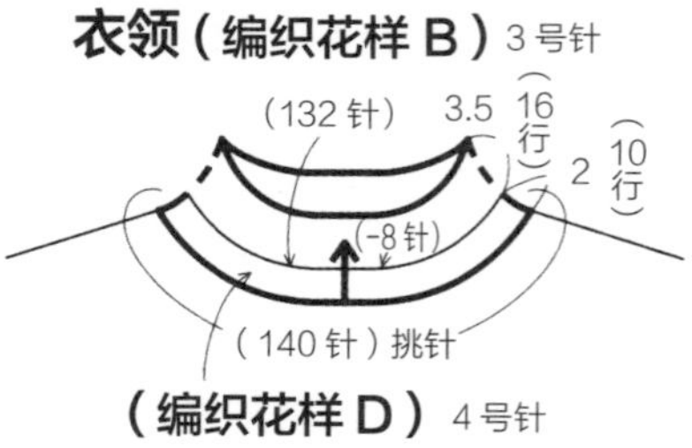

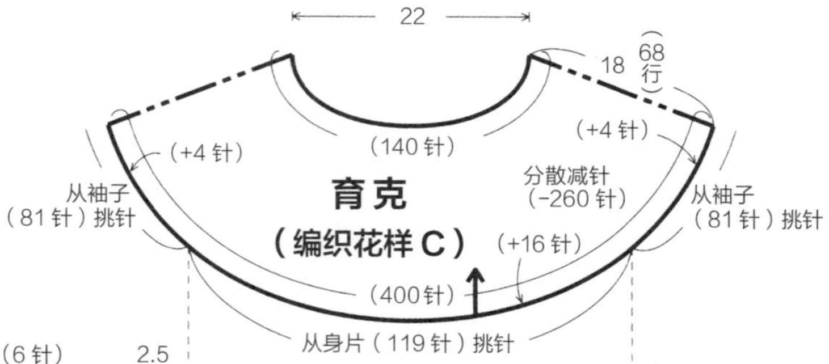

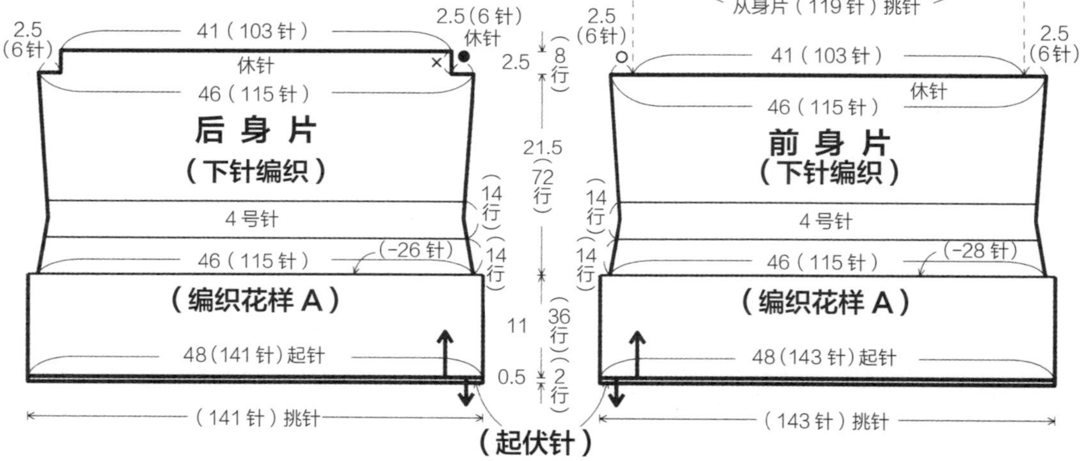

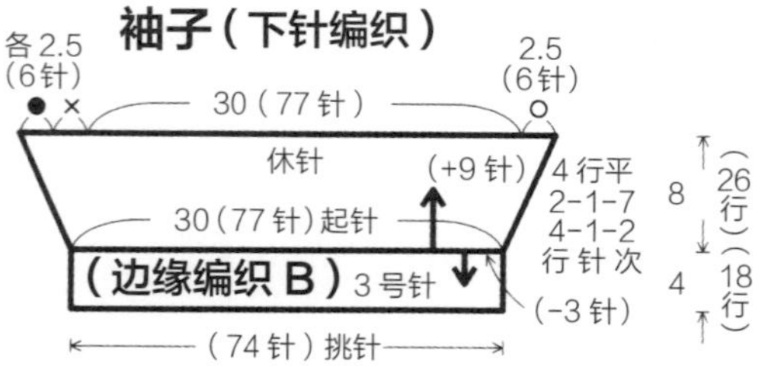

※ 除指定以外均用5号针编织
对齐相同标记接合

编织花样 D

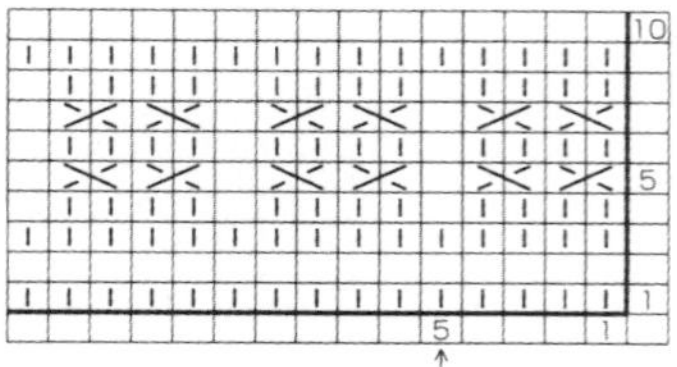

□ = ⊟ 上针

前、后领中心

编织花样 B

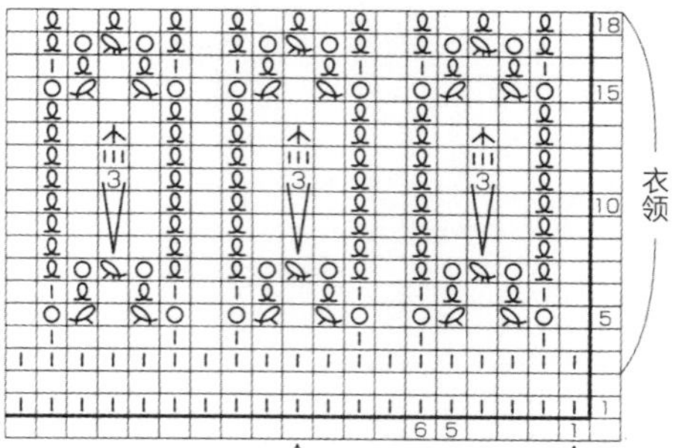

□ = ⊟ 上针

前、后领中心

袖口的编织起点

编织花样C

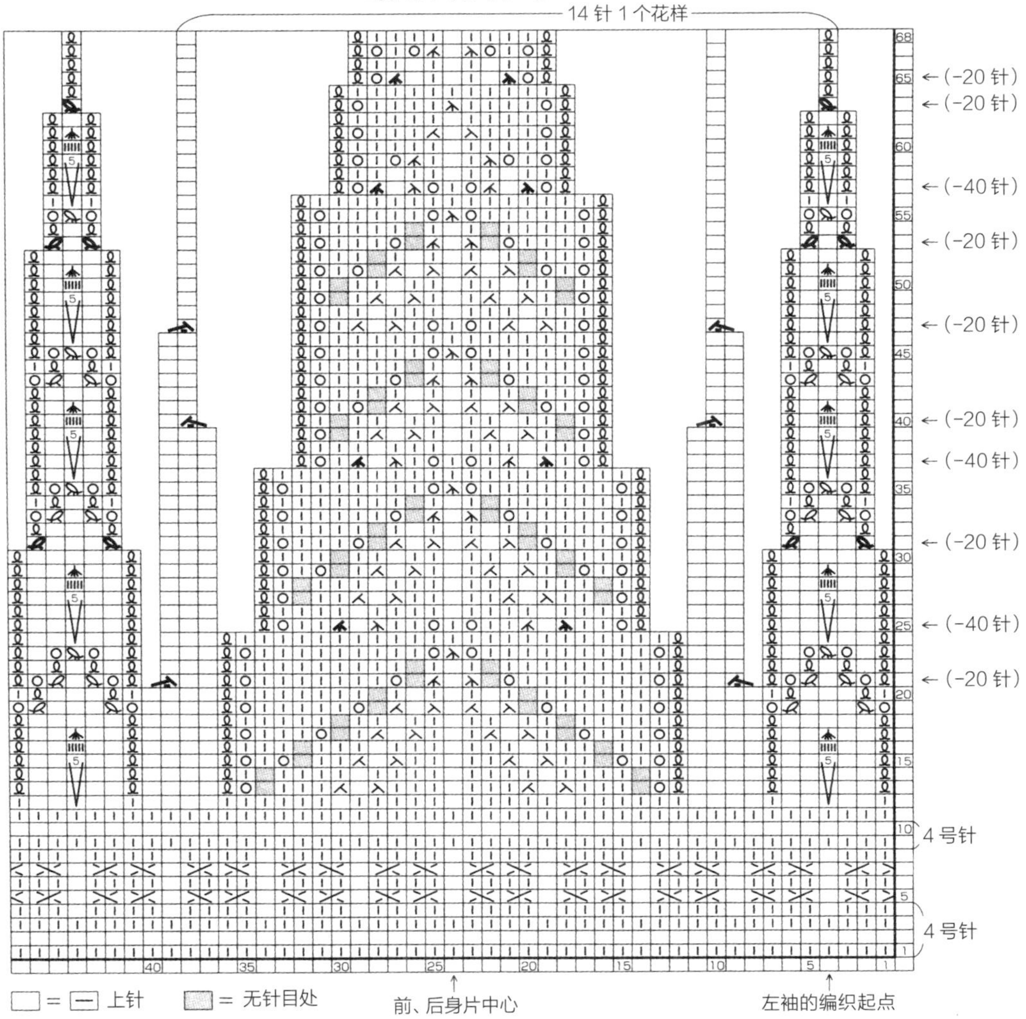

□ = ⊟ 上针　▒ = 无针目处

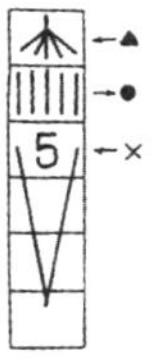

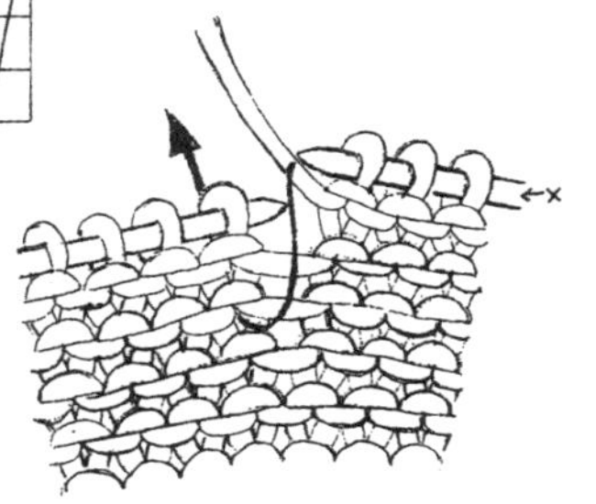

1 编织 × 行时，如箭头所示在前3行的针目里插入棒针。

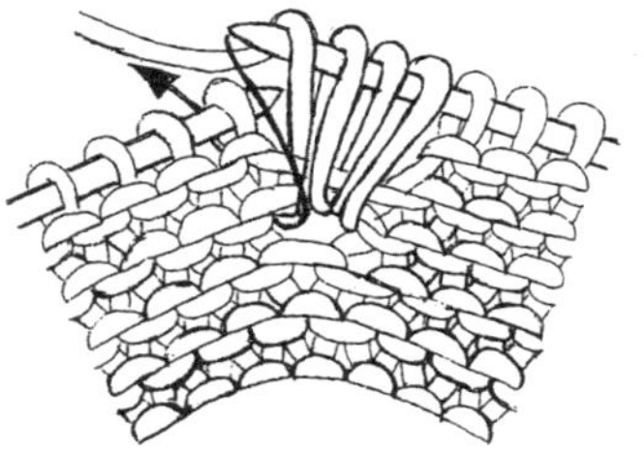

2 在同一针目里插入棒针编织“下针、挂针、下针、挂针、下针”，注意将针目拉出一定高度。

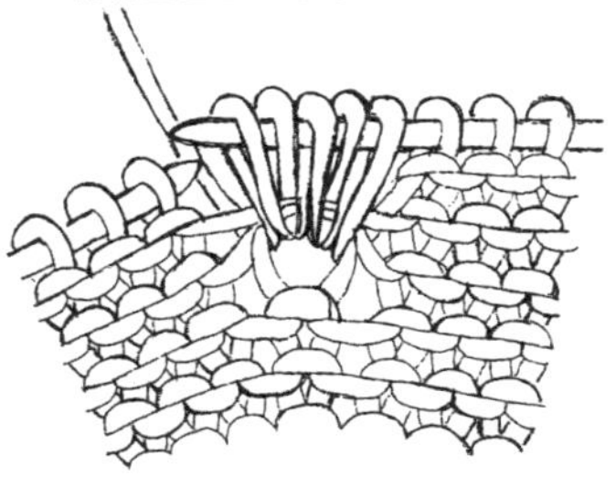

3 取下左棒针上的针目，下一行正常编织上针。

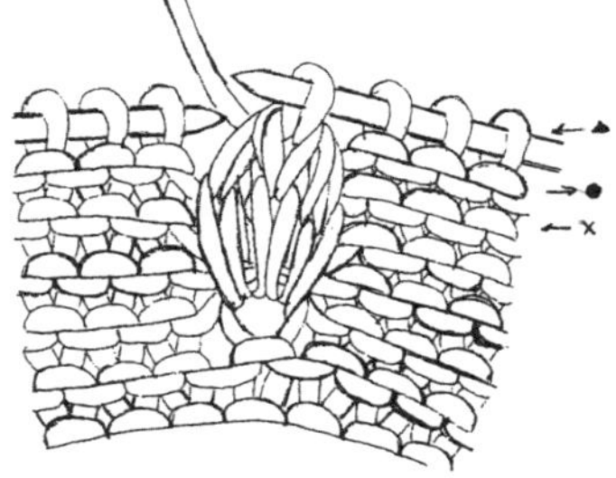

4 在▲行编织中上5针并1针，完成。

编织花样A

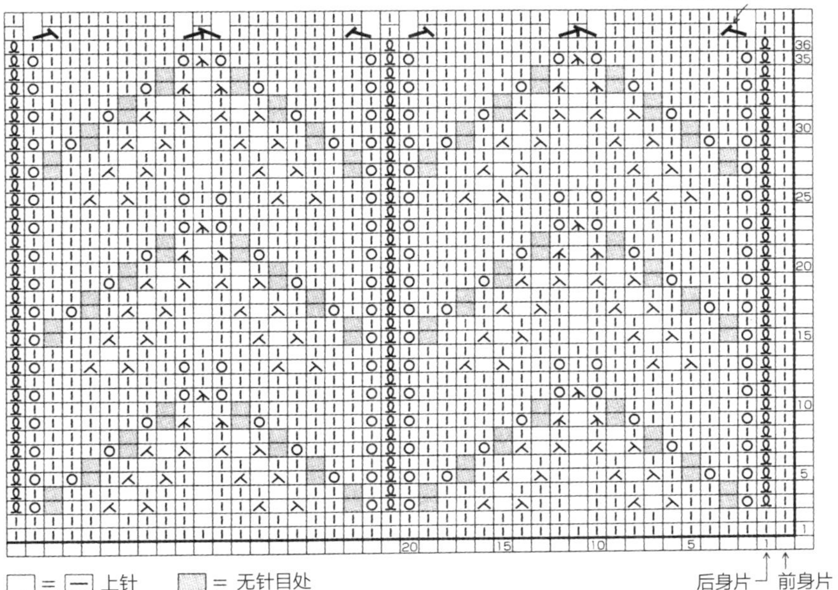

□ = ⊟ 上针　▒ = 无针目处

●材料 钻石线 Masterseed Cotton <Lame>（粗）暗橘色（208）250g/9团；直径1.4cm的纽扣6颗

●工具 棒针5号、4号、3号

●成品尺寸 胸围92cm，肩宽34cm，衣长53cm，袖长12cm

●编织密度 10cm×10cm面积内：编织花样A 20针，35行；编织花样B 30针，35行

●编织方法和组合方法 身片…在下摆位置另线锁针起针后，按编织花样A、B编织。如图所示做分散加减针，袖窿和领窝做伏针减针和立起侧边1针的减针。下摆解开另线锁针的起针后编织起伏针，结束时从反面做伏针收针。袖子…编织要领与身片相同。组合…肩部做盖针接合，胁部、袖下做挑针缝合。前门襟和衣领手指挂线起针后编织起伏针，衣领将前门襟的反面作为正面如图所示编织。将衣领的左右两侧接合后，与身片平均做挑针缝合。袖子与身片做引拔缝合。

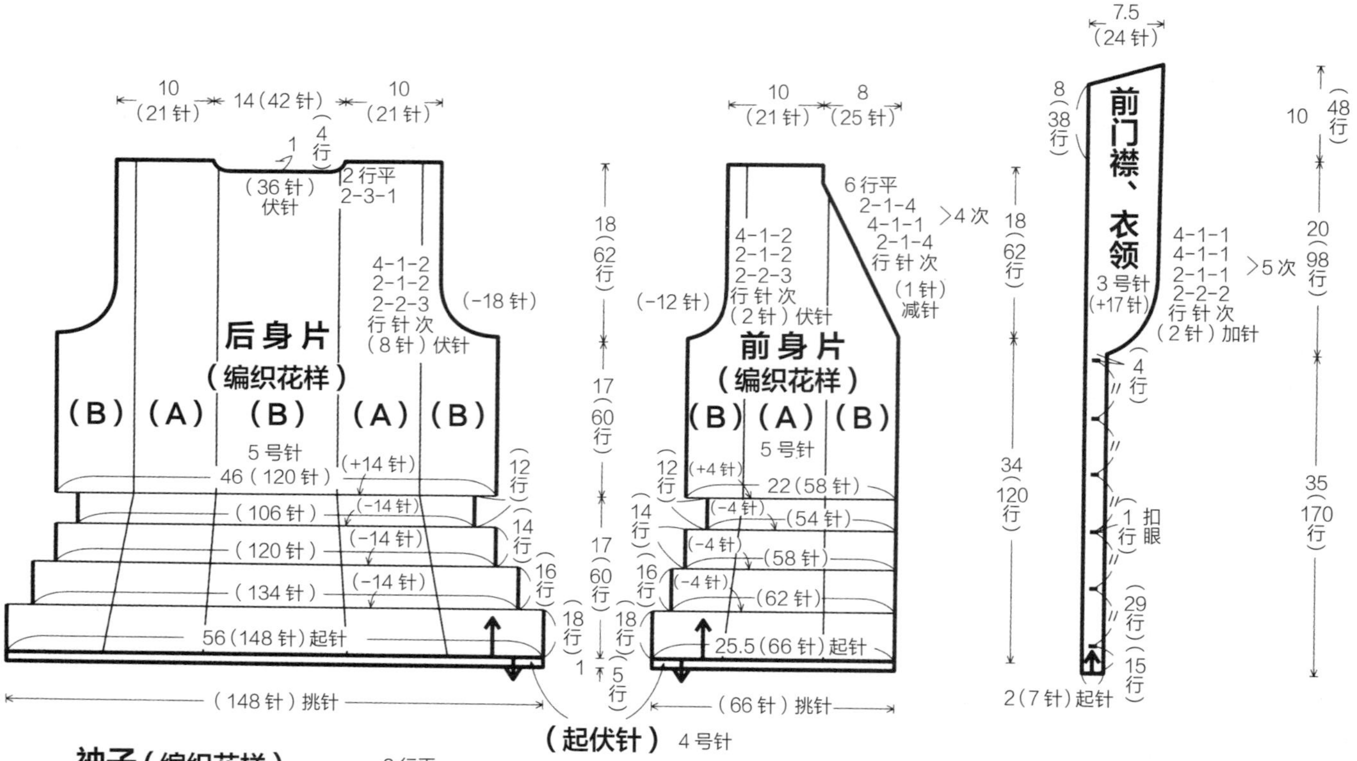

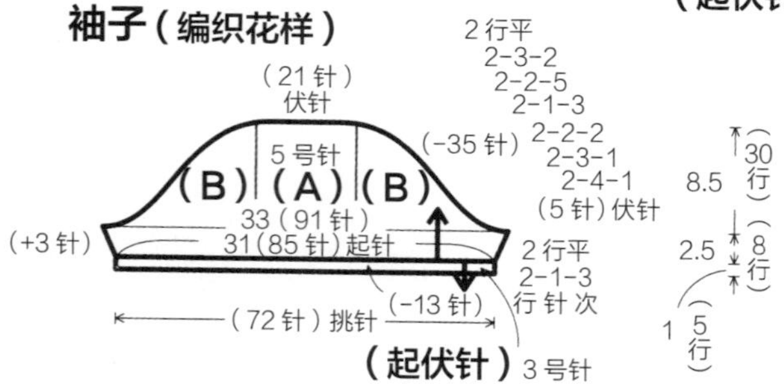

※（A）=（编织花样 A）
※（B）=（编织花样 B）

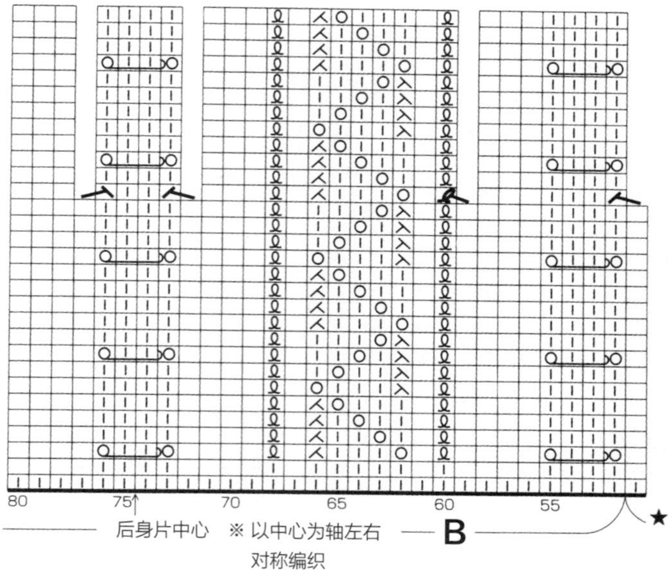

扣眼（右前门襟）

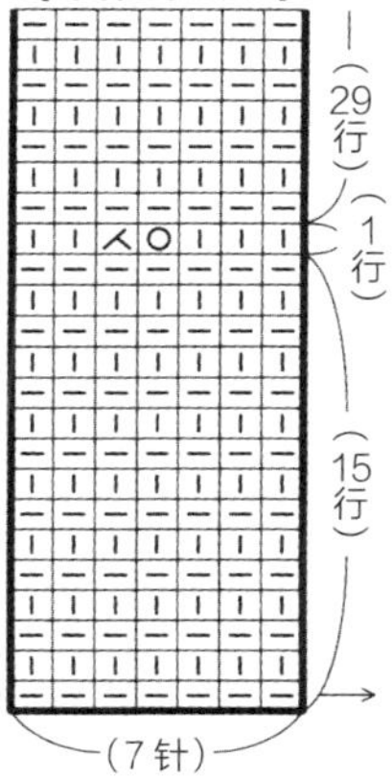

□ = [一] 上针

▒ = 无针目处

(4 3 2 1) = 将针目 3 和针目 4 依次覆盖在针目 1 和针目 2 上，并从棒针上取下。接着编织挂针，在针目 1、针目 2 里编织下针，再编织挂针。

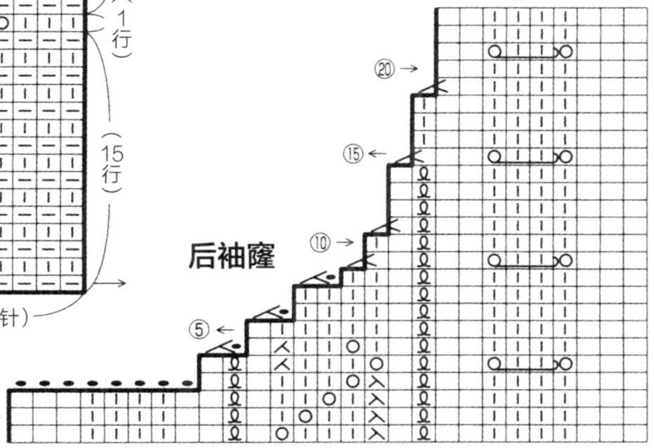

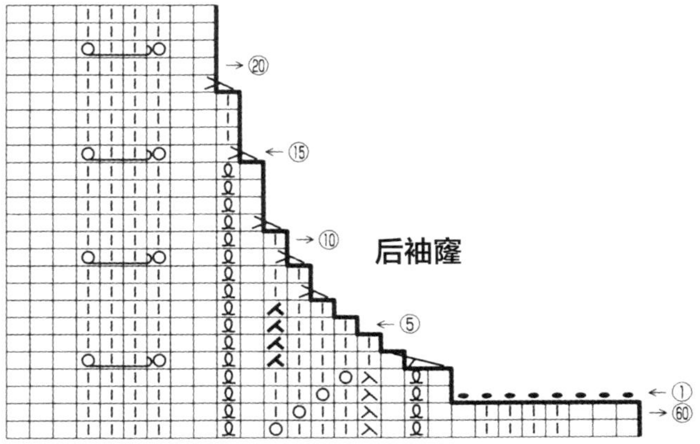

编织花样与分散加减针的方法（后身片）

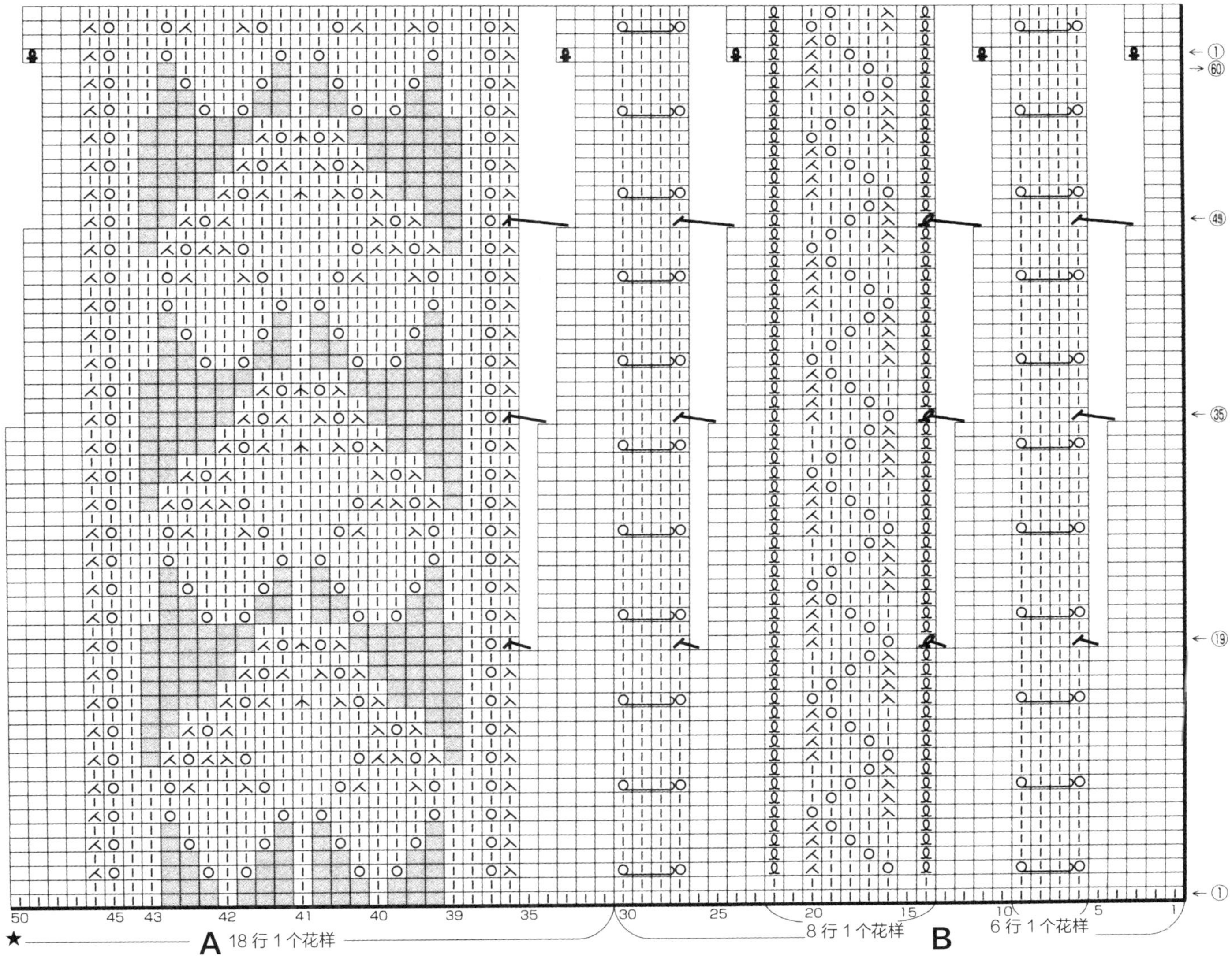

编织花样与分散加减针的方法（右前身片）

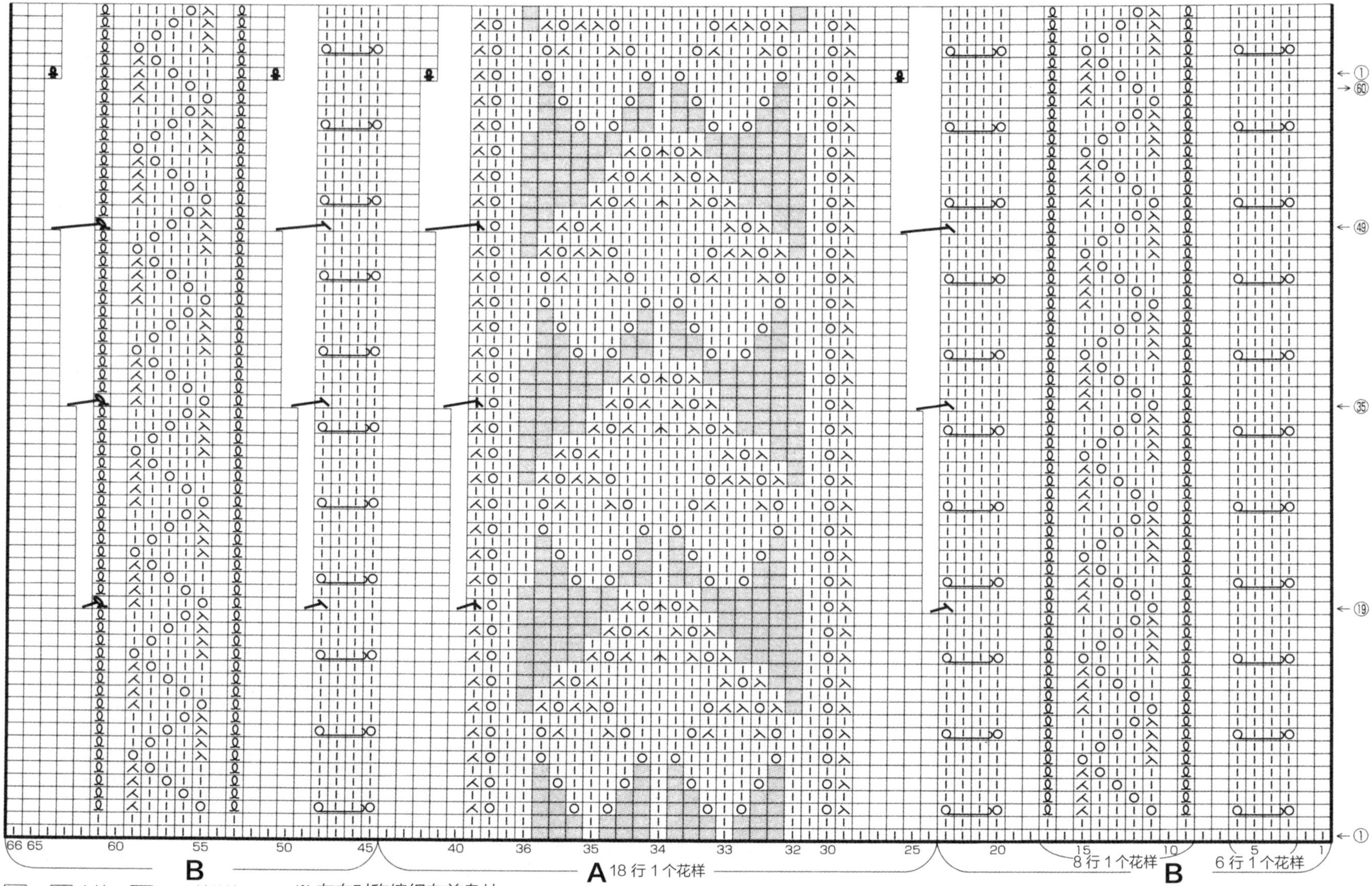

□ = ⊟ 上针　▨ = 无针目处　※ 左右对称编织左前身片

4 3 2 1 = 将针目 3 和针目 4 依次覆盖在针目 1 和针目 2 上，并从棒针上取下。接着编织挂针，在针目 1、针目 2 里编织下针，再编织挂针。

袖子

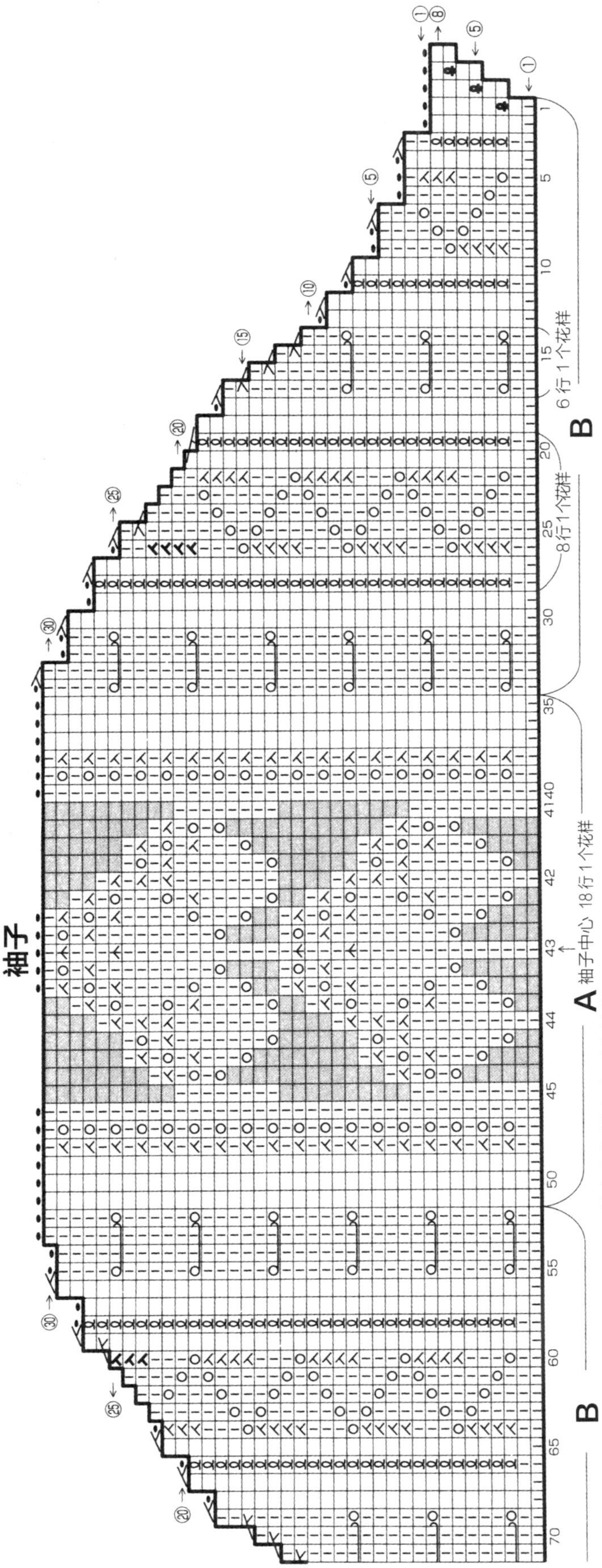

※ 以中心为轴左右对称编织

□ = ▭ 上针　▒ = 无针目处

⚲ = 扭转针目之间的渡线编织上针的加针

衣领

※ 对称编织左侧，注意少编织1行。结束时与右侧接合

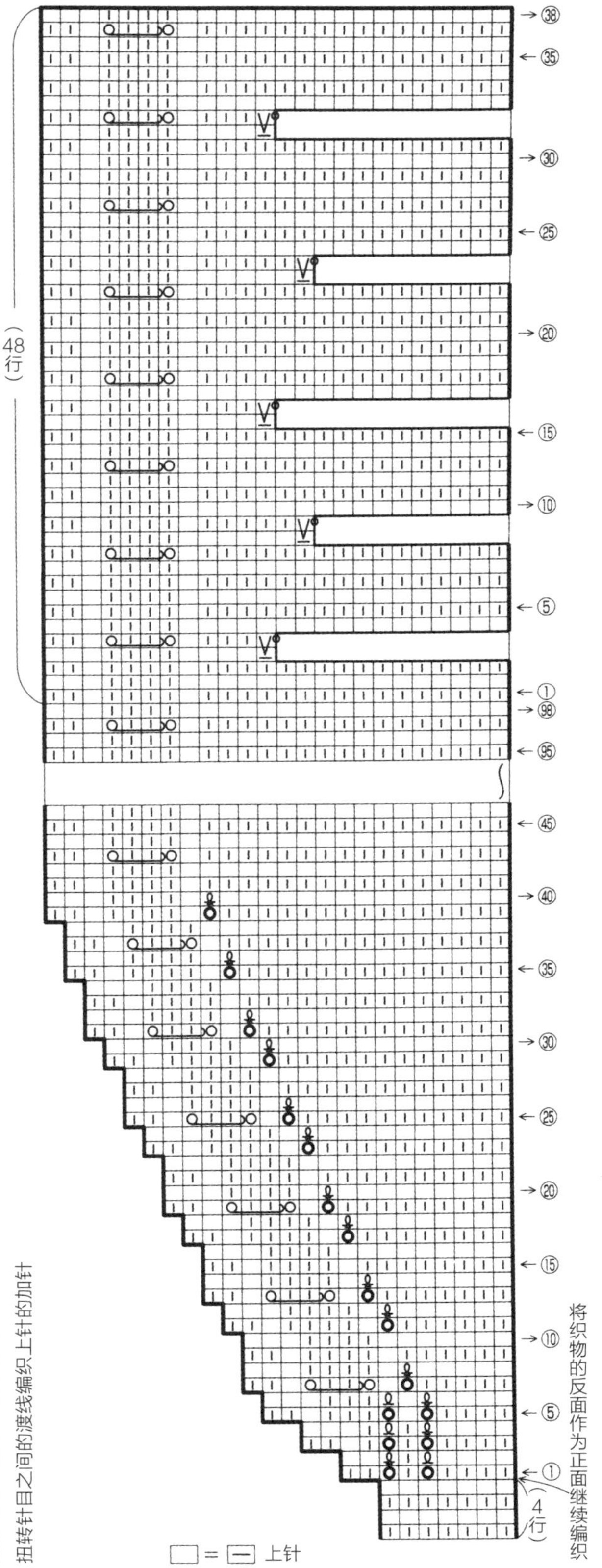

□ = ▭ 上针

◉ = 挂针的加针

第 29 页

17

●材料 钻石线 Masterseed Cotton（粗）浅蓝色（117）190g/7团；直径1.5cm的纽扣6颗

●工具 棒针4号、2号

●成品尺寸 胸围93cm，肩宽37cm，衣长52cm

●编织密度 10cm×10cm面积内：编织花样30针，35行

●编织方法和组合方法 身片…在下摆位置单罗纹针起针，接着按编织花样编织，注意单元花样的针数有加减变化。袖窿、领窝如图所示做伏针减针和立起侧边1针的减针。前身片为了使针目从单罗纹针向上呈延续状态，在前端减1针。组合…肩部做盖针接合。前门襟、衣领、袖窿挑针后编织扭针的单罗纹针，在右前门襟留出扣眼，结束时做扭针的单罗纹针收针。胁部、袖窿底端做挑针缝合。最后在左前门襟缝上纽扣。

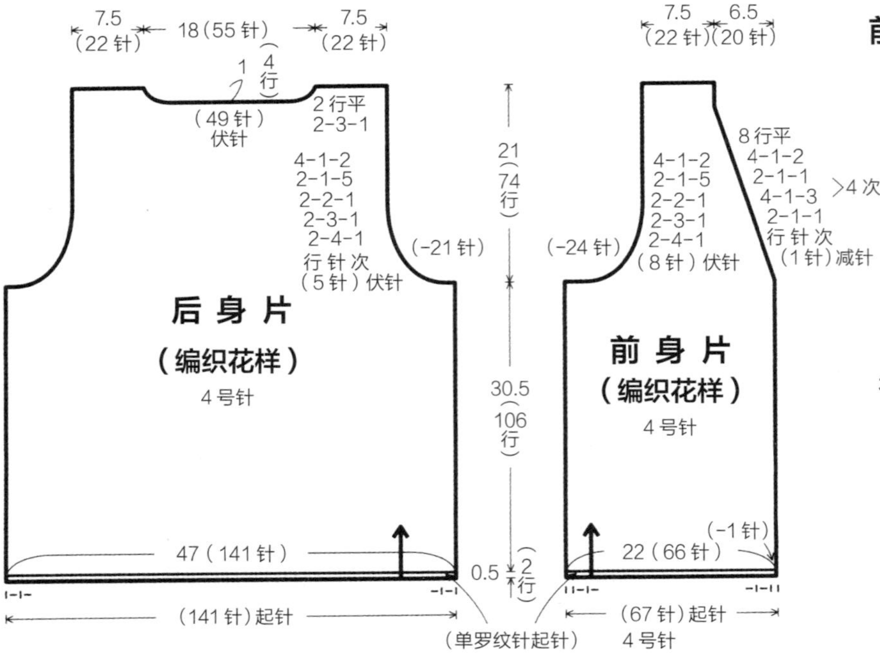

前门襟、衣领、袖窿（扭针的单罗纹针）

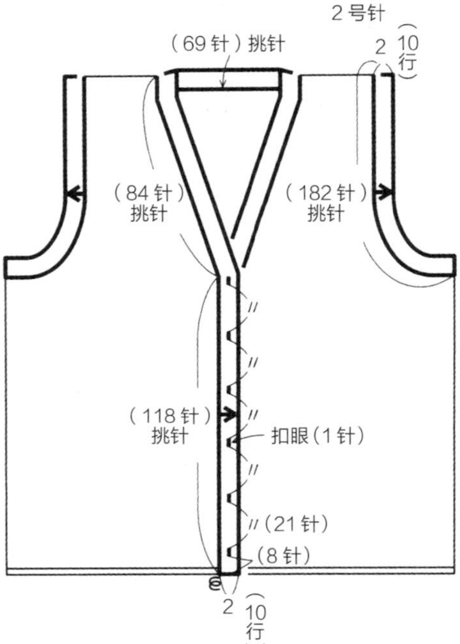

编织花样

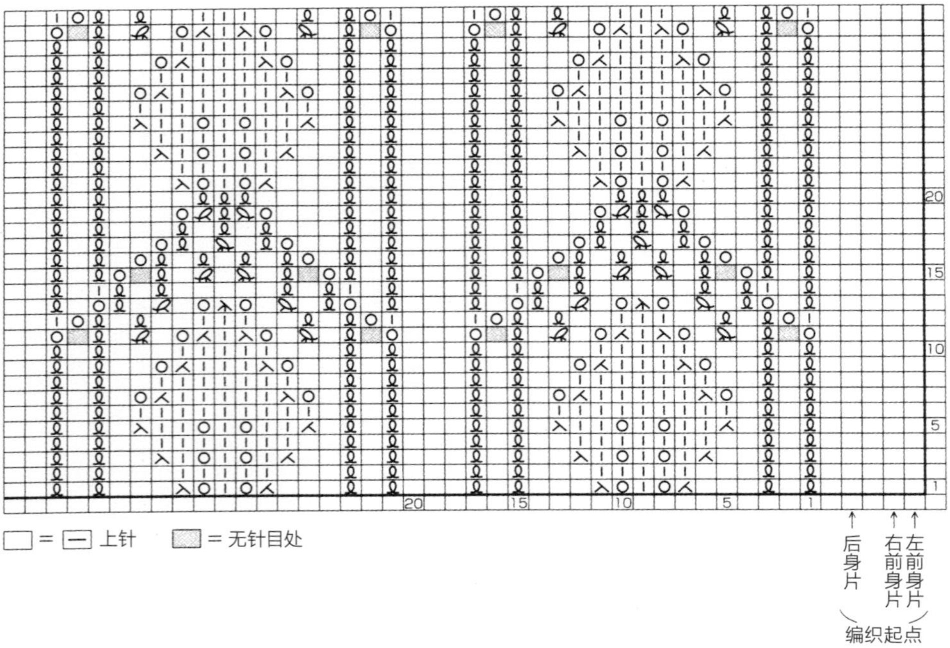

□ = ⊟ 上针　▩ = 无针目处

扣眼（右前门襟）

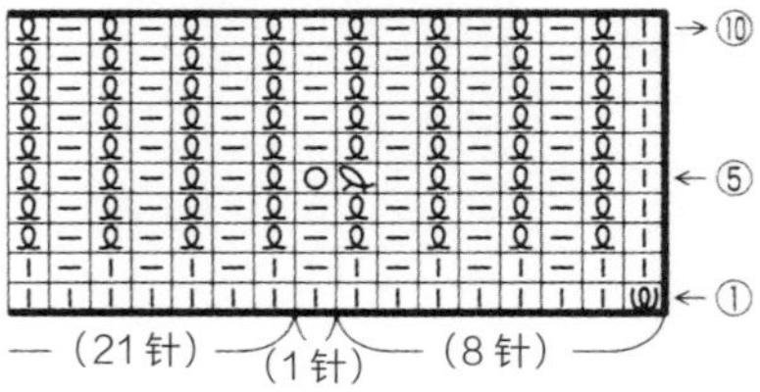

扭针的单罗纹针

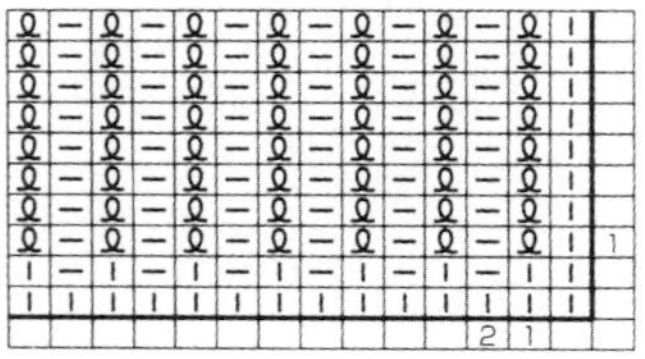

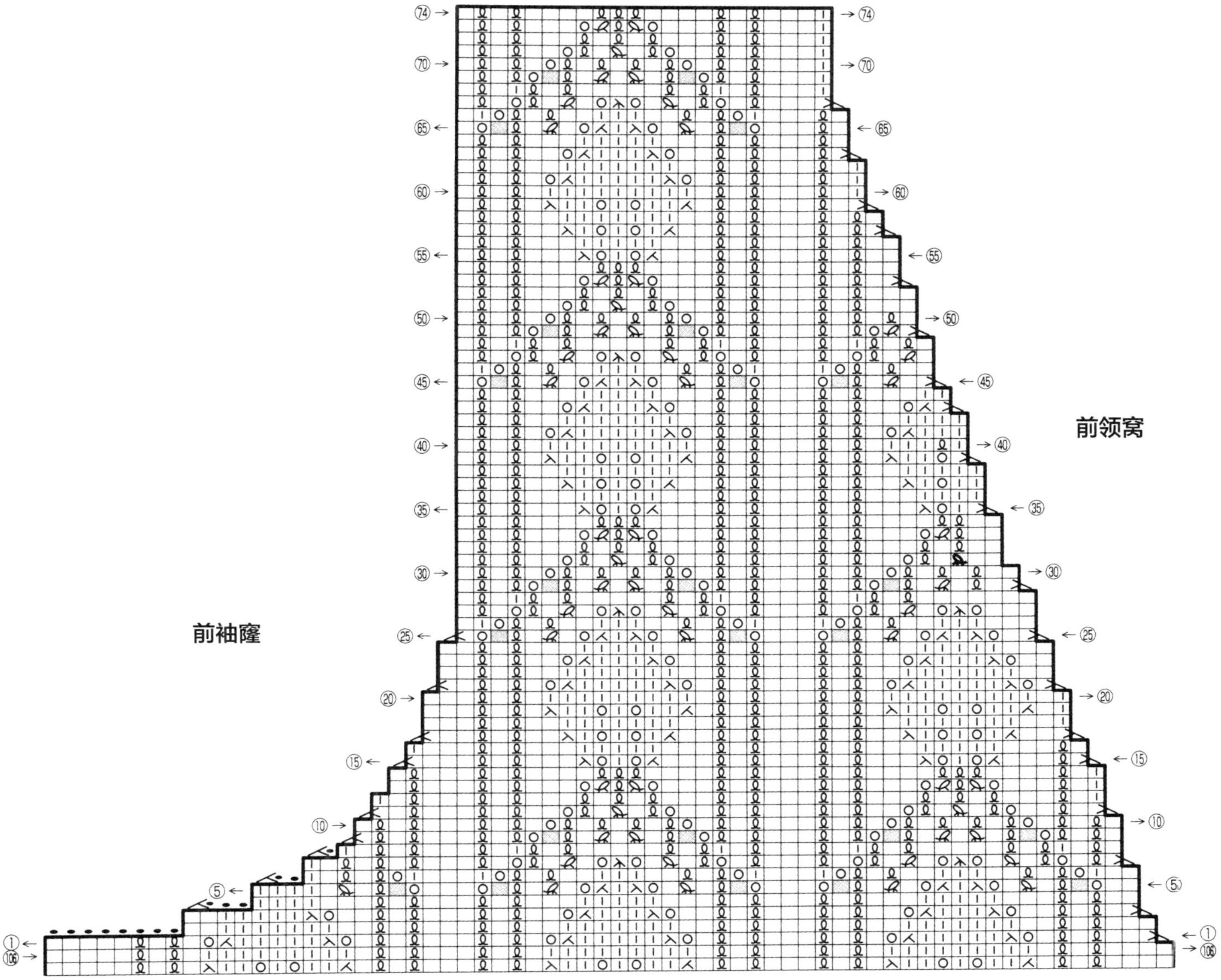

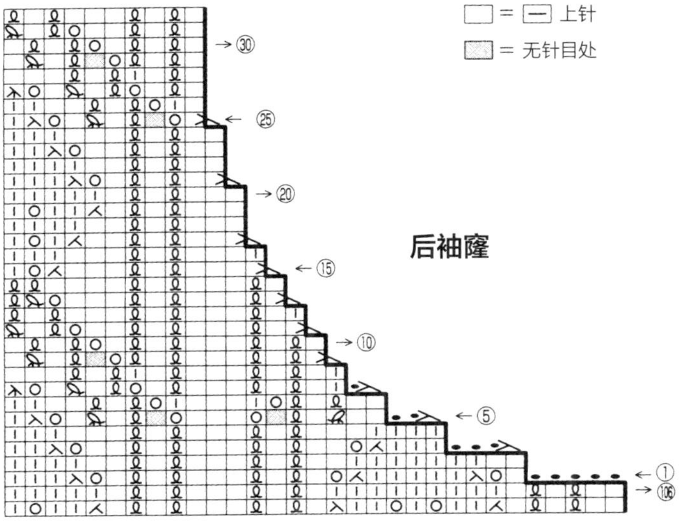

□ = ㊀ 上针

▨ = 无针目处

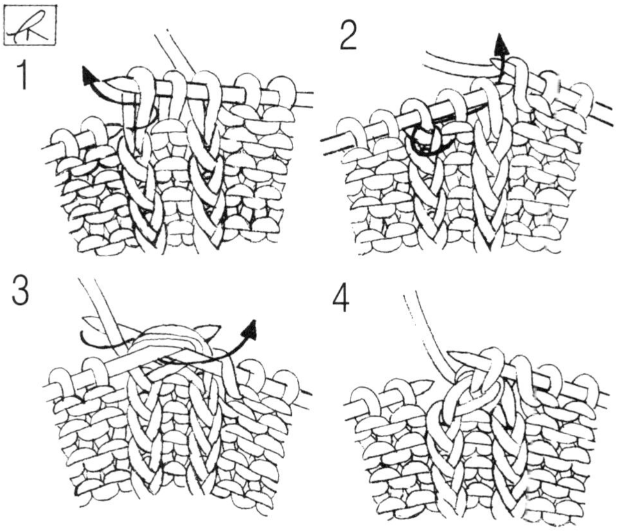

第30页

18

●**材料** 钻石线 Dialien（粗） 紫色系段染（603）270g/8团；直径1.1cm的纽扣1颗

●**工具** 棒针5号、3号，钩针3/0号

●**成品尺寸** 胸围92cm，肩宽34cm，衣长53cm，袖长23.5cm

●**编织密度** 10cm×10cm面积内：编织花样29针，35行

●**编织方法和组合方法** 身片…另线锁针起针后，按编织花样开始编织。腰部如图所示做分散加减针，袖窿和领窝做伏针减针和立起侧边1针的减针，斜肩做留针的引返编织。下摆解开另线锁针的起针，平均减针后编织扭针的单罗纹针，结束时做扭针的罗纹针收针。袖子…编织要领与身片相同，袖下在侧边1针的内侧做扭针加针。组合…肩部做盖针接合，胁部、袖下做挑针缝合。衣领编织扭针的单罗纹针，前领开口钩织1行短针调整形状，再制作纽襻。袖子与身片做引拔缝合。

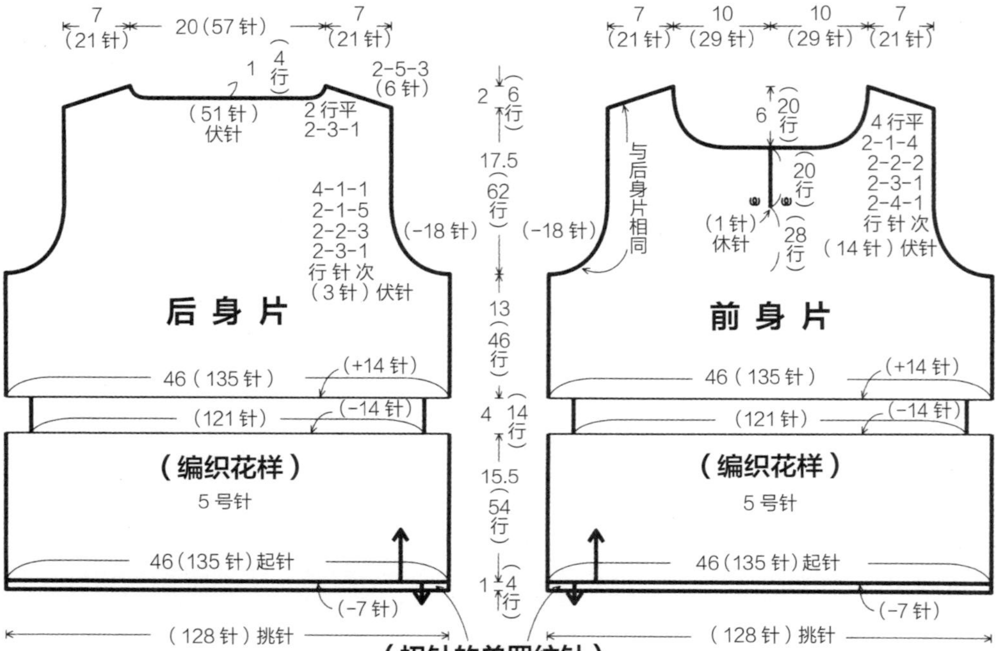

（扭针的单罗纹针） 3号针

衣领（扭针的单罗纹针） 3号针

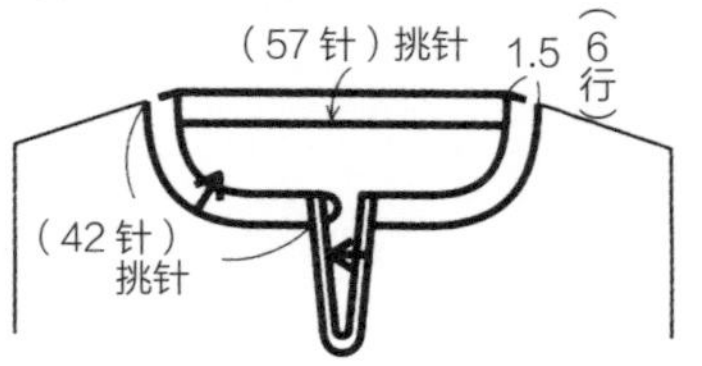

前领开口（短针） 3/0号针

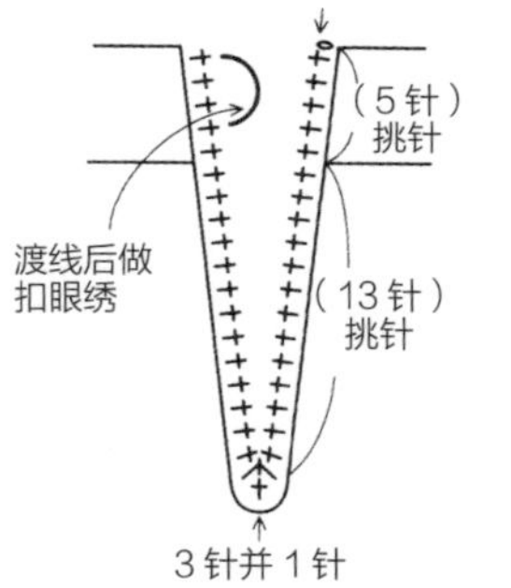

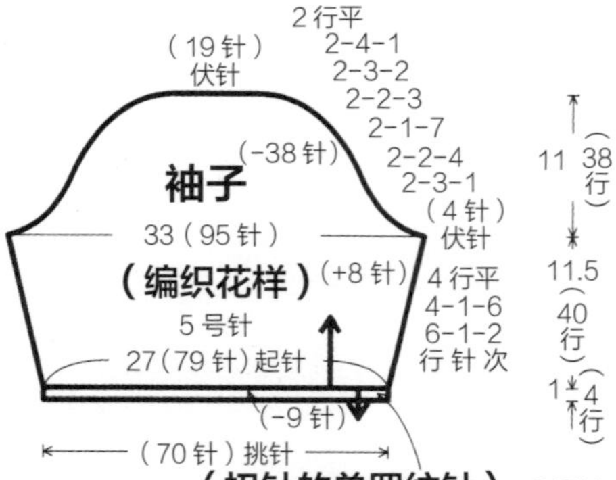

（扭针的单罗纹针） 3号针

扭针的单罗纹针

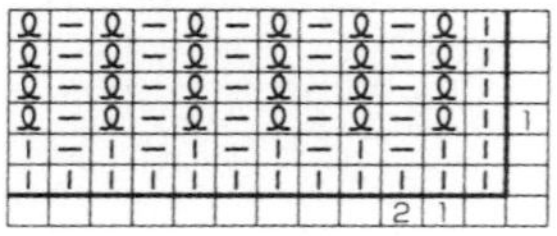

腰部的分散加减针

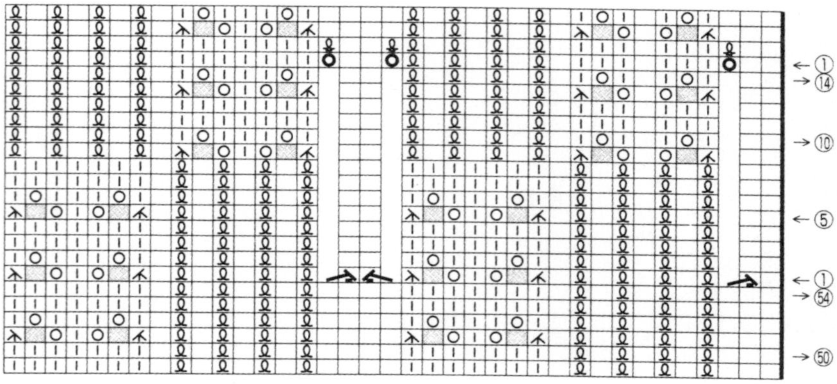

□ = ⊟ 上针　▨ = 无针目处

编织花样

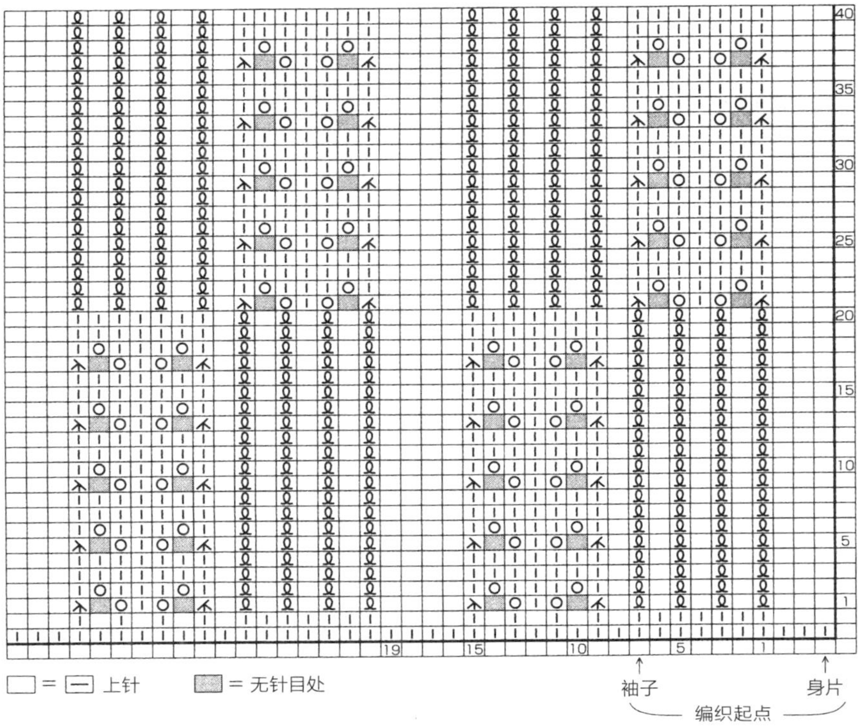

□ = ⊟ 上针　▨ = 无针目处

●锁针缝合

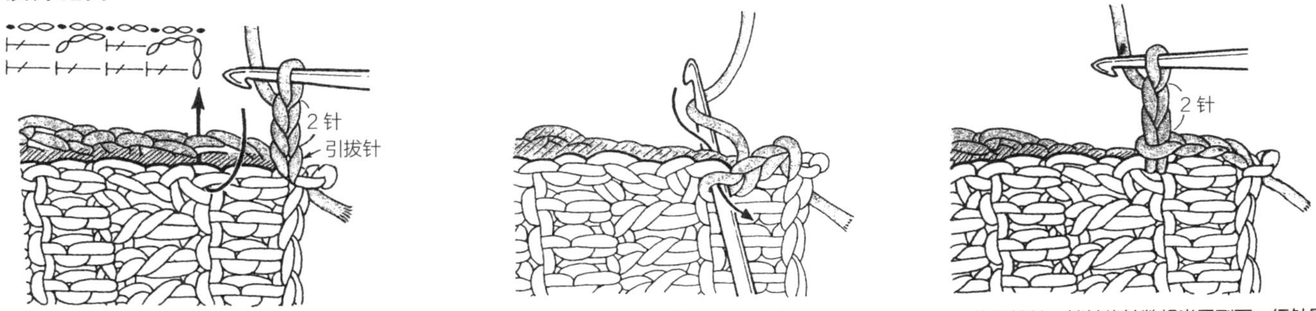

1 在2片织物起针的锁针里一起插入钩针引拔，接着钩织锁针，锁针的针数相当于到下一行针目头部的长度。

2 在2个边针的头部一起插入钩针，引拔固定。

3 钩织锁针，锁针的针数相当于到下一行针目头部的长度，跳至下一个引拔位置。

●锁针接合

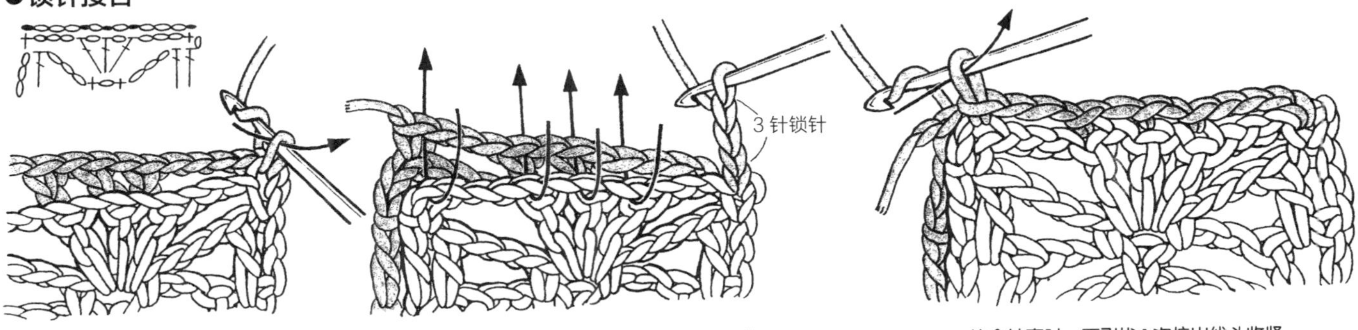

1 在2片织物最后一行的长针或短针头部插入钩针，引拔固定。

2 钩织锁针，锁针的针数相当于到下个引拔位置的长度。

3 接合结束时，再引拔1次拉出线头收紧。

第31页

19

●**材料**　钻石线 Masterseed Cotton（粗）淡粉色（104）230g/8团

●**工具**　棒针4号、3号

●**成品尺寸**　胸围92cm，肩宽33cm，衣长54.5cm，袖长20cm

●**编织密度**　10cm×10cm面积内：编织花样A 29针，34行

●**编织方法和组合方法**　身片…在下摆位置另线锁针起针后，按编织花样A编织。如图所示做分散加减针，袖窿和领窝做伏针减针和立起侧边1针的减针，斜肩做留针的引返编织。下摆解开另线锁针的起针后编织起伏针，结束时做上针的伏针收针。袖子…如图所示利用花样做加减针。组合…肩部做引拔接合，胁部、袖下做挑针缝合。衣领如图所示按编织花样B做引返编织，结束时做扭针的单罗纹针收针。领尖的右侧在上与身片做针与行的接合，左侧与接合位置缝合。袖子与身片做引拔缝合。

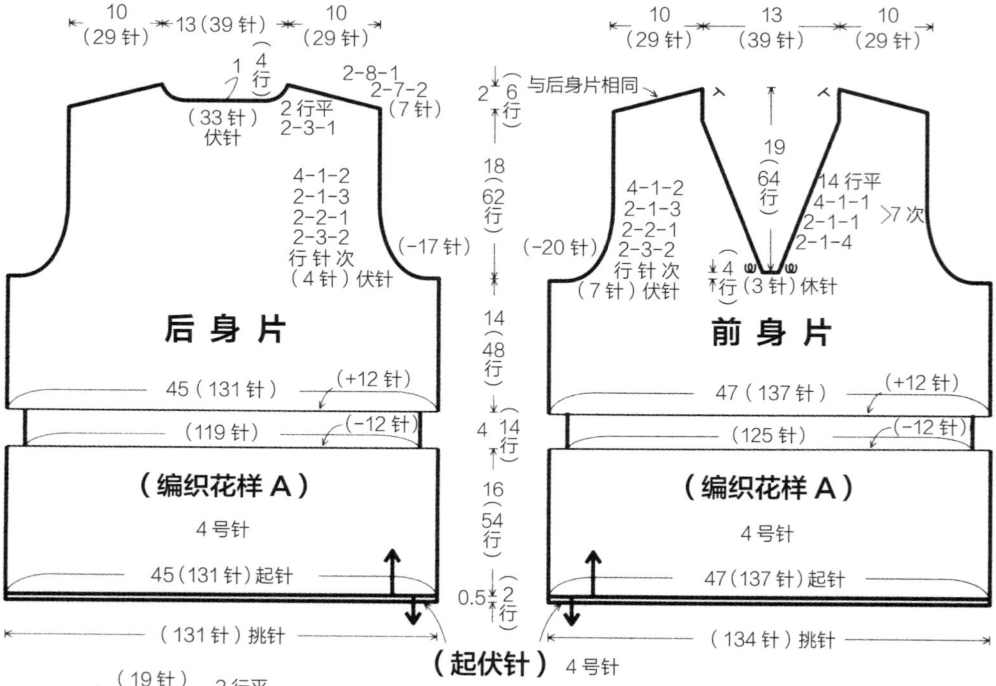

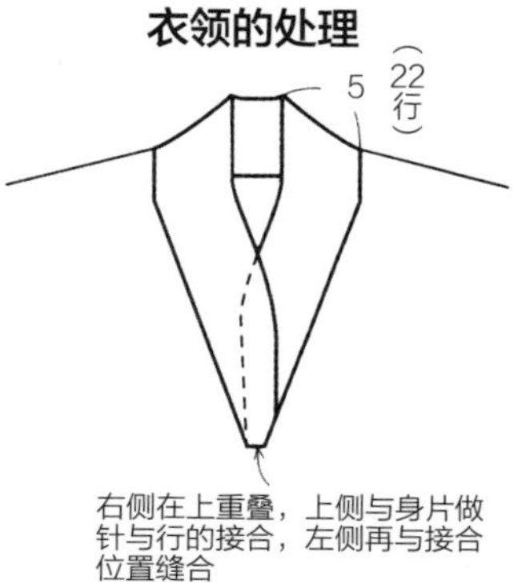

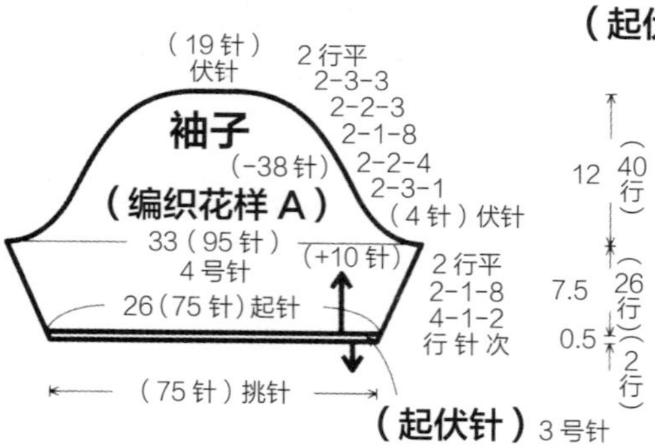

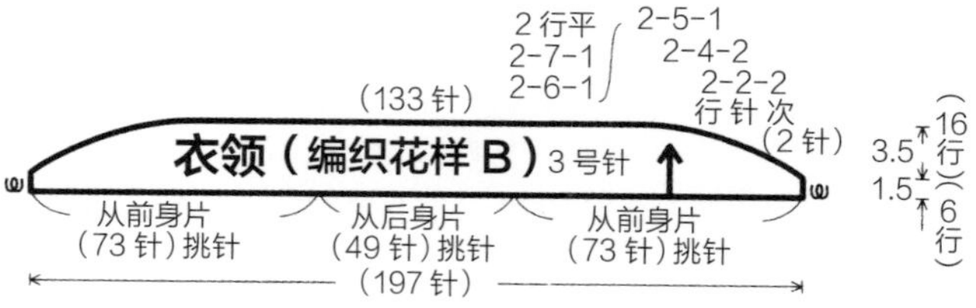

编织花样B

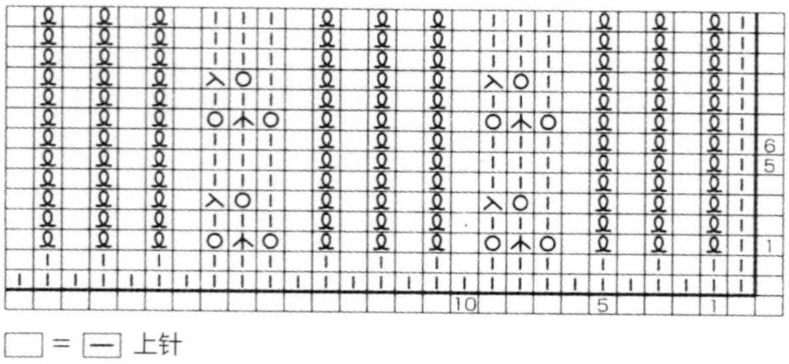

□ = ⊟ 上针

腰部分散加减针的方法

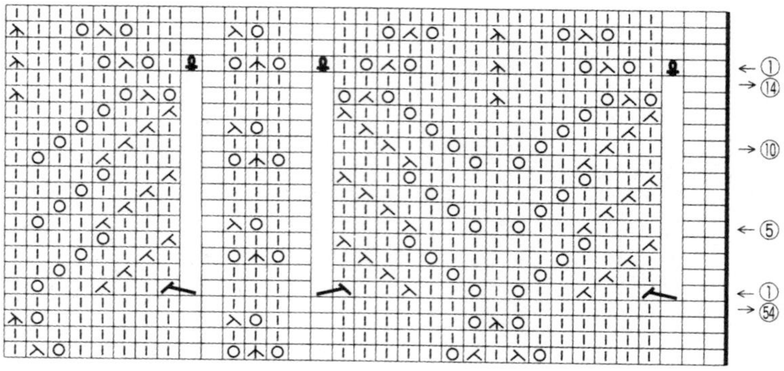

□ = ⊟ 上针

编织花样A

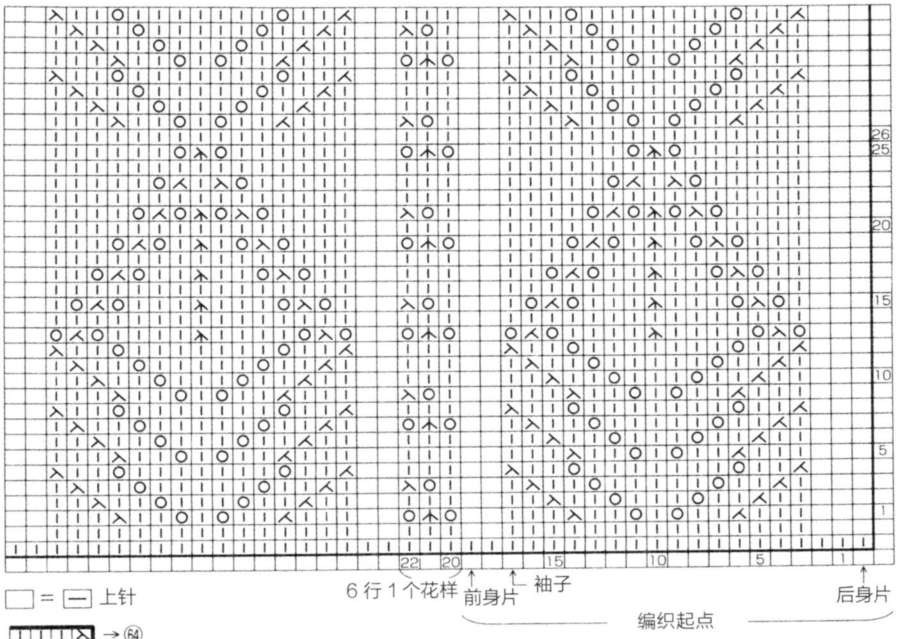

□ = ⊟ 上针

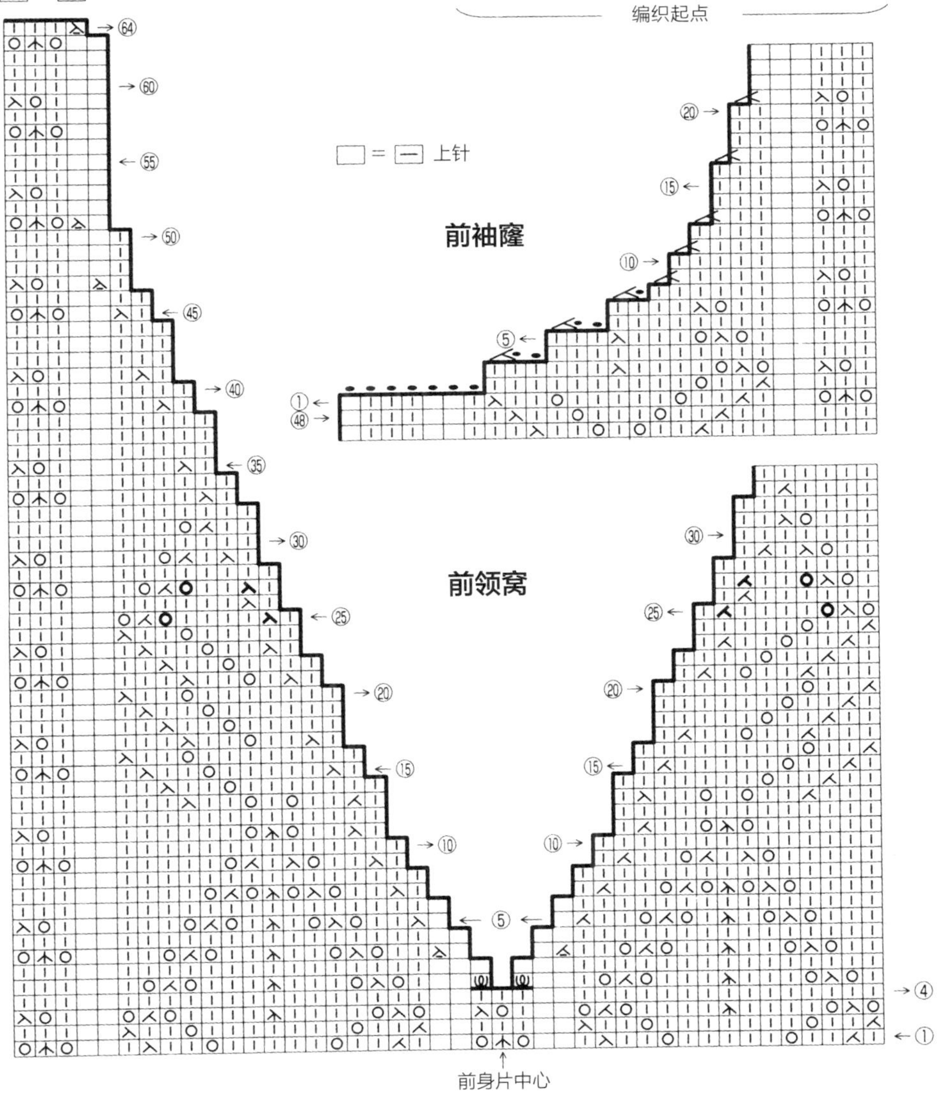

衣领的编织方法

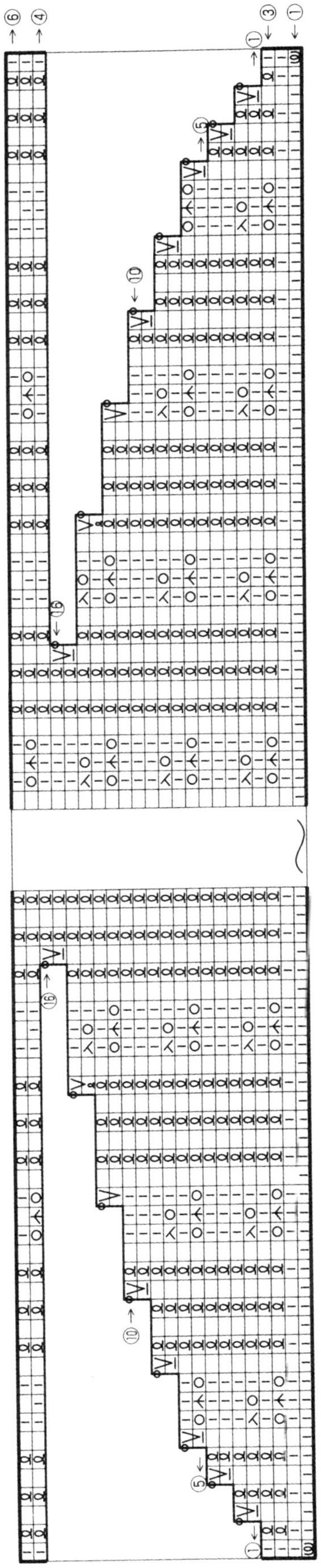

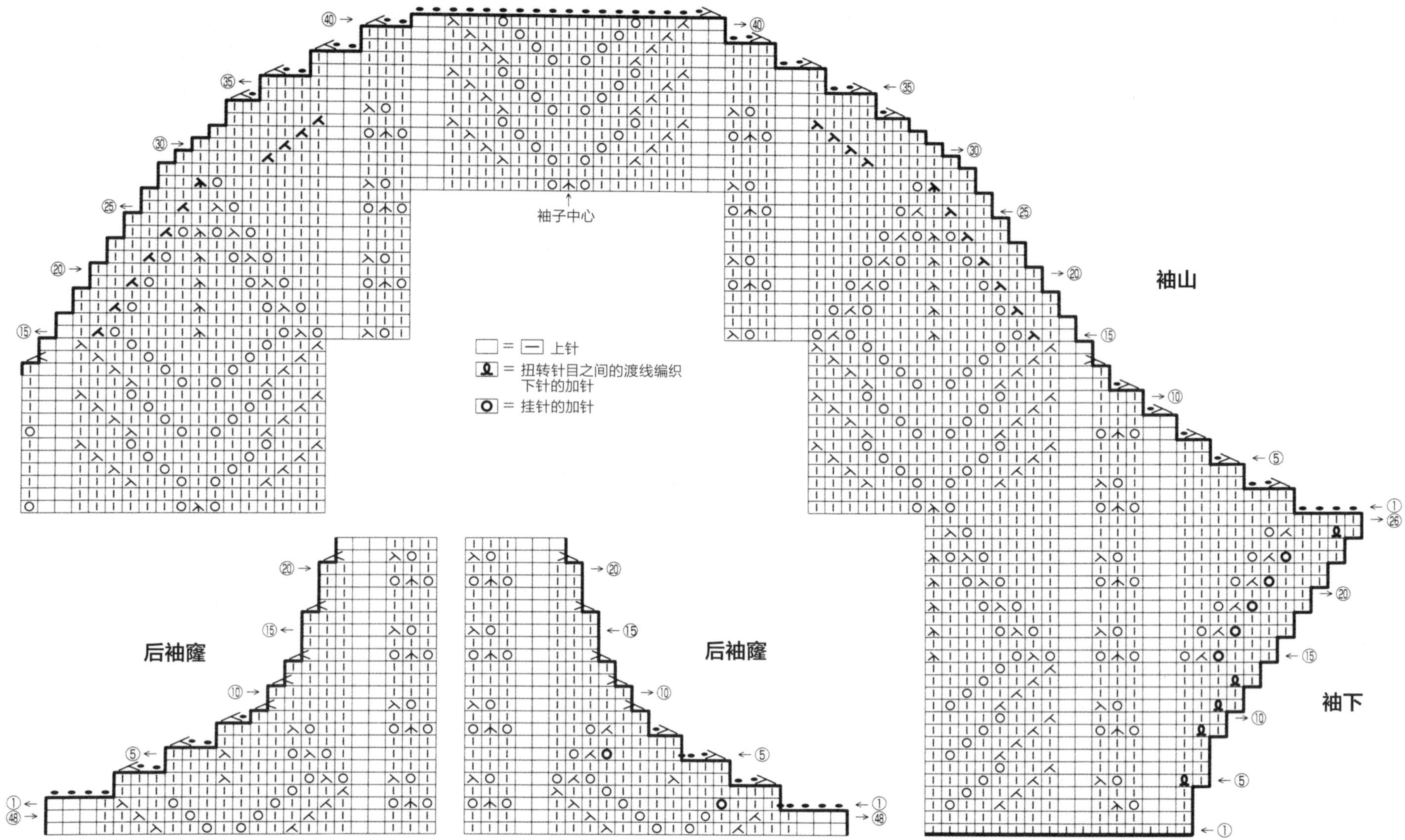

左上 2 针并 1 针（反面行的情况）

右上 2 针并 1 针（反面行的情况）

●材料 钻石线 Diacosta（粗） 深红色系段染（236）210g/6团；直径1.1cm的纽扣3颗

●工具 棒针5号、4号，钩针3/0号

●成品尺寸 胸围90cm，衣长55cm，连肩袖长28cm

●编织密度 10cm×10cm面积内：3针的罗纹针、编织花样均为23针，33行

●编织方法和组合方法 身片…在下摆位置单罗纹针起针后，编织3针的罗纹针，注意在腰部两侧如图所示做分散加减针。袖下位置做扭针加针和卷针加针，育克位置如图所示切换花样编织。后身片在后背开口处编织卷针，然后分成左右两侧编织。肩部做留针的引返编织，结束时所有针目做休针处理。组合…肩部做盖针接合。衣领、袖口挑针后按编织花样编织，最后2行如图所示编织，结束时做单罗纹针收针。后背开口处一边钩织1行短针调整形状，一边制作纽襻。胁部、袖口底部做挑针缝合。

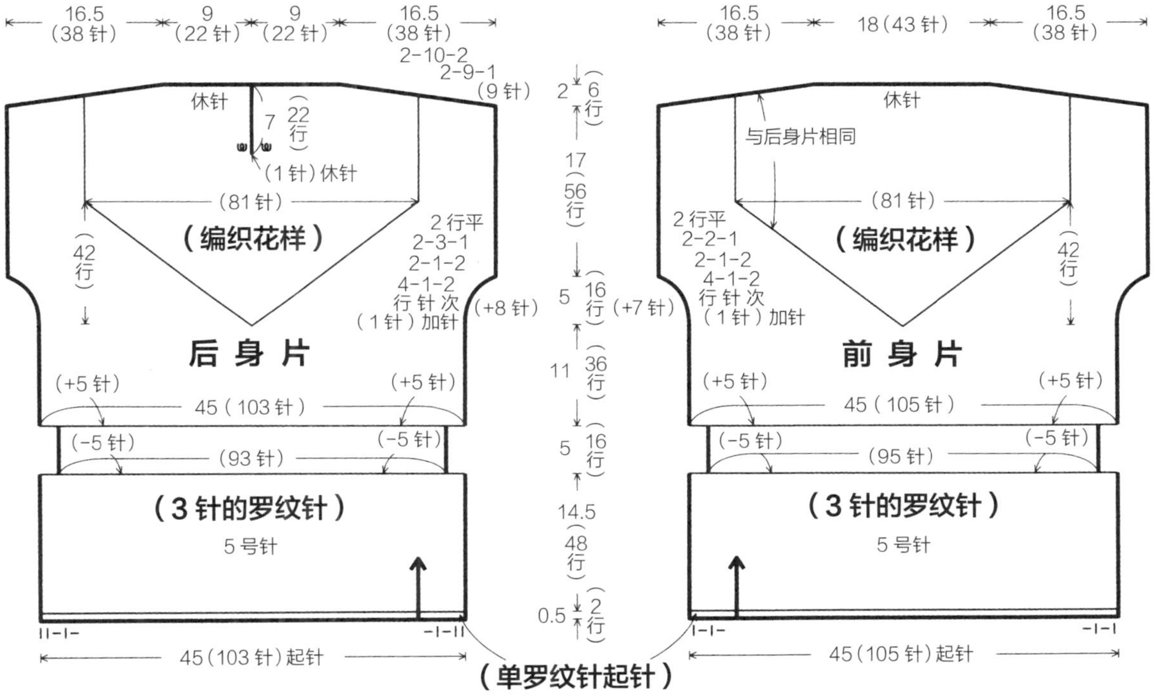

编织花样

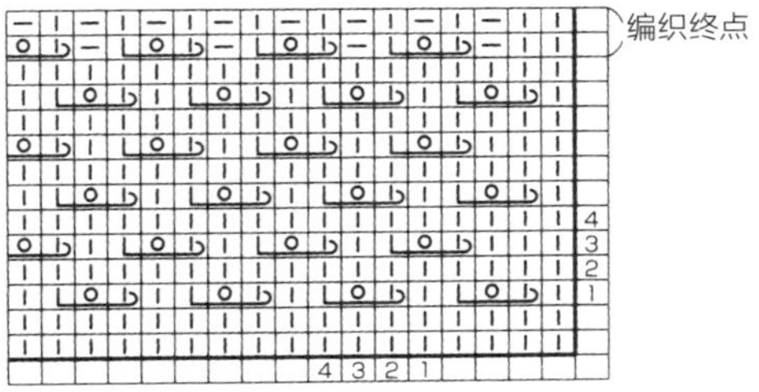

衣领、袖口（编织花样）

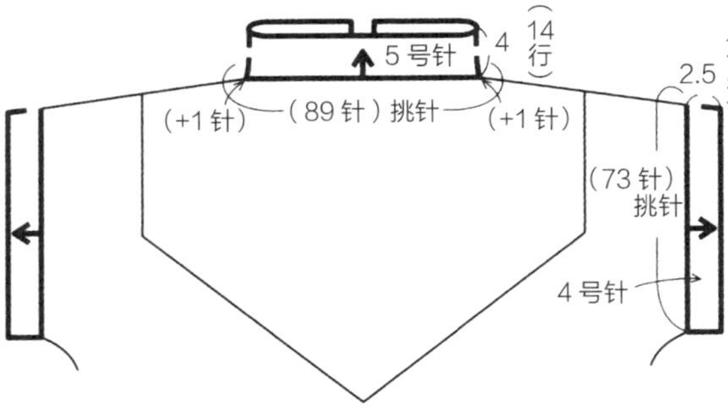

后背开口（短针） 3/0 号针

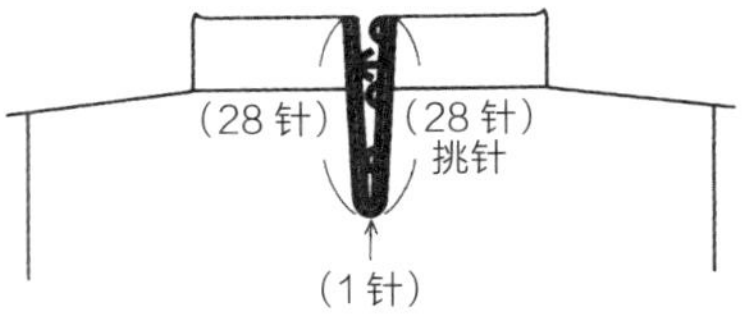

后背开口的处理

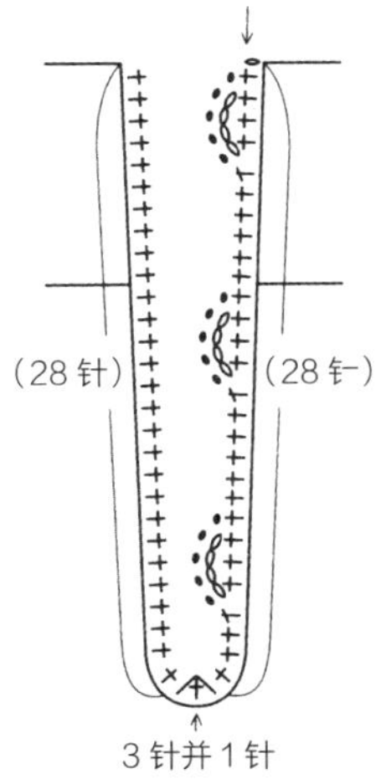

编织花样的切换方法

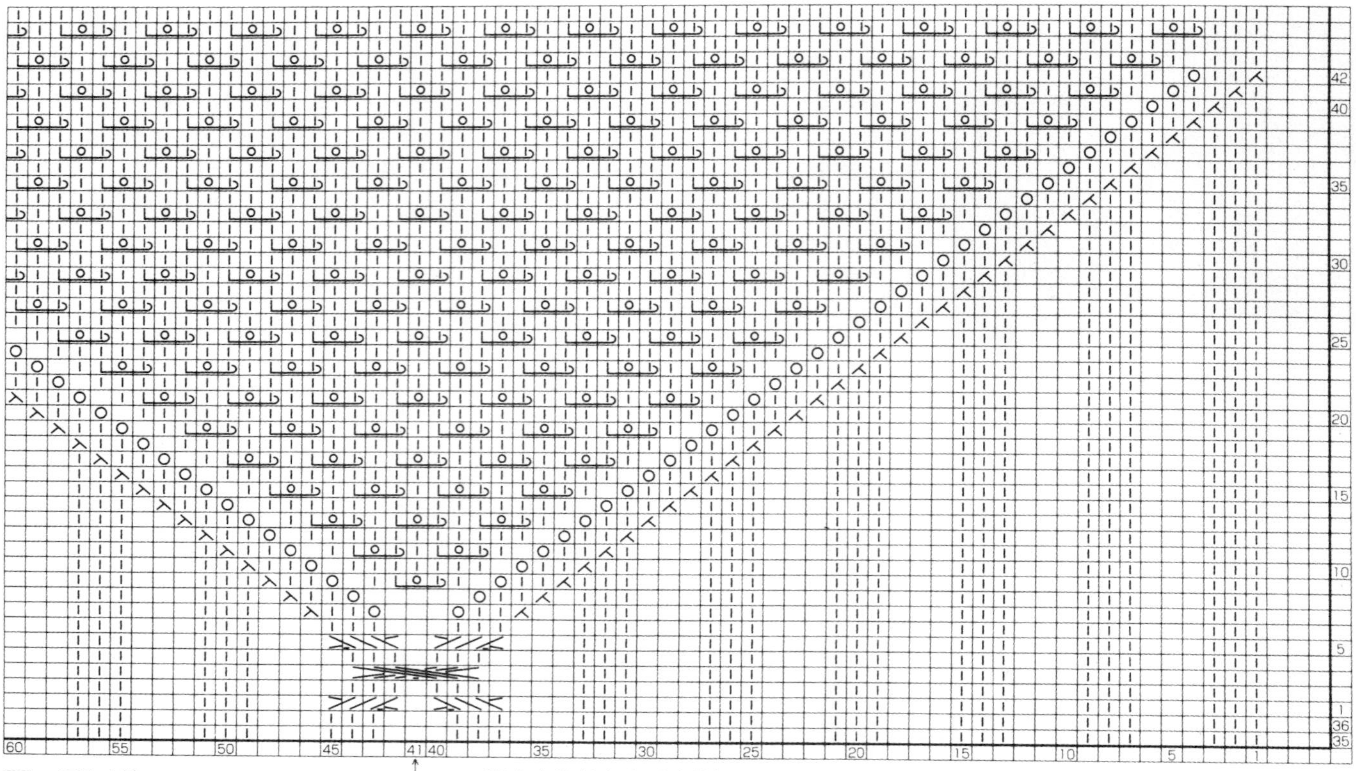

= 上针

中心 ※ 以中心为轴左右对称编织

腰部分散加减针的方法

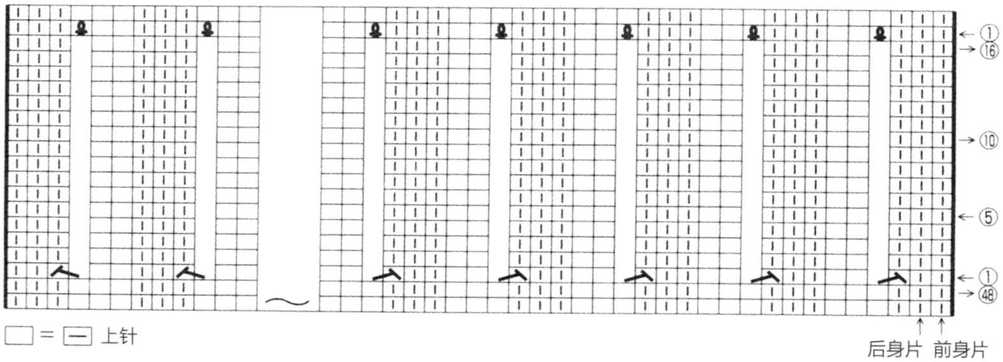

= 上针

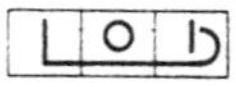

1 在左棒针的第 3 针里插入右棒针，如箭头所示将其覆盖在右边的 2 针上。

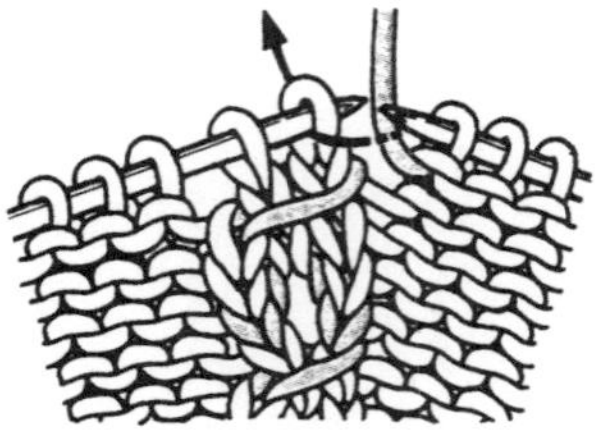

2 从前面将右棒针插入右边的针目，挂线，编织下针。

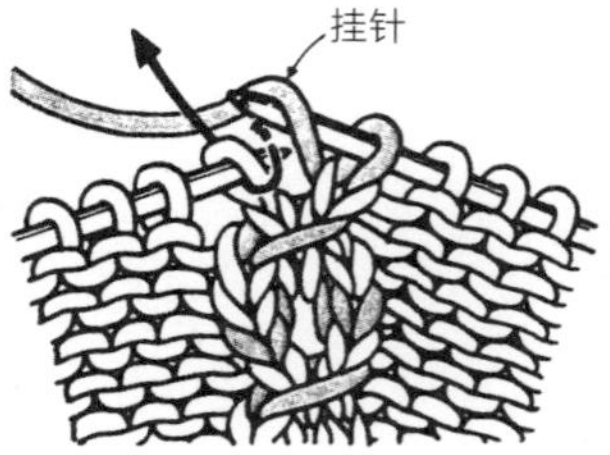

3 接着挂针，然后在左边的针目里插入右棒针编织下针。

4 穿过左针的盖针（3 针的金钱花）完成。

第 47 页

30

●**材料** 钻石线 Tasmanian Merino（中粗）紫色（721）275g/7团

●**工具** 棒针6号，钩针5/0号

●**成品尺寸** 衣长45.5cm，连肩袖长71cm

●**编织密度** 10cm×10cm面积内：编织花样A 26针，30行

●**编织方法和组合方法** 披肩式上衣…在后背中心另线锁针起针后，按编织花样A编织。注意编织花样A由10行大花样与4行小花样组成，1组花样25针，而且花样内有加减针。直编92行后，用线做上记号。袖下立起侧边1针减针，结束时一边平均减针至64针一边做伏针收针。解开起针时的另线锁针，用相同方法编织另一侧。组合…袖下做挑针缝合至记号线位置。衣领和下摆位置先在1针内侧钩织引拔针调整形状，然后挑针，按编织花样B做环形编织，相同标记处表示连续编织。袖口也按编织花样B编织。

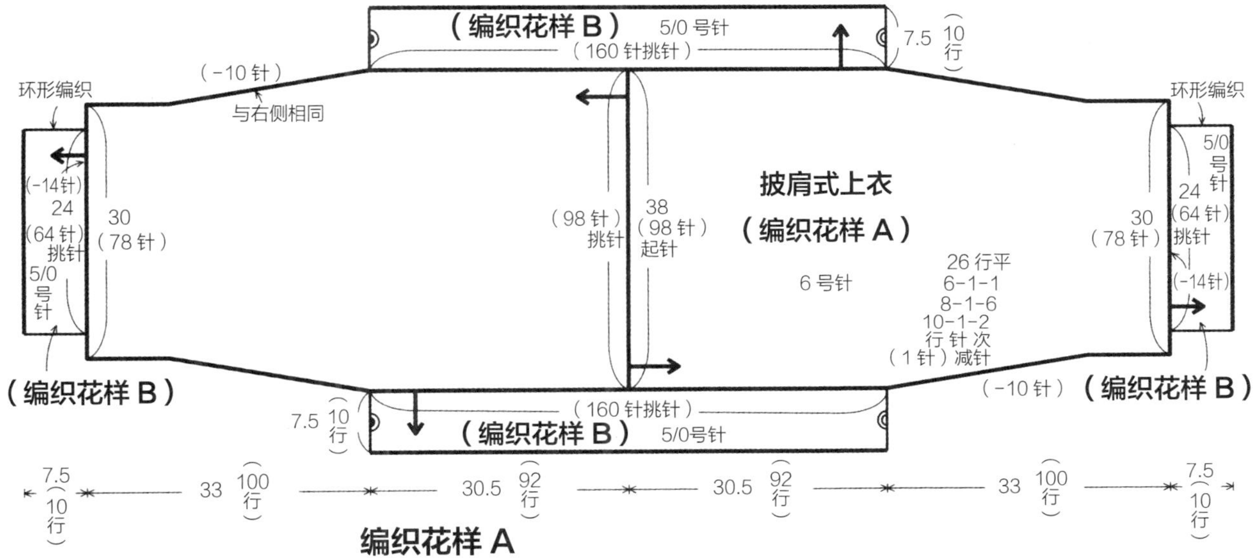

编织花样 A

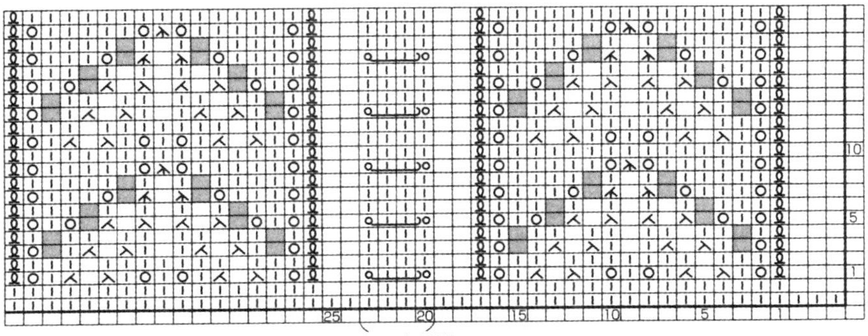

□ = ⊟ 上针　▓ = 无针目处　4 行 1 个花样

= 将针目 3、针目 4 覆盖在针目 1、针目 2 上，并从左棒针上取下。然后挂针，在针目 1、针目 2 里编织下针，再挂针。

编织花样 B

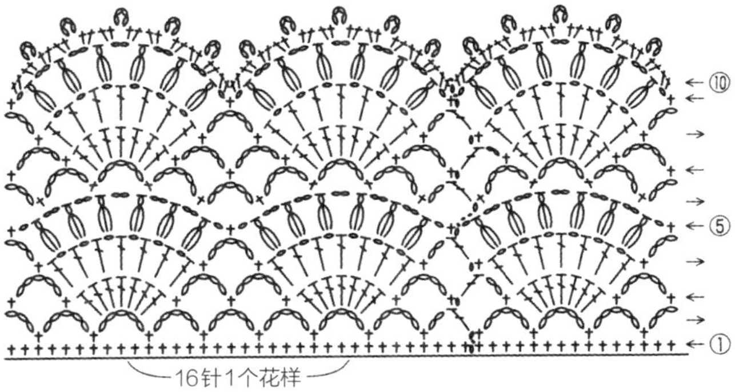

●**材料** 钻石线 Diamohairdeux <Alpaca>（中粗）原白色（701）270g/7团；直径1cm的纽扣2颗

●**工具** 棒针7号、6号、5号

●**成品尺寸** 胸围94cm，肩宽34cm，衣长55.5cm，袖长55.5cm

●**编织密度** 10cm×10cm面积内：编织花样A 27针，26行

●**编织方法和组合方法** 身片…另线锁针起针后按编织花样A编织。袖窿和领窝做伏针减针和立起侧边1针的减针。下摆解开另线锁针的起针编织起伏针，结束时做上针的伏针收针。袖子…袖下和袖山参照图示编织加减针。组合…肩部做盖针接合。胁部、袖下做挑针缝合，注意胁部一边缝合一边在针目上绕2圈线制作花样。衣领先做重合部分的起针，然后从后侧中心开始挑针，按编织花样B编织。留出扣眼，在第19行加针，结束时做伏针收针。袖子与身片做引拔缝合。

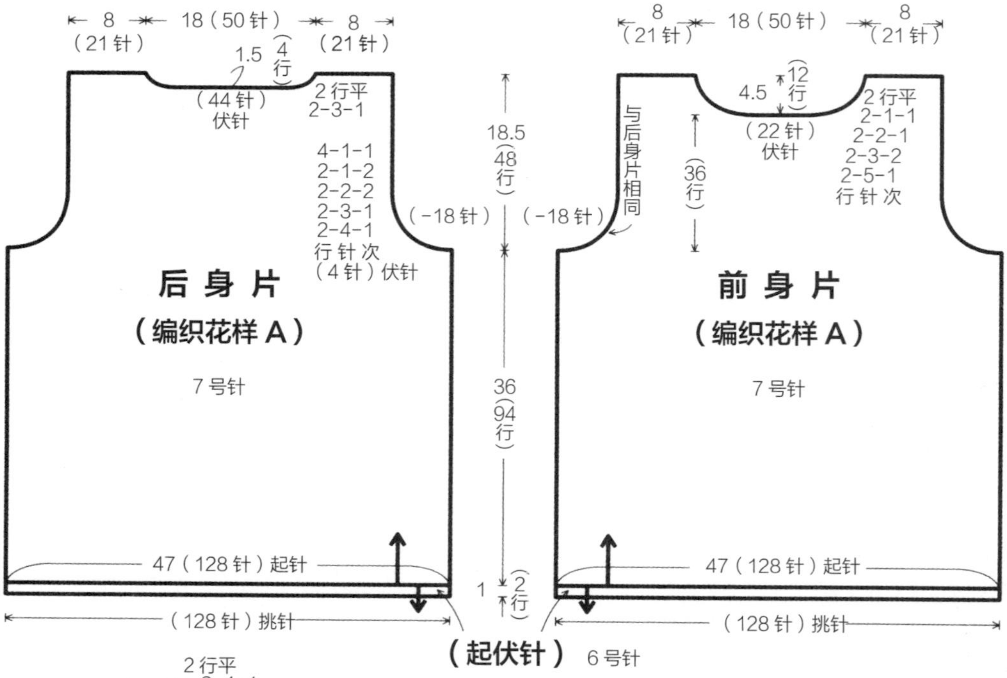

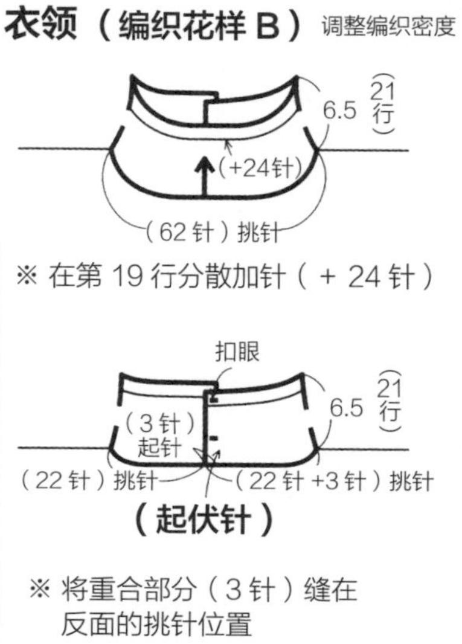

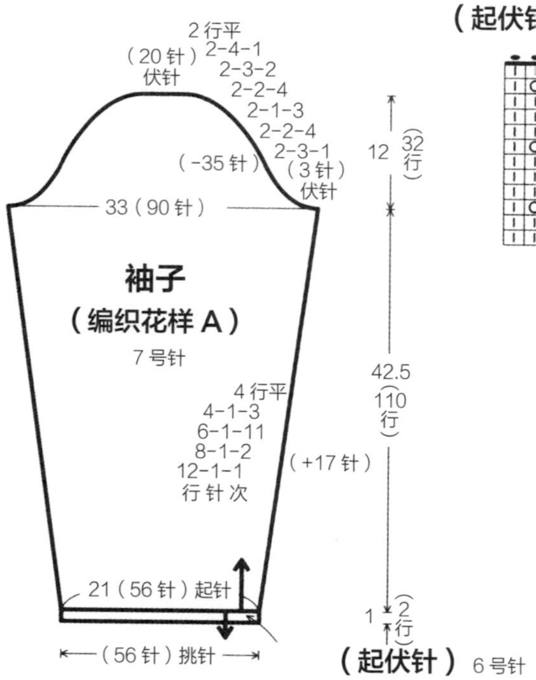

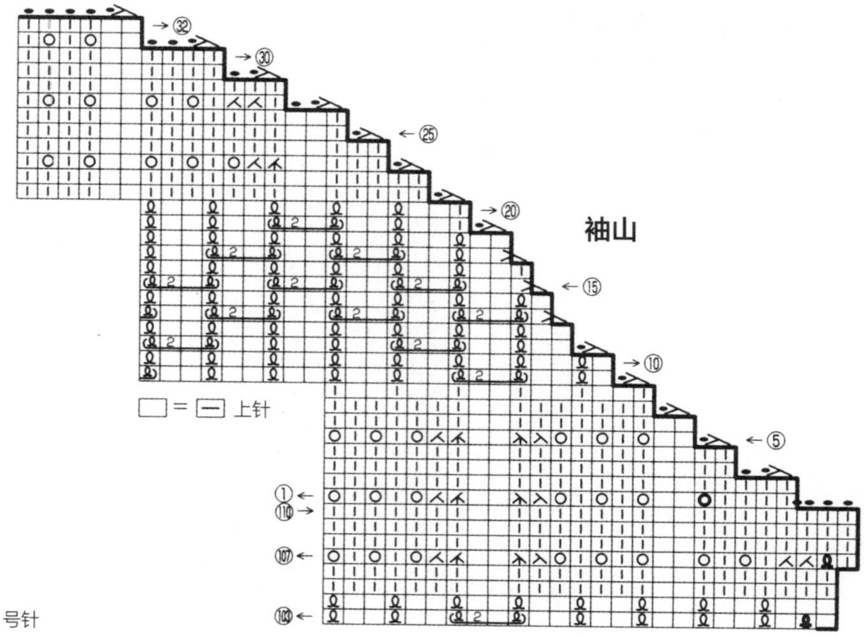

编织花样 A

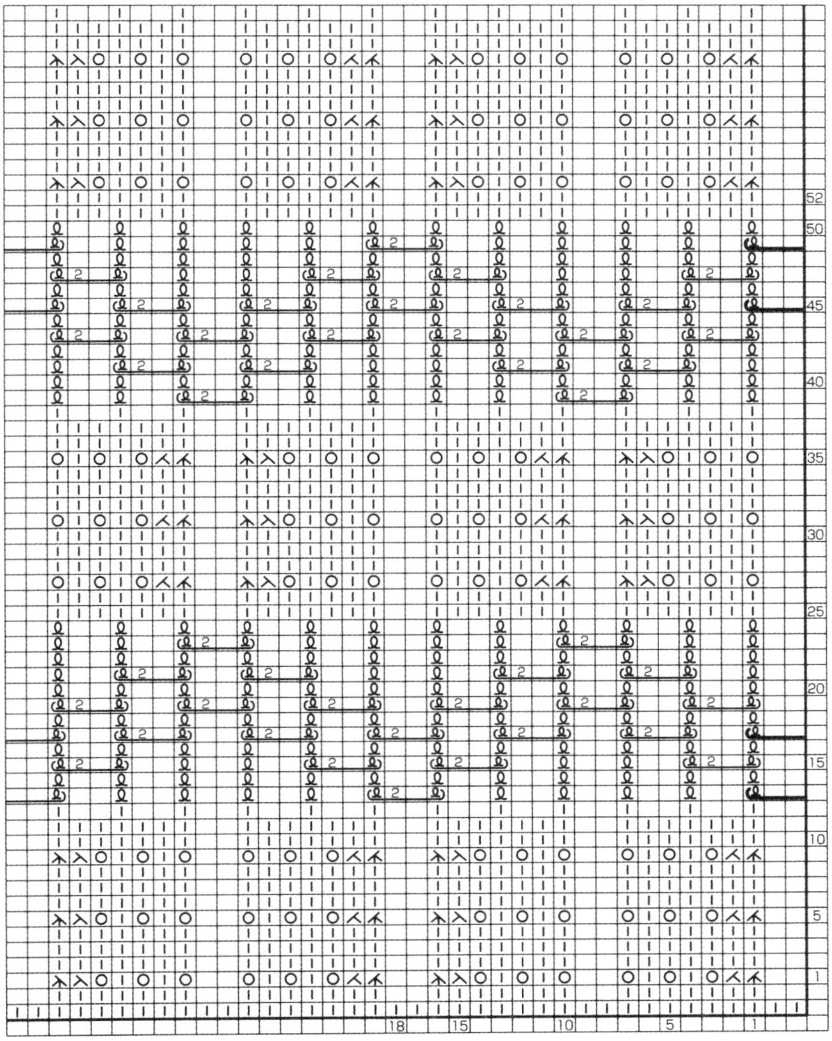

□ = ⊟ 上针　　[symbol] = 一边缝合胁部，一边前后绕线制作花样

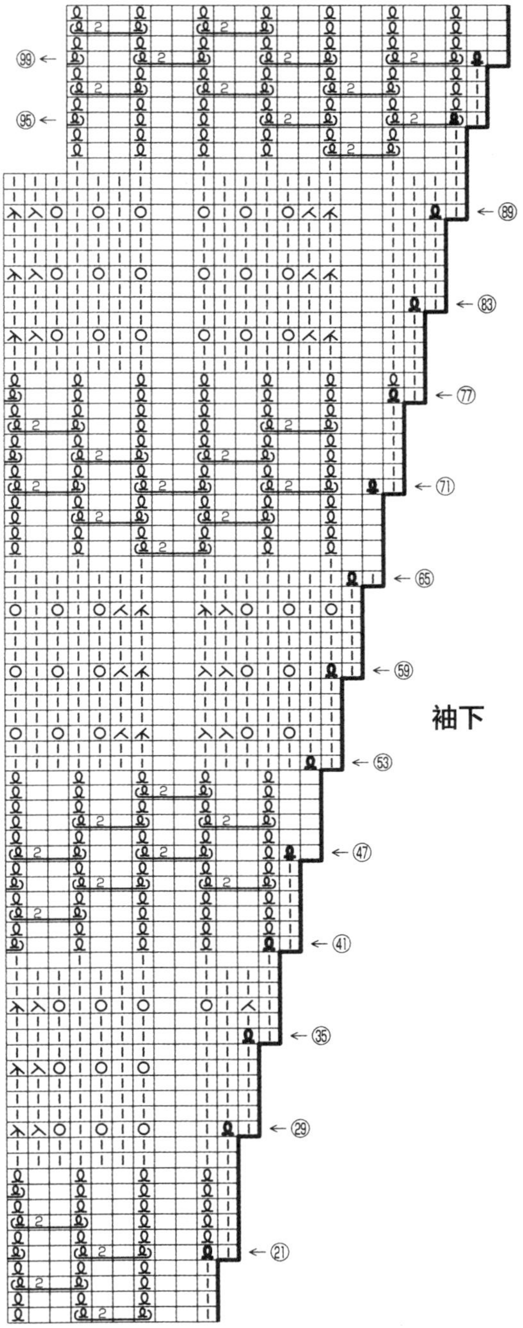

□ = ⊟ 上针

[symbol] = 扭转针目之间的渡线编织下针的加针

[symbol] = 扭转针目之间的渡线编织上针的加针

编织花样 B

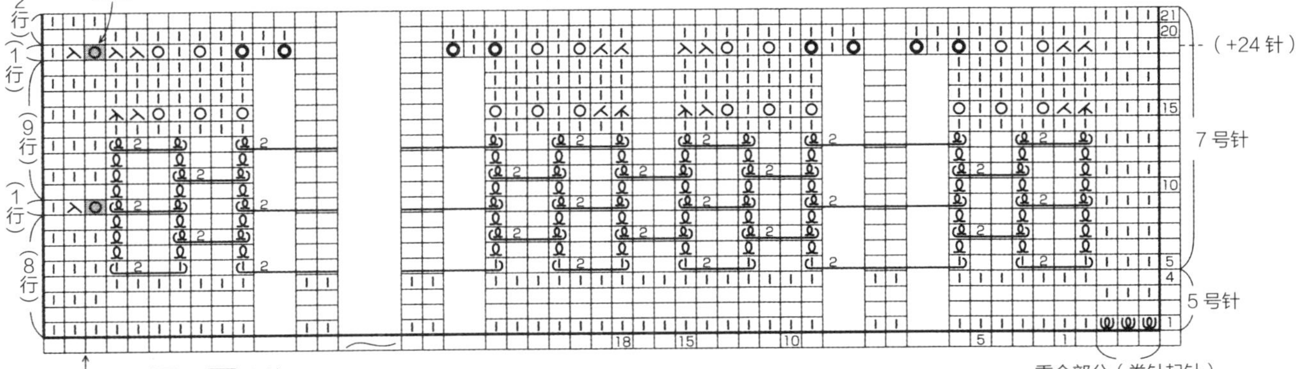

□ = ⊟ 上针

●材料 钻石线 Diamohairdeux <Alpaca>（中粗）粉紫色（705）210g/6团

●工具 棒针6号、5号，钩针3/0号

●成品尺寸 胸围94cm，衣长60.5cm，连肩袖长31cm

●编织密度 10cm×10cm面积内：编织花样A 24针，30行（6号针）

●编织方法和组合方法 育克…在领窝位置另线锁针起针后，按编织花样A环形编织。如图所示，从8针1个花样加针至32针1个花样，一共12个花样编织60行。袖口部位在指定位置编织上针。然后将针目分成身片和袖口，做上记号。身片…从育克的记号位置挑针，腋下部分的6针另线锁针起针，将前、后身片连起来做环形编织。如图所示分散加减针，编织结束时结合花样做上针和下针的伏针收针。组合…衣领解开另线锁针的起针，平均加针后按编织花样B做环形编织，结束时做单罗纹针收针。袖口解开腋下的起针，挑针后按编织花样B编织。

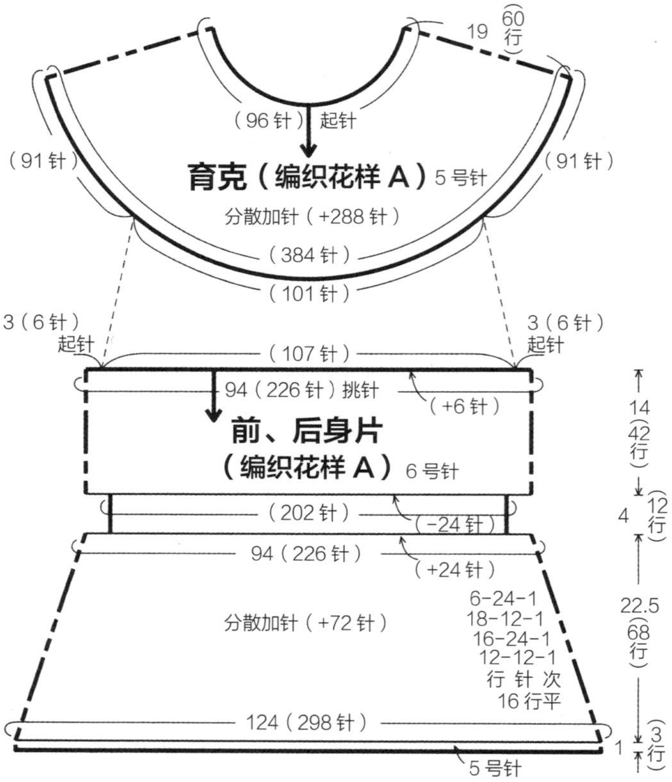

衣领、袖口（编织花样 B）5号针

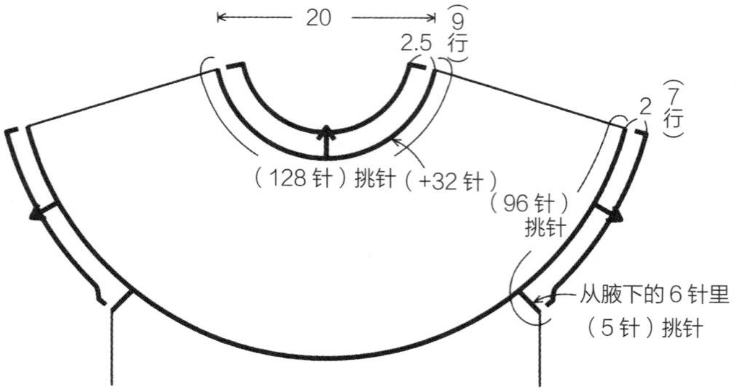

编织花样 A（育克）

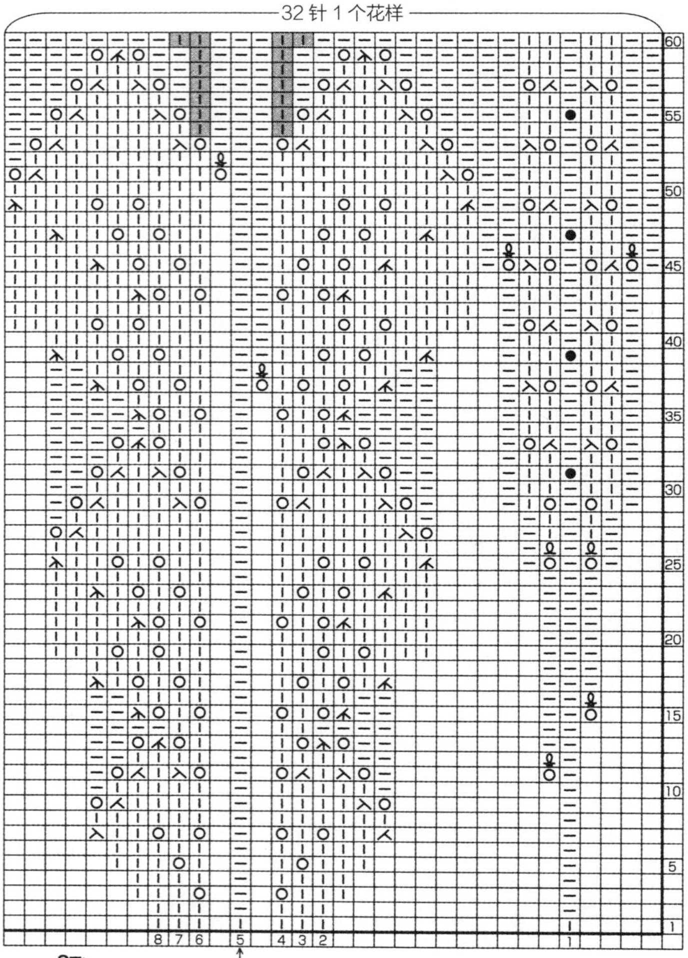

● = 3/0 号针

□ = 无针目处 ▒ = 袖口位置编织上针

编织花样 B

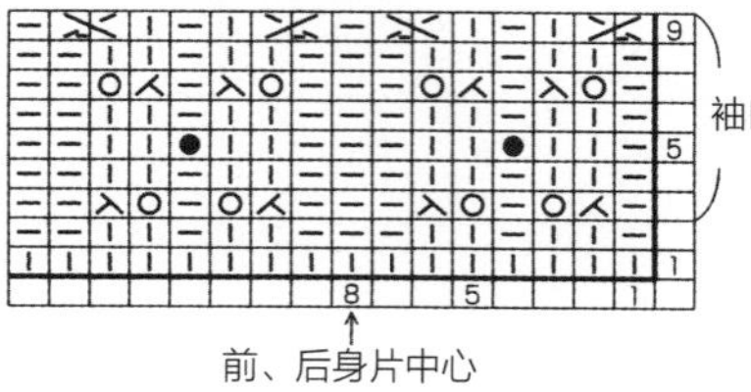

编织花样 A（身片）

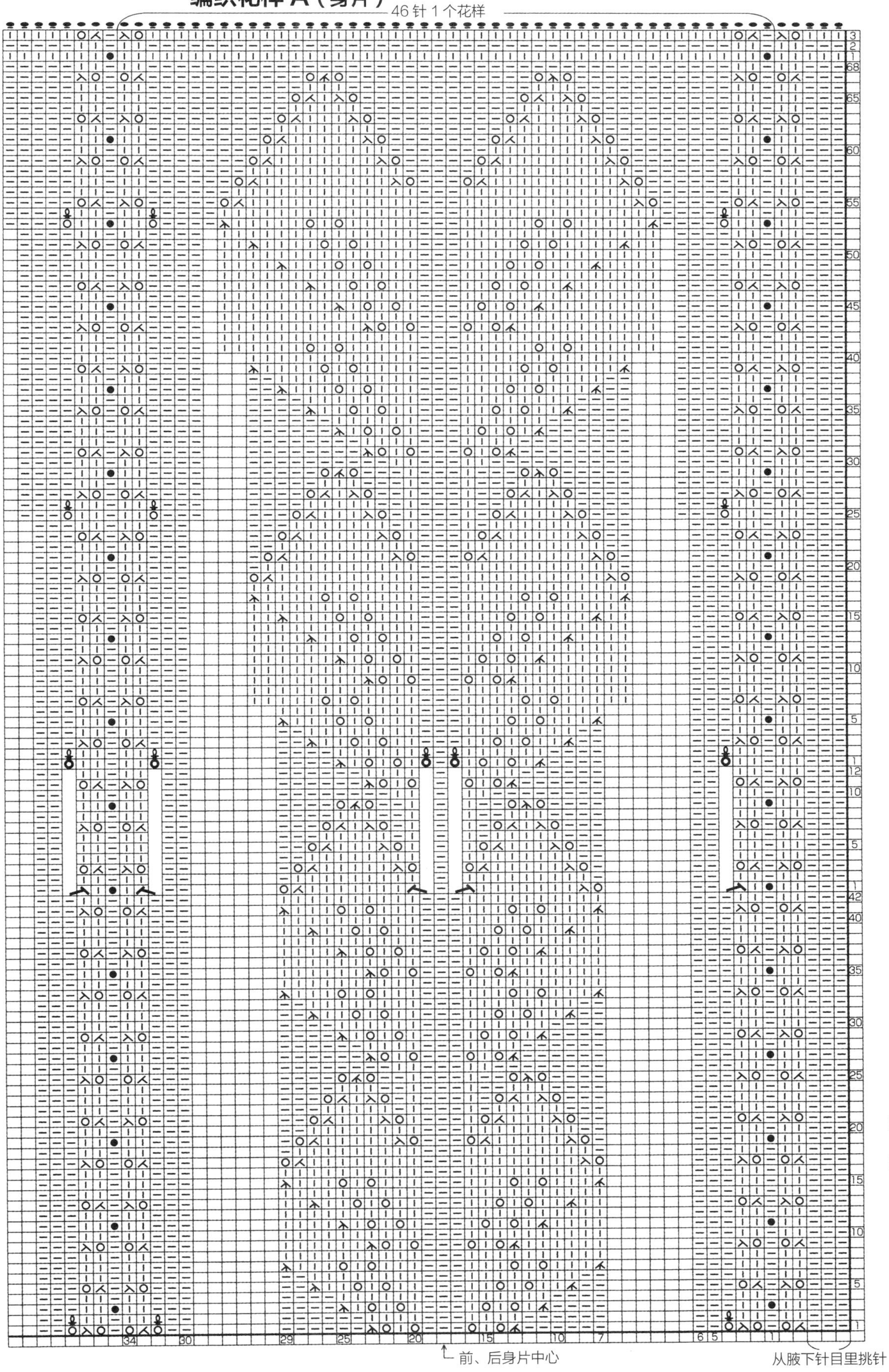

[●] = 3/0 号针

[ ] = 无针目处

= 上针的伏针收针

第 38 页

23

●**材料** 钻石线 Tasmanian Merino（中粗）原白色（701）440g/11团

●**工具** 棒针6号、5号

●**成品尺寸** 胸围92cm，肩宽37cm，衣长52.5cm，袖长55cm

●**编织密度** 10cm×10cm面积内：编织花样A 29针，35行

●**编织方法和组合方法** 身片…在下摆位置另线锁针起针后，按编织花样A编织。袖窿和领窝做伏针减针和立起侧边1针的减针，斜肩做留针的引返编织。下摆解开另线锁针的起针，平均减针后编织起伏针，结束时做上针的伏针收针。袖子…编织要领与身片相同，袖下在侧边1针内侧做扭针加针。袖口编织起伏针，结束时看着反面做伏针收针。组合…肩部做盖针接合，胁部、袖下做挑针缝合。衣领挑针后做环形编织。先编织起伏针，接着翻转织物，看着内侧按编织花样B编织，结束时做上针的伏针收针。袖子与身片做引拔缝合。

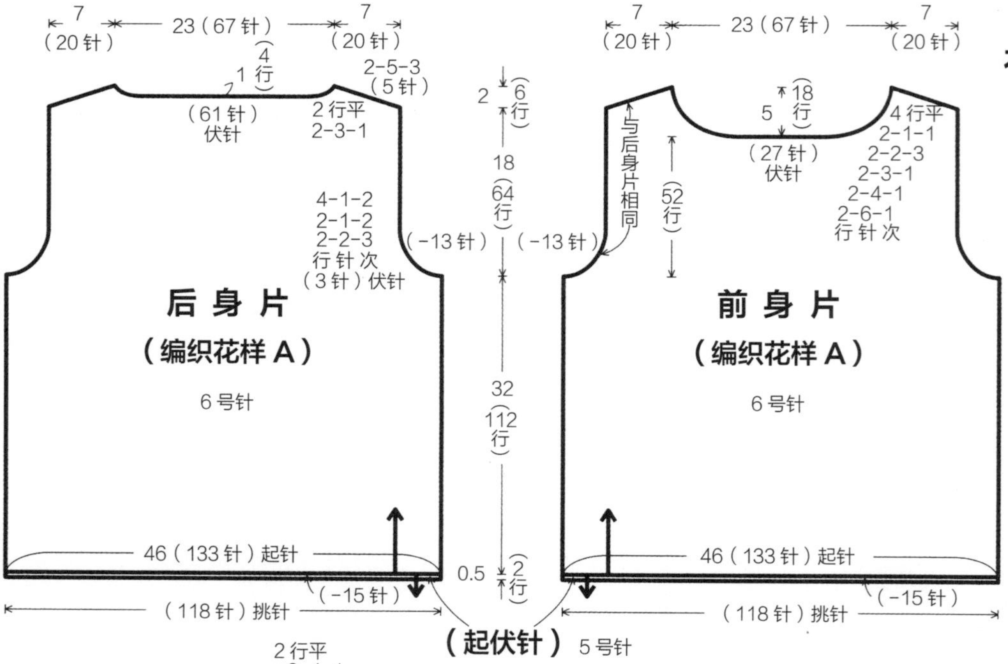

衣领（编织花样B）调整编织密度

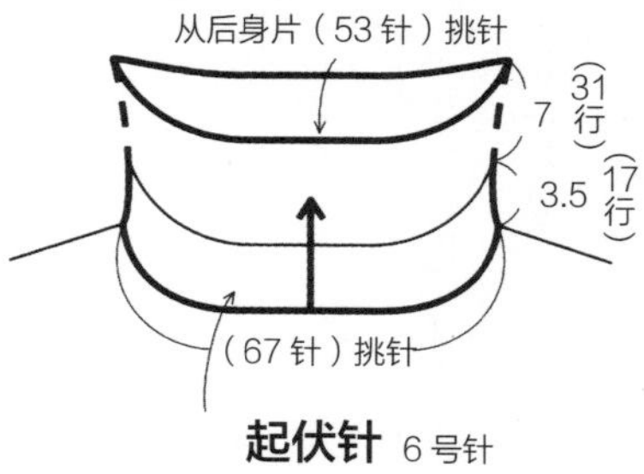

※ 编织花样B看着内侧编织

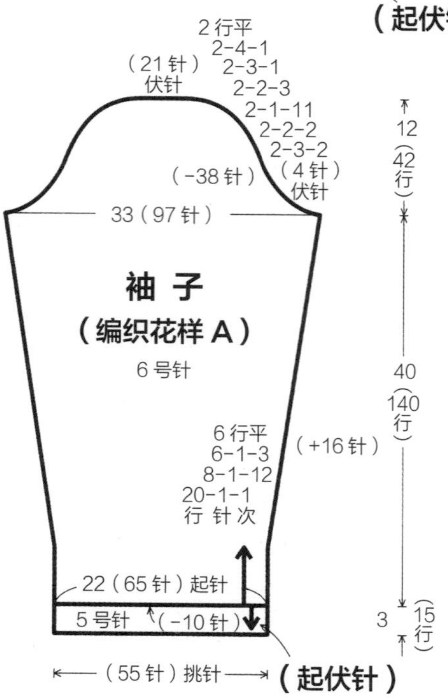

编织花样B

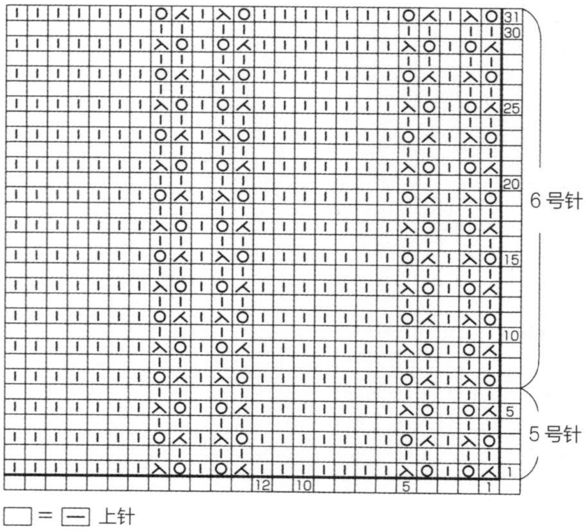

□ = ⊟ 上针

编织花样A

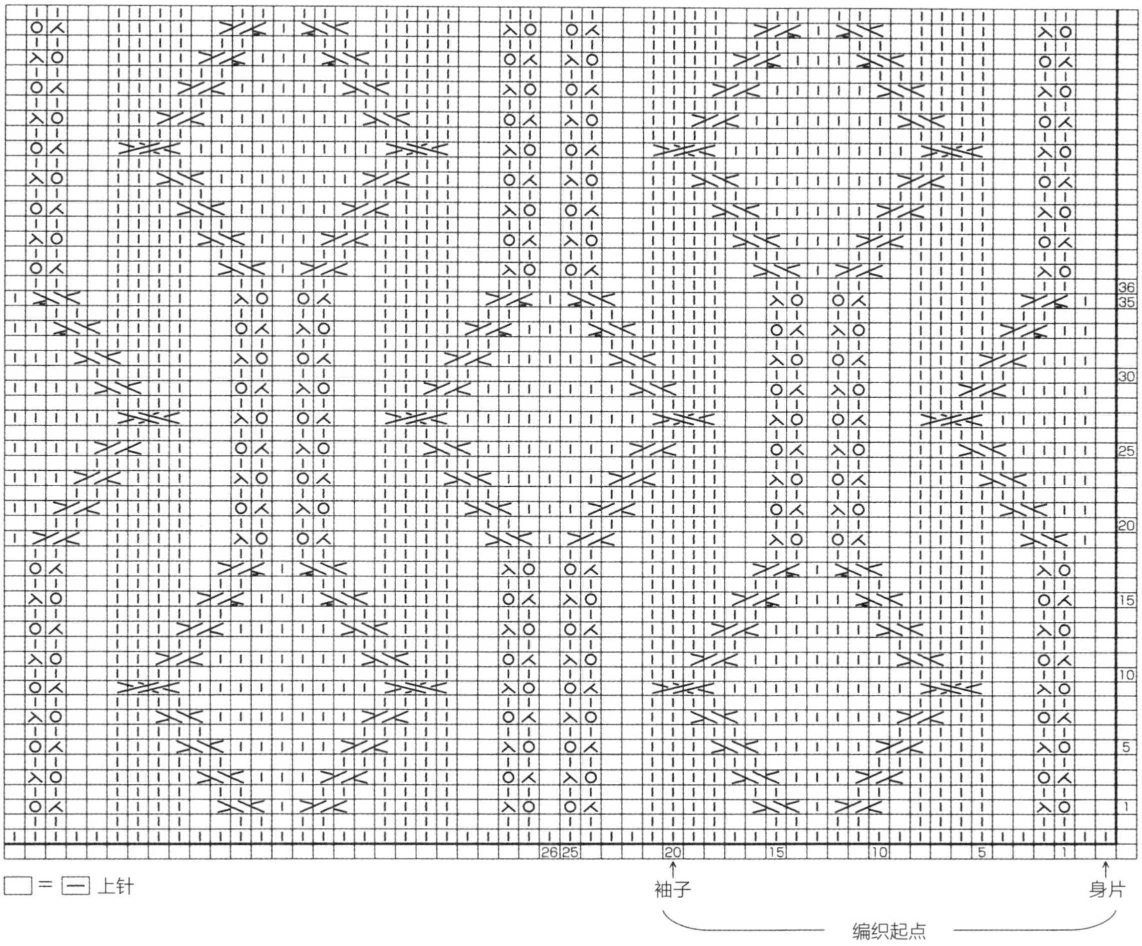

□ = ⊟ 上针

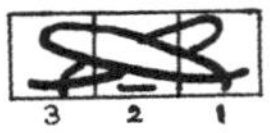

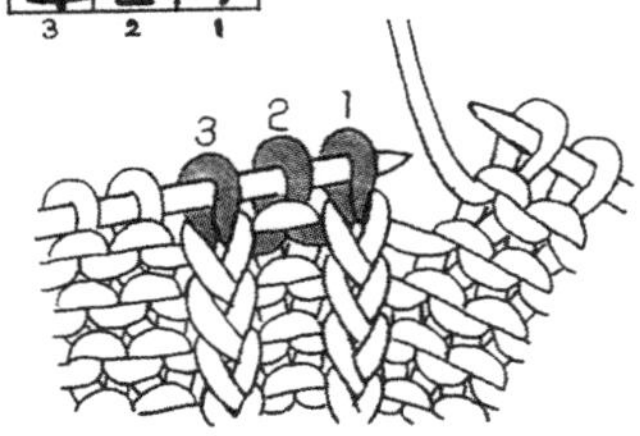

1 依次将针目1和2移至麻花针上，休针。

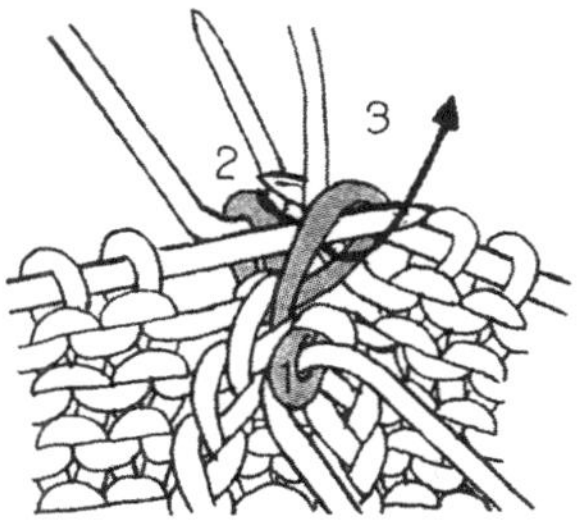

2 将针目1放在织物的前面，将针目2放在织物的后面，在针目3里编织扭针。

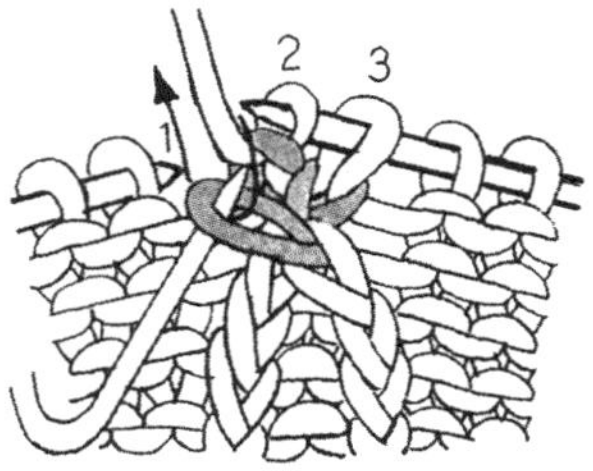

3 接着在针目2里编织上针。最后在针目1里编织扭针。

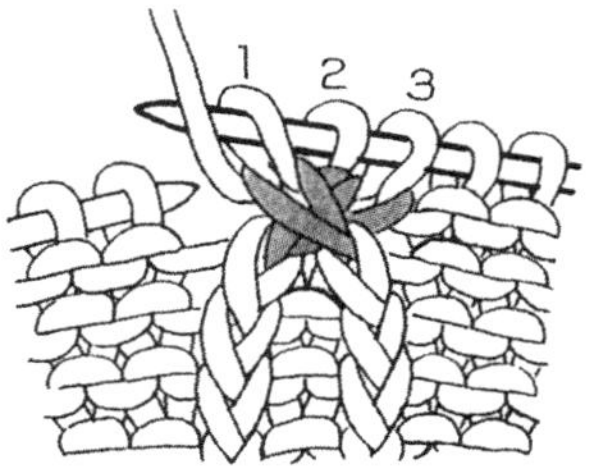

4 “中间跳过1针上针的右上1针交叉”完成。

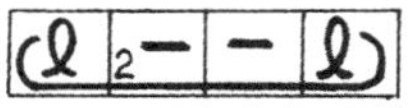

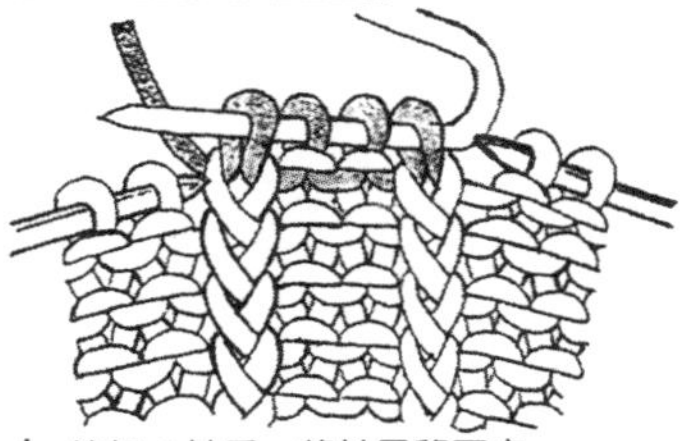

1 编织4针后，将针目移至麻花针上。

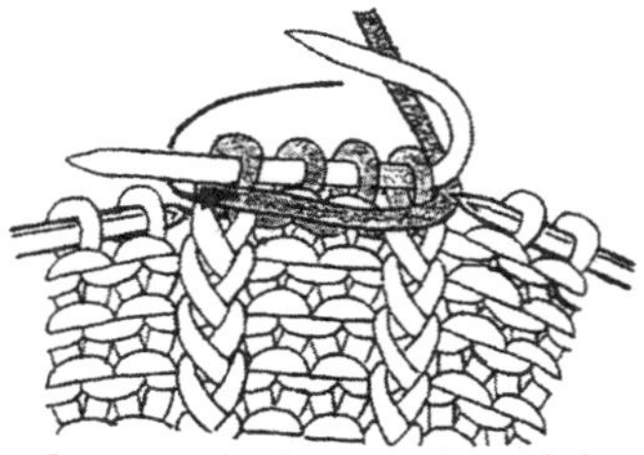

2 在移出的4针上朝箭头所示方向绕线。

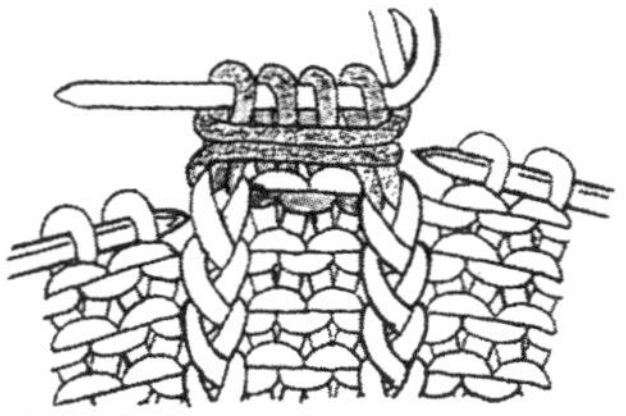

3 沿逆时针方向绕2圈线。

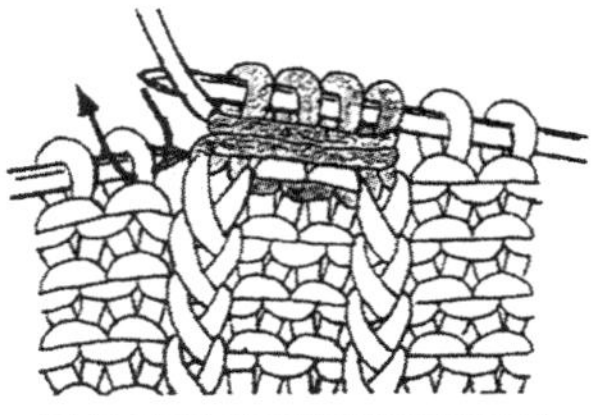

4 将针目直接从麻花针移至右棒针上，完成。

第40页

24

●**材料** 钻石线 Tasmanian Merino（中粗）沙米色（732）270g/7团

●**工具** 棒针6号、5号、4号

●**成品尺寸** 胸围94cm，肩宽35cm，衣长54cm

●**编织密度** 10cm×10cm面积内：编织花样A 32针，34行；编织花样B 29针，34行

●**编织方法和组合方法** 身片…在下摆罗纹的切换位置另线锁针起针，按编织花样A、B和上针编织。袖窿和领窝做伏针减针和立起侧边1针的减针，斜肩做留针的引返编织。前领窝中间的针目做休针处理。下摆解开另线锁针的起针，平均减针后编织扭针的单罗纹针，结束时做扭针的罗纹针收针。组合…肩部做盖针接合。衣领挑针后环形编织扭针的单罗纹针和编织花样A，注意前身片中心的编织花样A与后身片部分呈连续状态。如图所示减针，编织结束时做扭针的单罗纹针收针。接着编织袖口，胁部做挑针缝合。

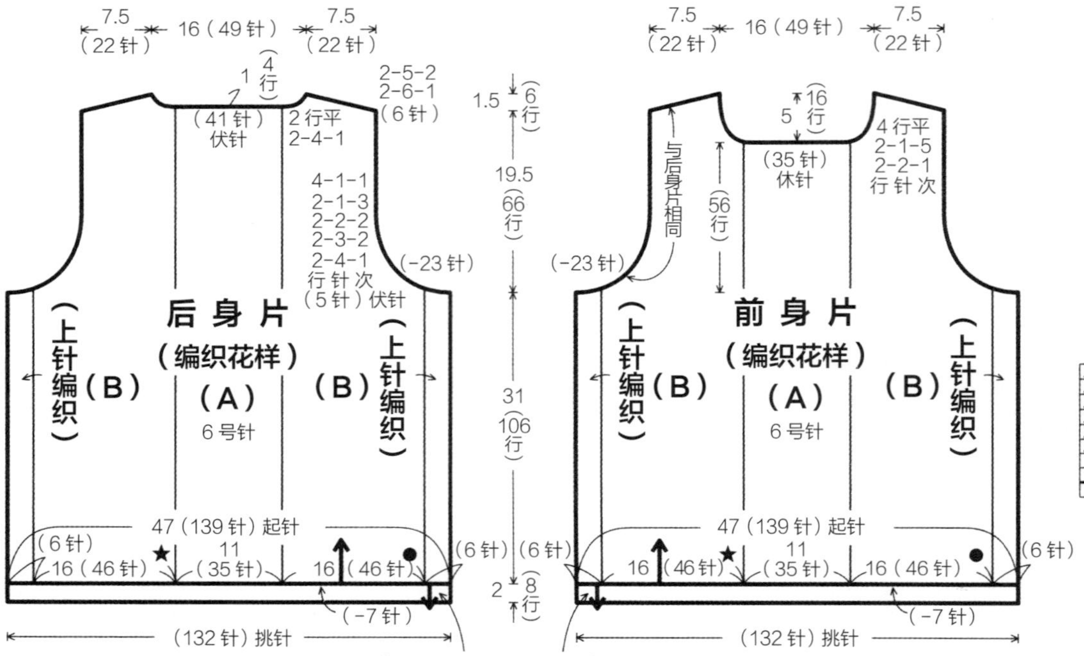

※（A）=（编织花样A）

※（B）=（编织花样B）

扭针的单罗纹针

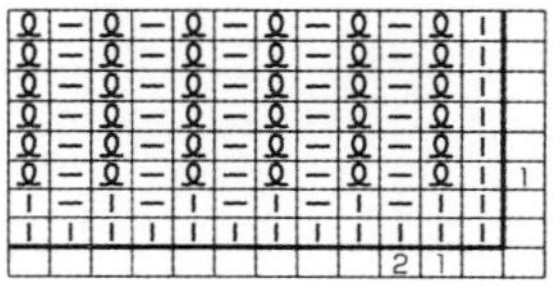

衣领、袖口（扭针的单罗纹针）

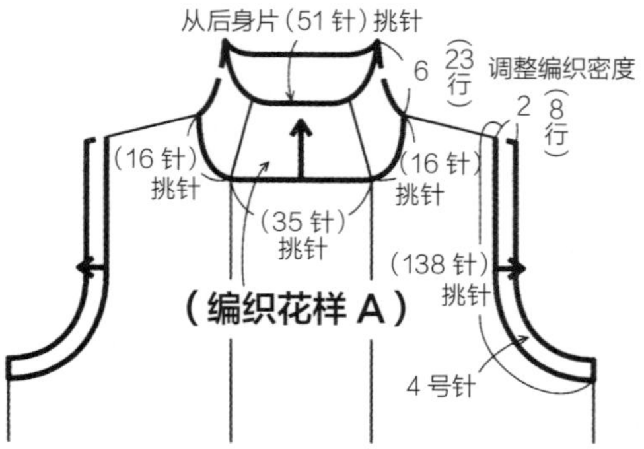

※在编织花样A的第19行（-4针）

编织花样B

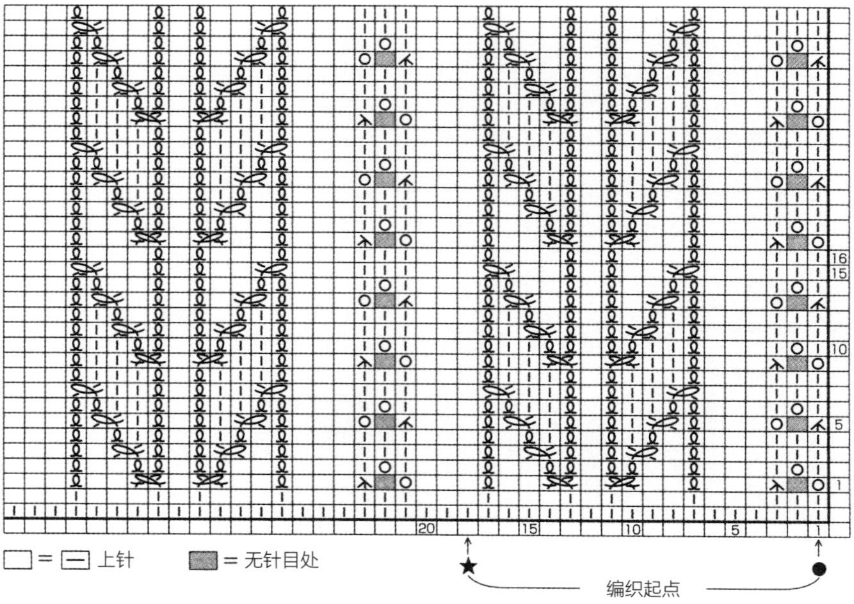

□=⊟ 上针　▩=无针目处

编织花样A

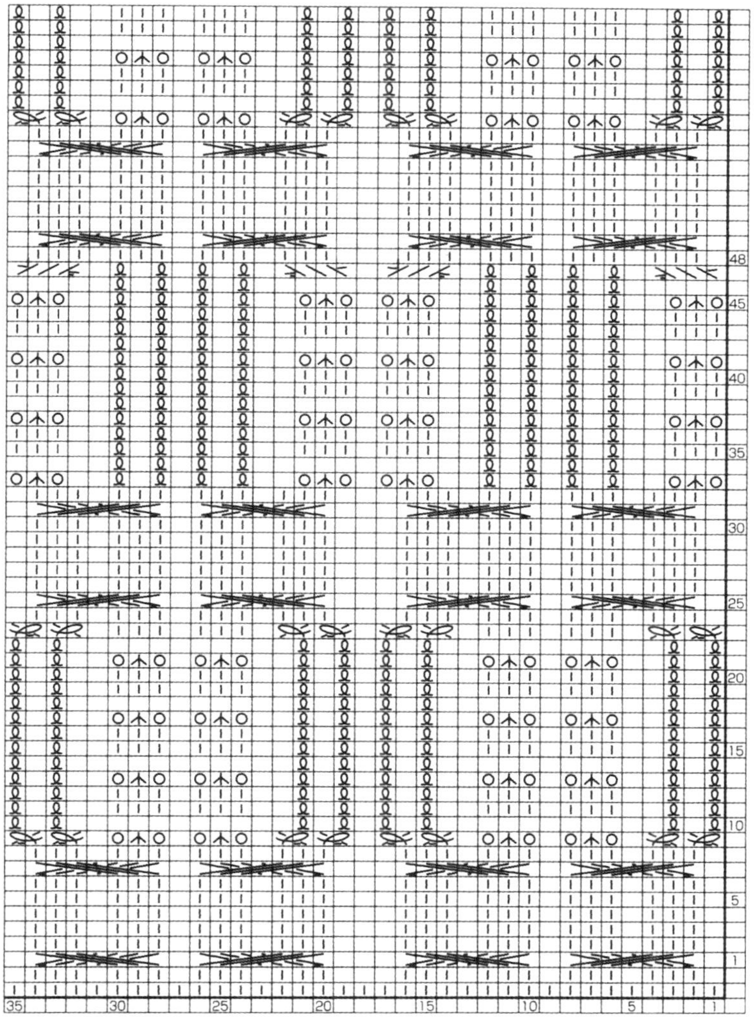

□ = ⊟ 上针

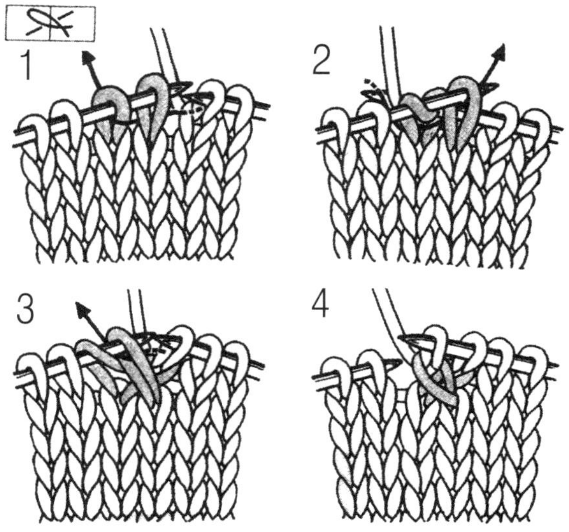

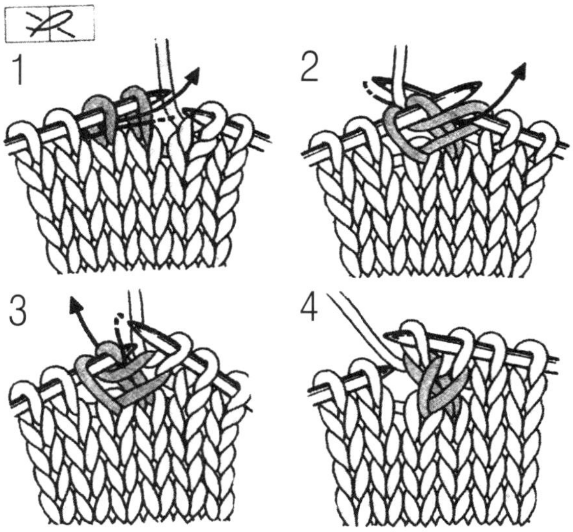

衣领的编织方法

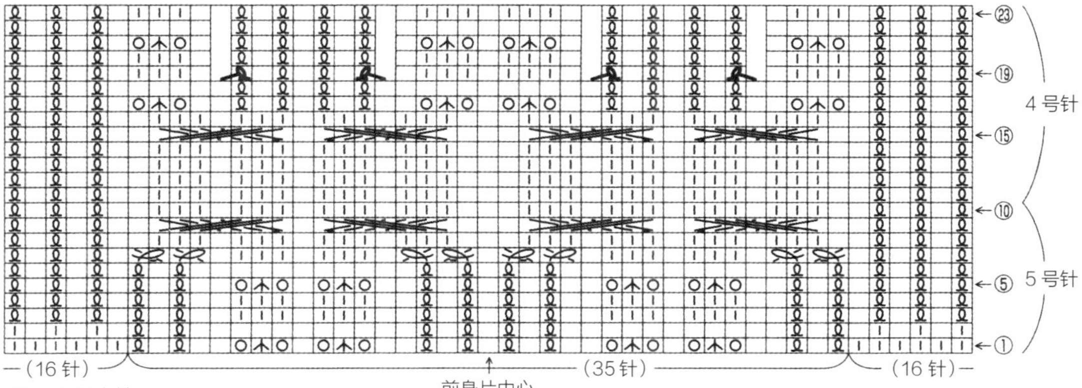

□ = ⊟ 上针

●**材料** 钻石线 Diaexceed <Silkmohair>（中粗）蓝灰色（114）330g/9团

●**工具** 棒针6号、5号

●**成品尺寸** 胸围91cm，肩宽35cm，衣长55cm，袖长55cm

●**编织密度** 10cm×10cm面积内：编织花样A 25针，31行；编织花样B、B’均为29针，31行

●**编织方法和组合方法** 后身片…在下摆位置单罗纹针起针后，按编织花样A编织。袖窿做伏针减针和立起侧边1针的减针，斜肩做留针的引返编织。前身片…如图所示，通过“2针并1针”和“挂针的加针”斜向切换编织花样A、B进行编织。袖子…按编织花样A、B’编织，在袖下和袖山编织加减针。组合…肩部做盖针接合，胁部、袖下做挑针缝合。衣领从后身片的右肩位置开始一边加针一边挑针，与身片的编织花样A和B呈连续状态做环形编织，结束时做扭针的单罗纹针收针。袖子与身片做引拔缝合。

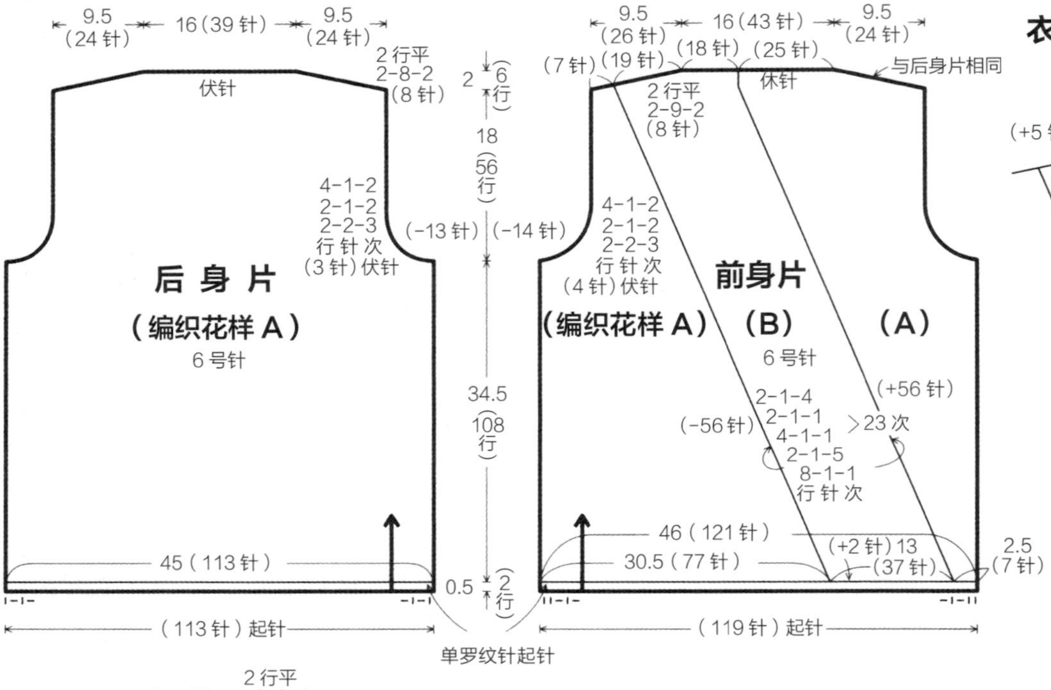

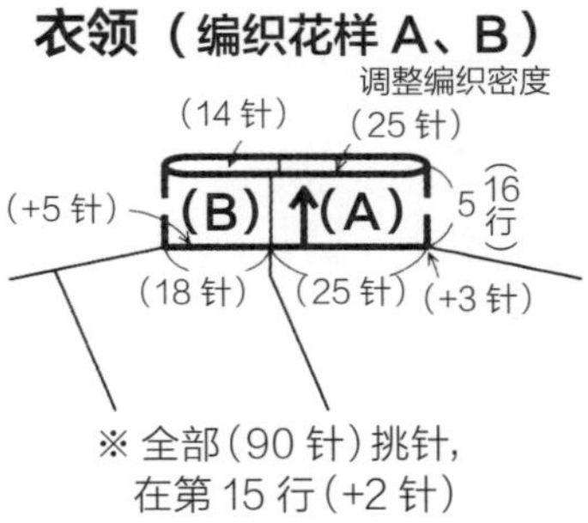

※（A）=（编织花样A）
※（B）=（编织花样B）

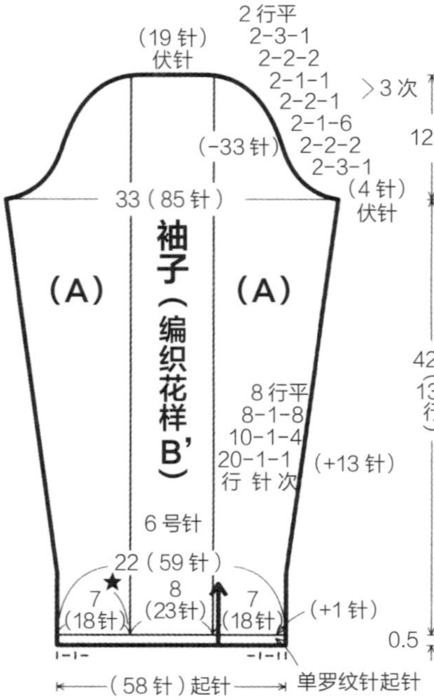

编织花样 B

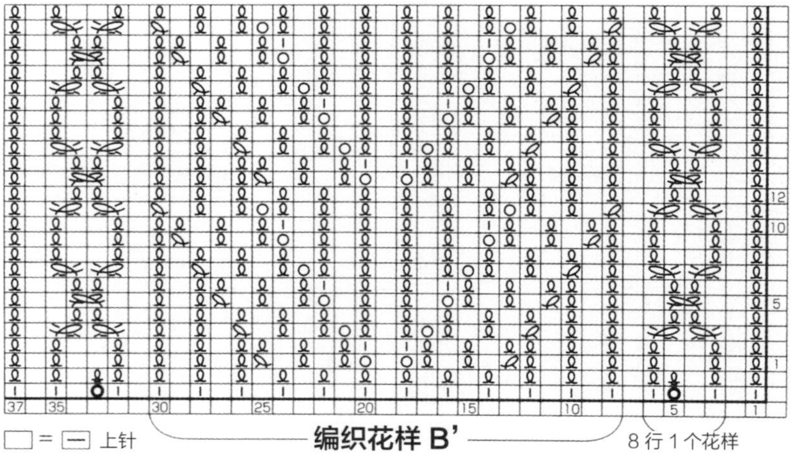

编织花样 A

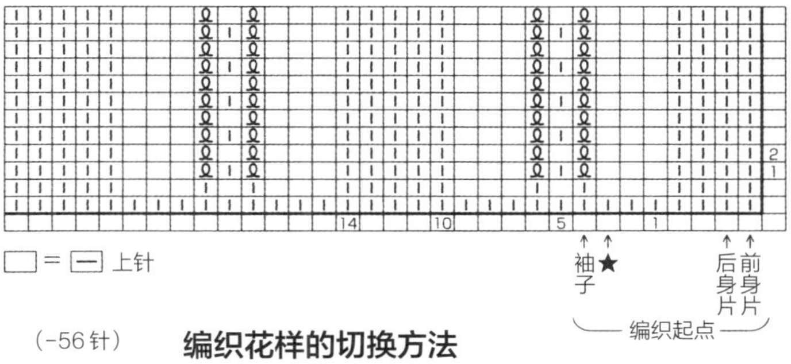

□ = ⊟ 上针

编织花样的切换方法

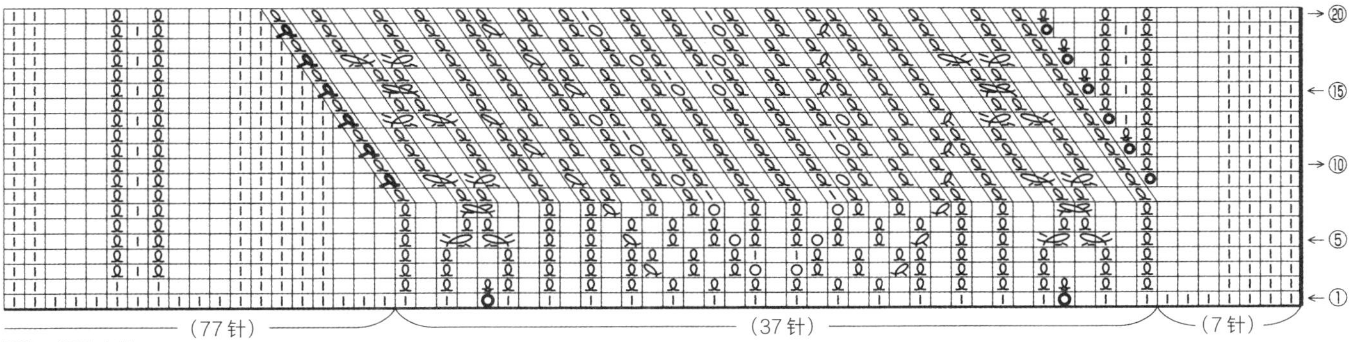

□ = ⊟ 上针

衣领的挑针与加针

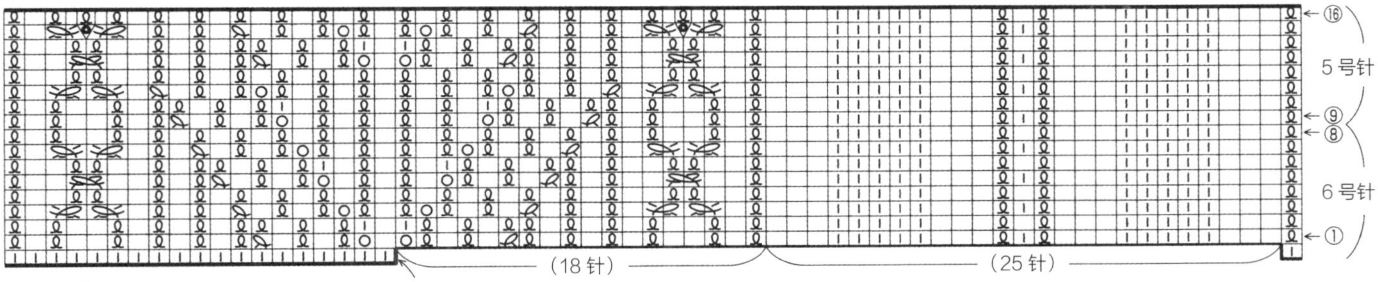

□ = ⊟ 上针

后领的挑针起点(1行)

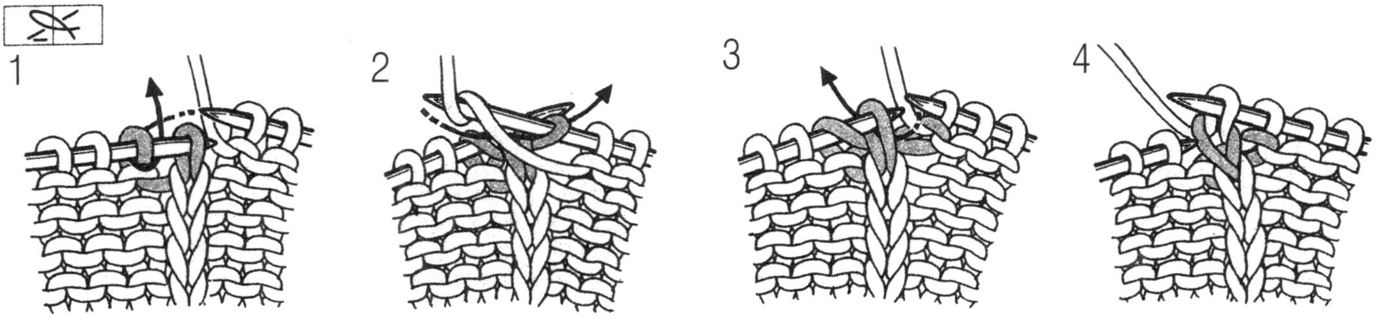

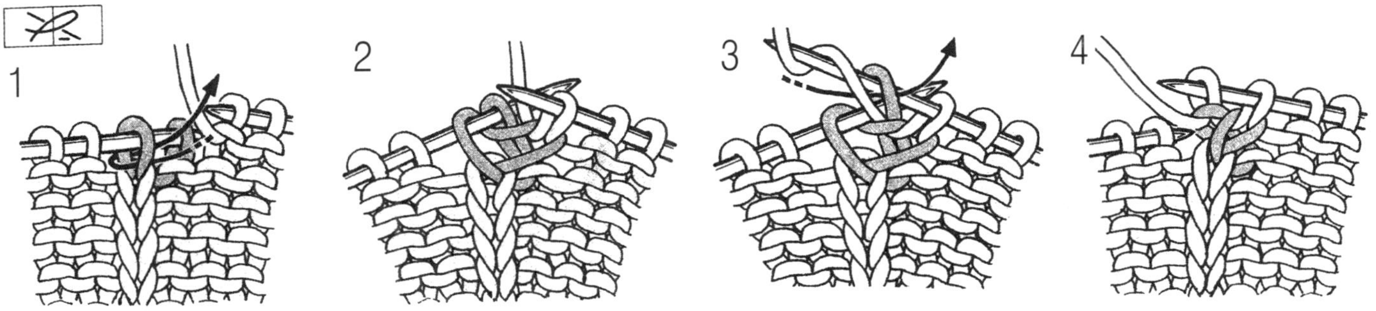

第 42 页

26

●**材料** 钻石线 Tasmanian Merino <Alpaca>（粗）原白色（501）185g/5团

●**工具** 棒针5号、4号

●**成品尺寸** 胸围92cm，肩宽34cm，衣长52.5cm，袖长21.5cm

●**编织密度** 10cm×10cm面积内：编织花样A 28针，35行；编织花样B 27针，36行

●**编织方法和组合方法** 身片…另线锁针起针后，按编织花样A、B和下针编织，注意在花样的切换处如图所示减针。胁部立起侧边1针减针，然后在侧边1针的内侧做扭针加针。袖窿和领窝做伏针减针和立起侧边1针的减针，斜肩做留针的引返编织。下摆解开另线锁针的起针编织扭针的单罗纹针，结束时做扭针的罗纹针收针。袖子…编织要领与身片相同。组合…肩部做盖针接合，胁部、袖下做挑针缝合。衣领挑针后环形编织扭针的单罗纹针。袖子与身片做引拔缝合。

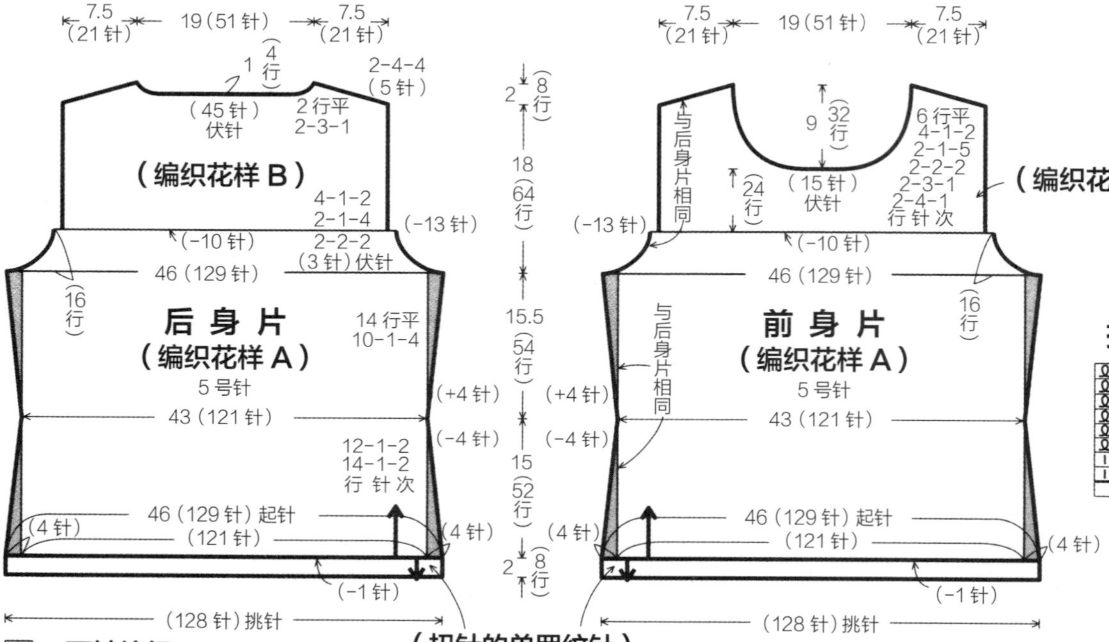

■= 下针编织

扭针的单罗纹针

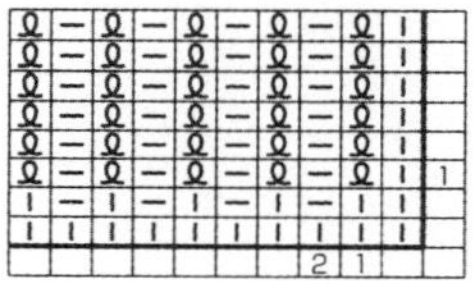

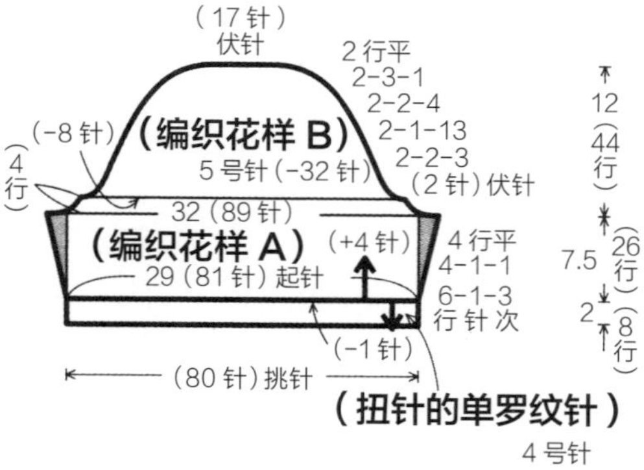

（扭针的单罗纹针） 4号针

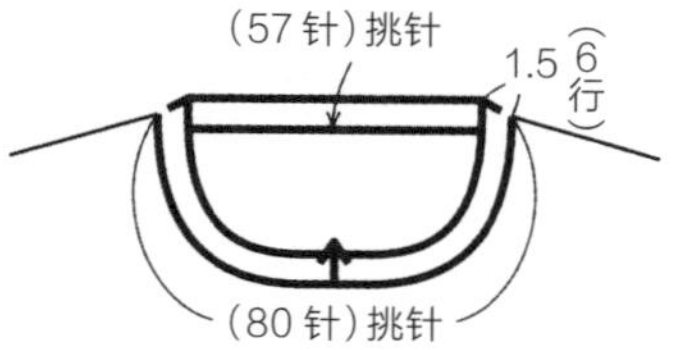

编 织 花 样 A

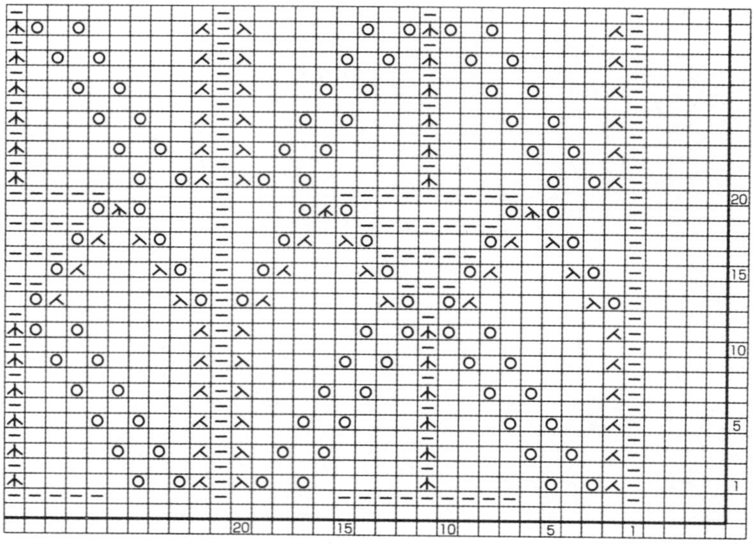

□ = ⊡ 下针

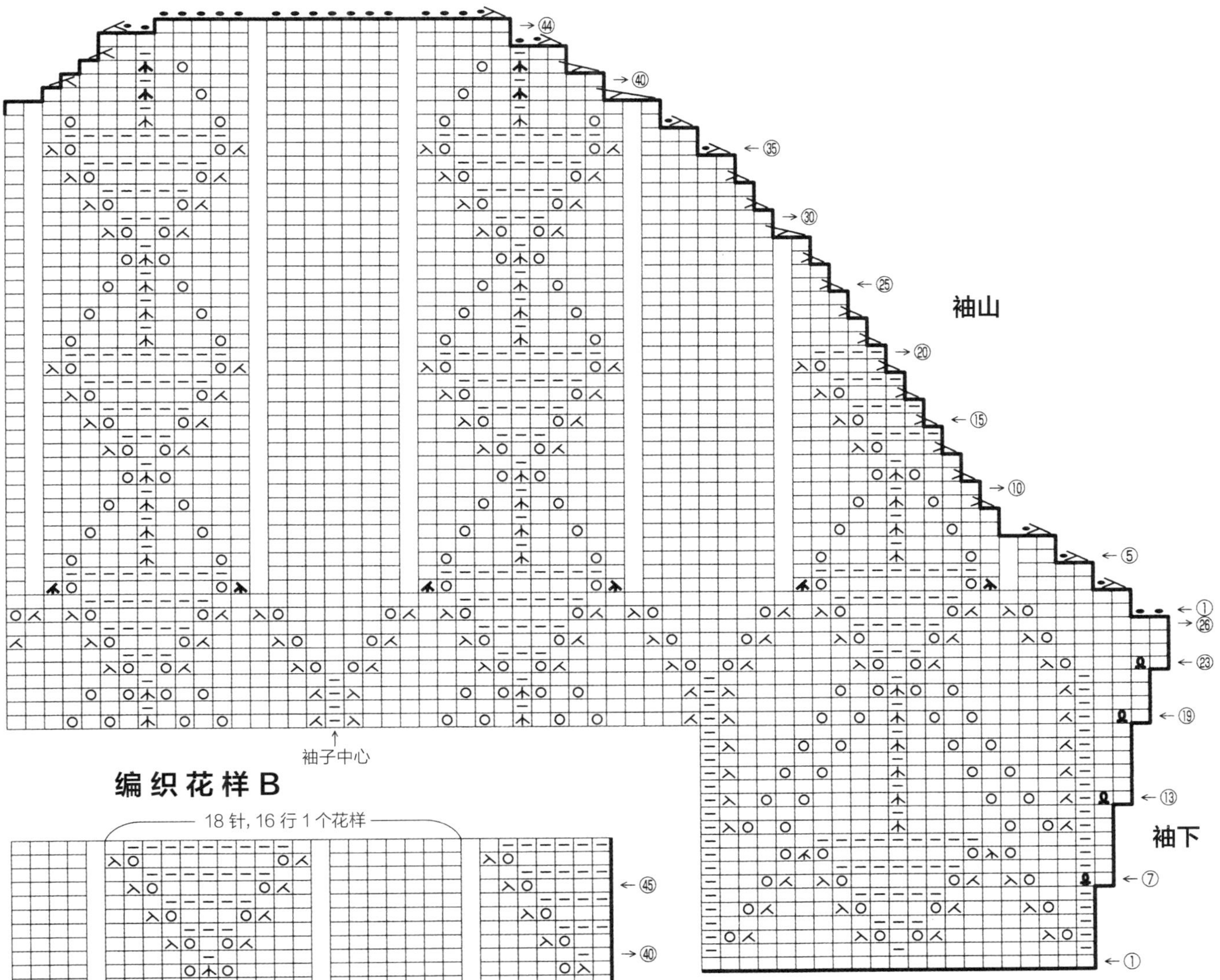

编织花样B

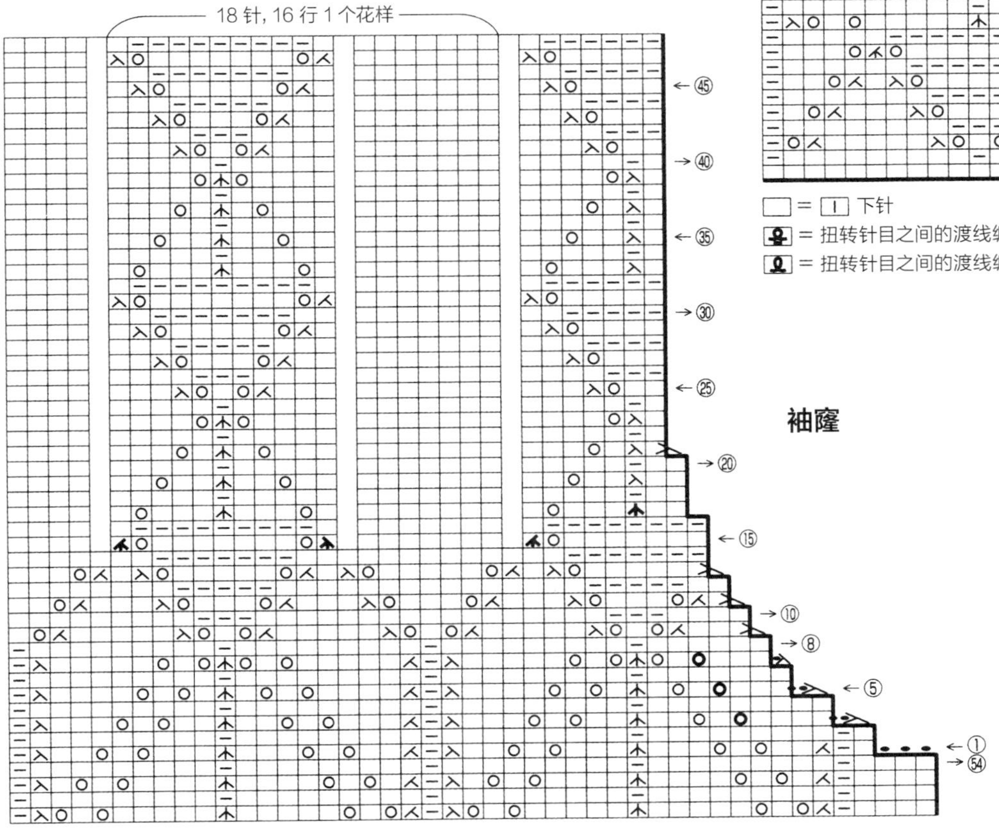

□ = [I] 下针
[符号] = 扭转针目之间的渡线编织上针的加针
[符号] = 扭转针目之间的渡线编织下针的加针

●**材料** 钻石线 Tasmanian Merino <Alpaca>（粗） 原白色（501）370g/10团；直径1.4cm的纽扣6颗

●**工具** 棒针7号、6号、4号、3号，钩针2/0号

●**成品尺寸** 胸围97cm，肩宽37cm，衣长54.5cm，袖长55cm

●**编织密度** 10cm×10cm面积内：编织花样A 29针，36行

●**编织方法和组合方法** 身片…另线锁针起针后，按编织花样A、B编织。袖窿和领窝做伏针减针和立起侧边1针的减针，斜肩做留针的引返编织。下摆解开另线锁针的起针，按编织花样C编织，结束时做扭针的罗纹针收针。袖子…按编织花样A和上针编织，在袖下和袖山编织加减针。组合…肩部做盖针接合，胁部、袖下做挑针缝合。衣领看着身片的正面挑针，使第2行成为正面行，然后按编织花样C’做引返编织。袖子与身片做引拔缝合。

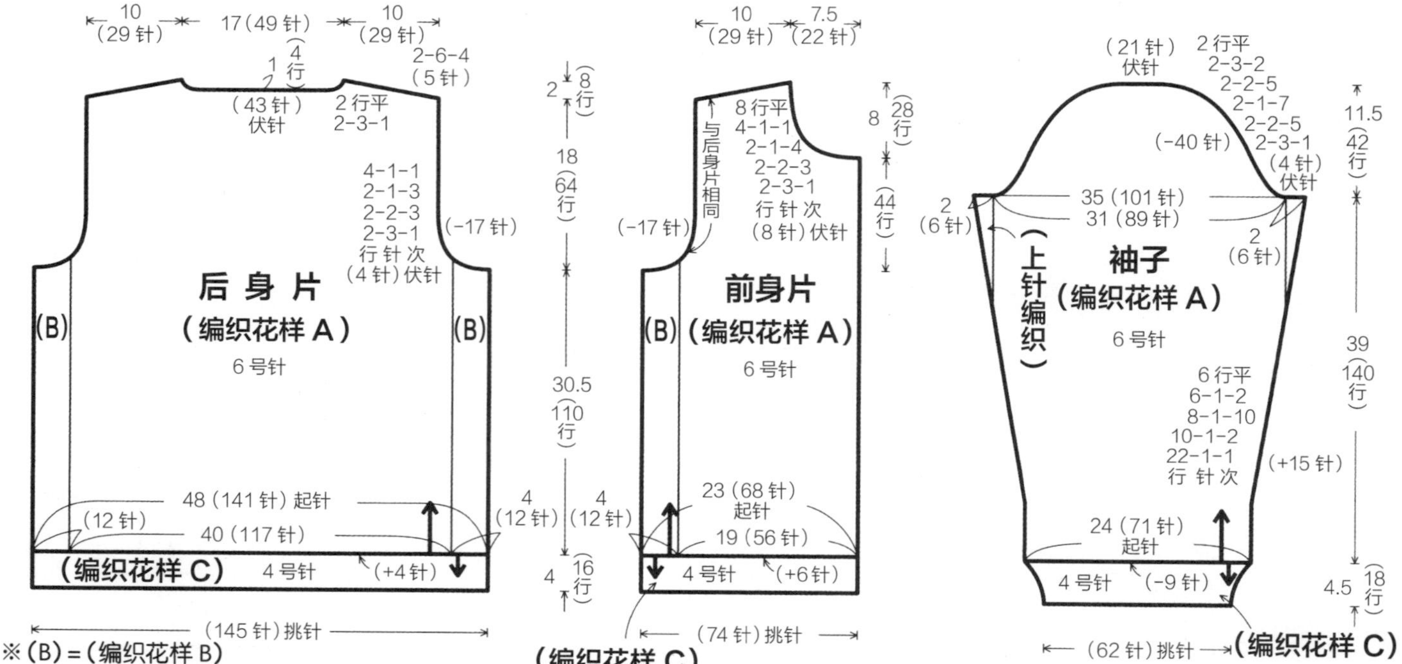

※（B）=（编织花样 B）

前门襟（编织花样 C）4 号针

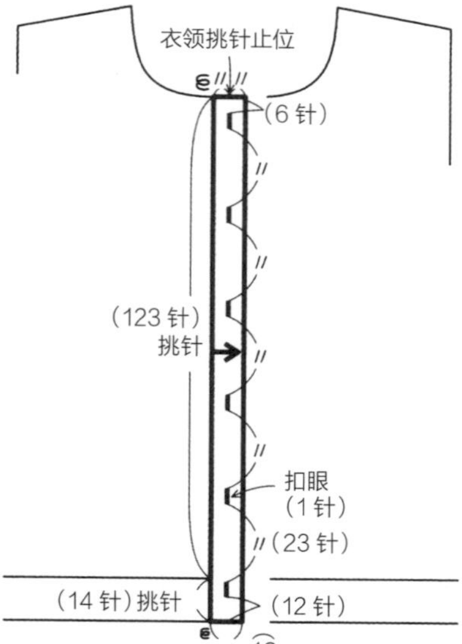

衣领（编织花样 C’）

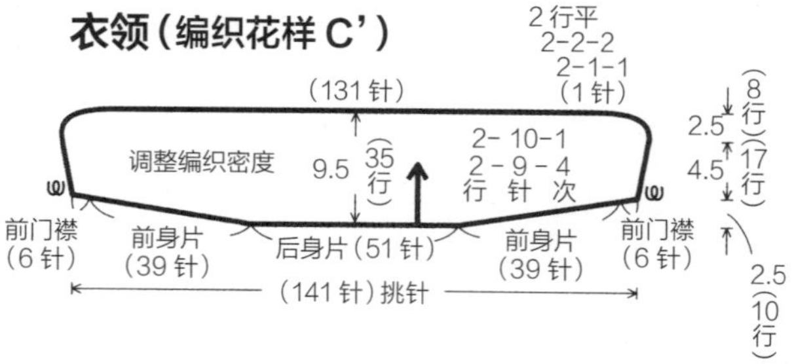

扣眼（右前门襟）

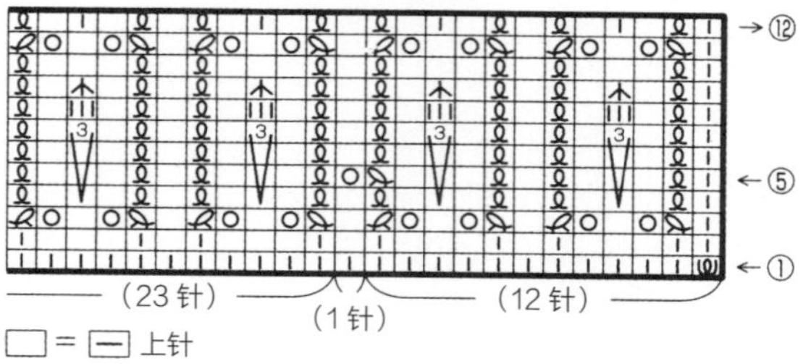

编织花样

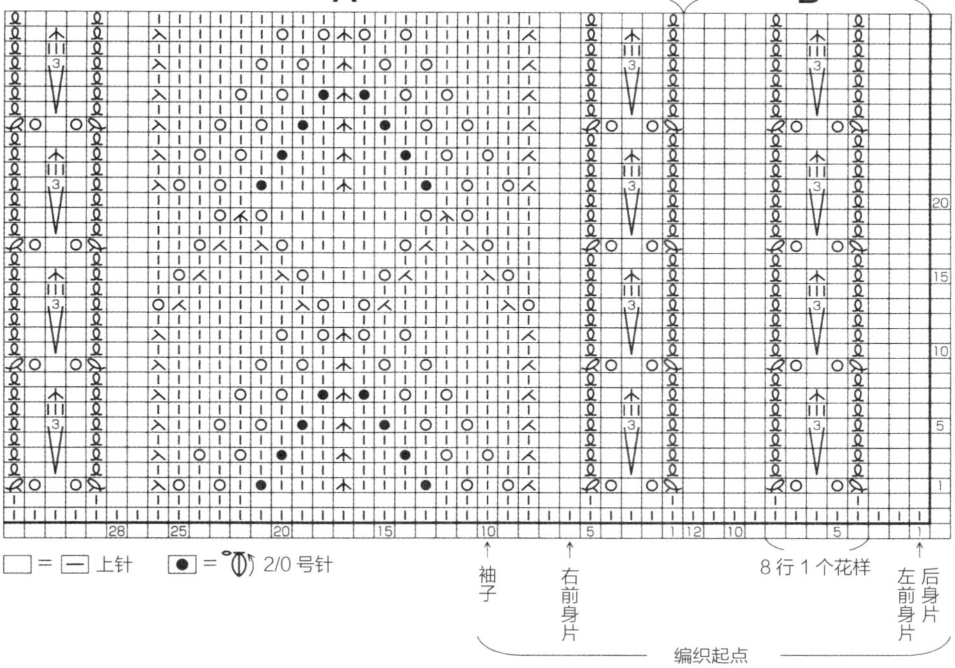

□ = ⊟ 上针　● = 2/0 号针

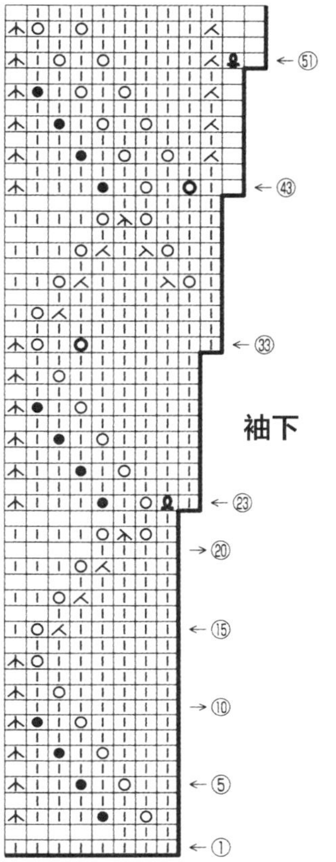

□ = ⊟ 上针

● = 2/0 号针

= 扭转针目之间的渡线编织下针的加针

= 扭转针目之间的渡线编织上针的加针

○ = 挂针的加针

编织花样 C（下摆）

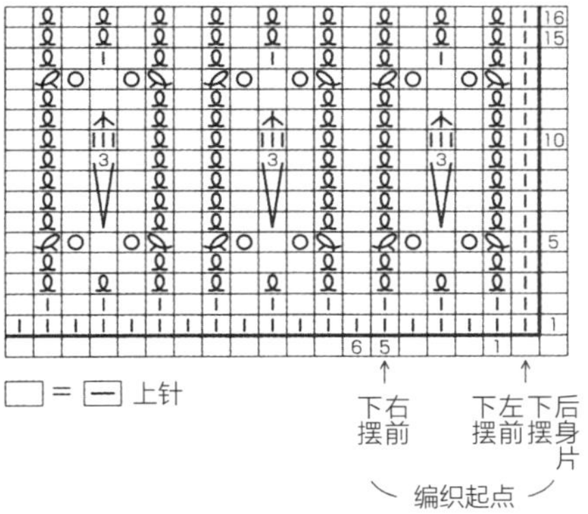

□ = ⊟ 上针

编织花样 C（袖口）

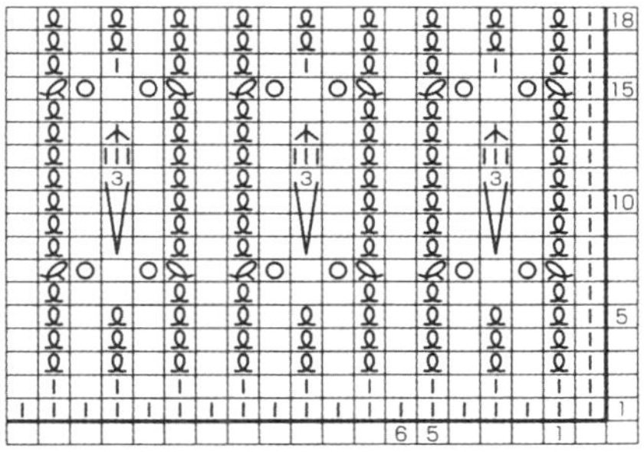

□ = ⊟ 上针

编织花样 C'（衣领）

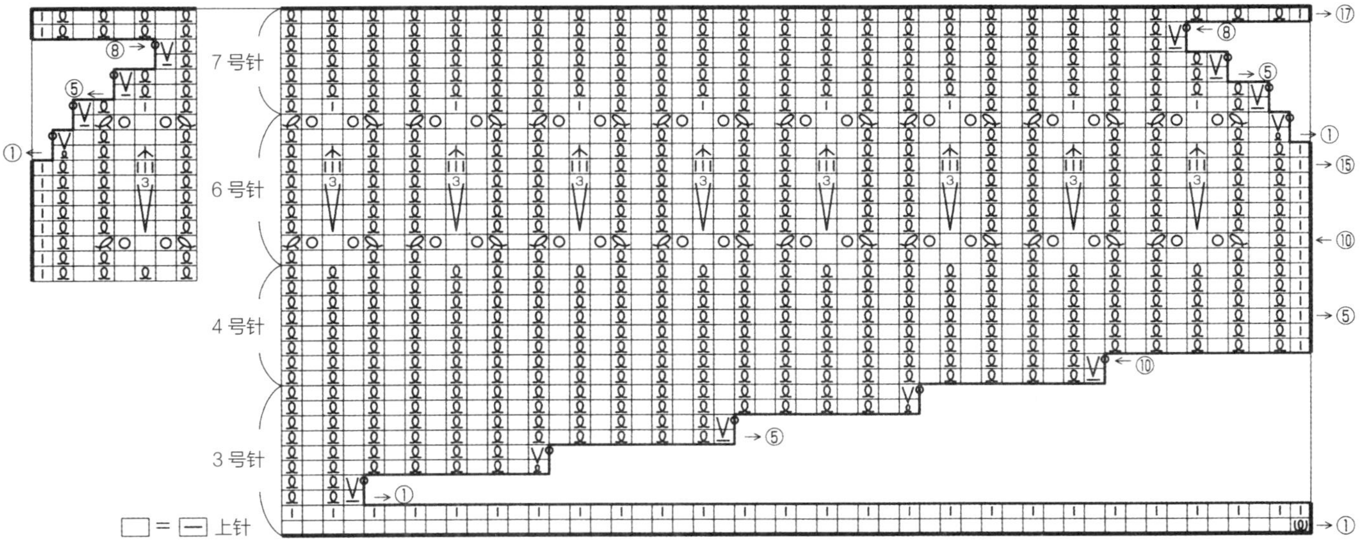

□ = ⊟ 上针

第 44 页

28

●**材料** 钻石线 Diaexceed <Cashmere>（粗）米色（803）240g/8团

●**工具** 棒针4号、3号

●**成品尺寸** 胸围90cm，肩宽34cm，衣长51.5cm，袖长27cm

●**编织密度** 10cm×10cm面积内：编织花样A 33针，36行；编织花样B 32针，36行

●**编织方法和组合方法** 身片…在下摆位置单罗纹针起针后，由中心向左右两侧对称排列编织花样A、B。如图所示在腰部位置做分散加减针。袖窿和后领窝做伏针减针和立起侧边1针的减针。编织前领窝时，在编织花样A和B的切换位置编织上针的2针并1针。袖子…编织要领与身片相同，按编织花样A、B编织，在袖下和袖山编织加减针。组合…肩部做盖针接合，胁部、袖下做挑针缝合。衣领挑针后按编织花样C做环形编织。V领尖如图所示减针，编织结束时做扭针的单罗纹针收针。袖子与身片做引拔缝合。

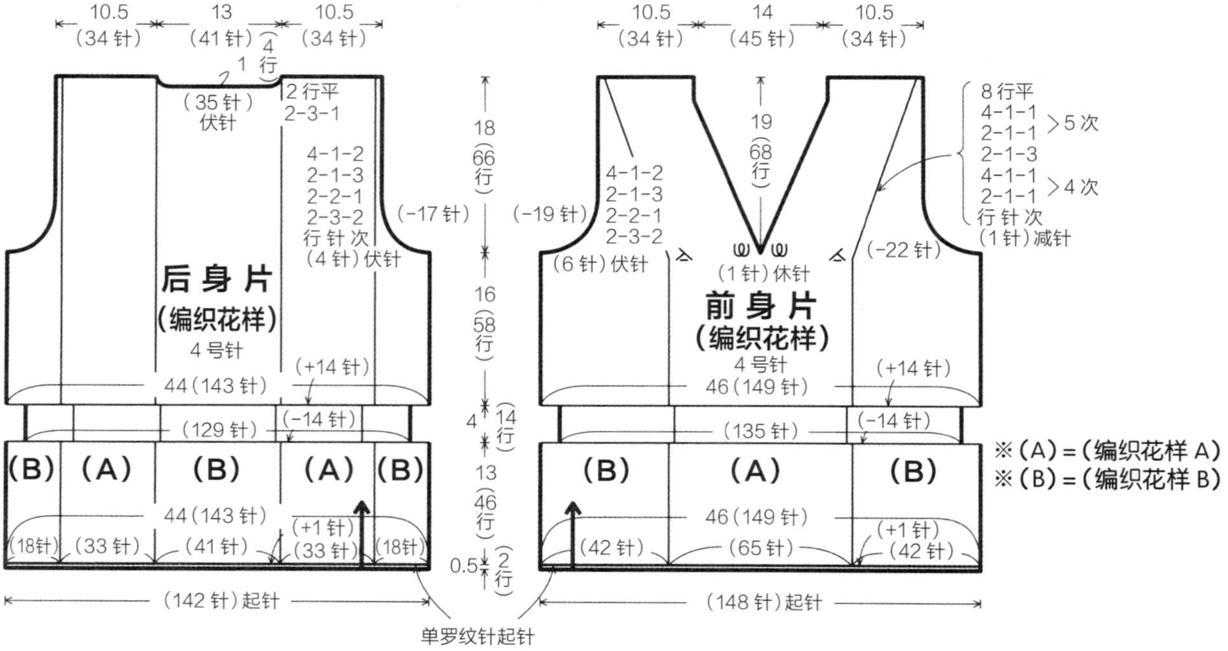

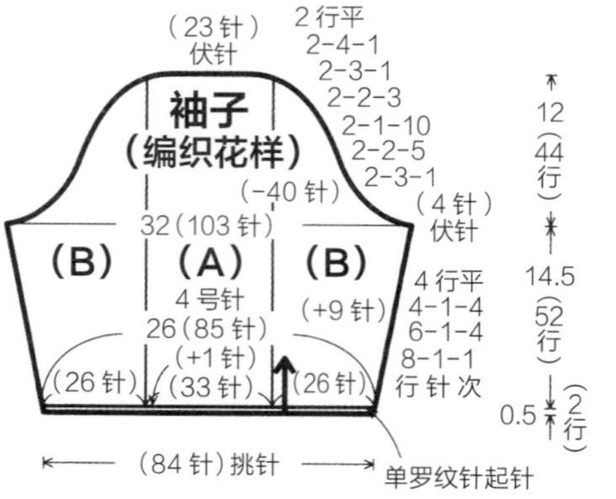

衣领（编织花样C）3号针

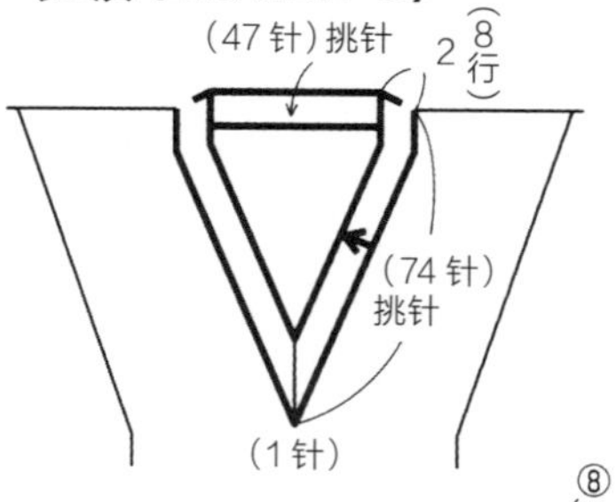

V领尖的编织方法

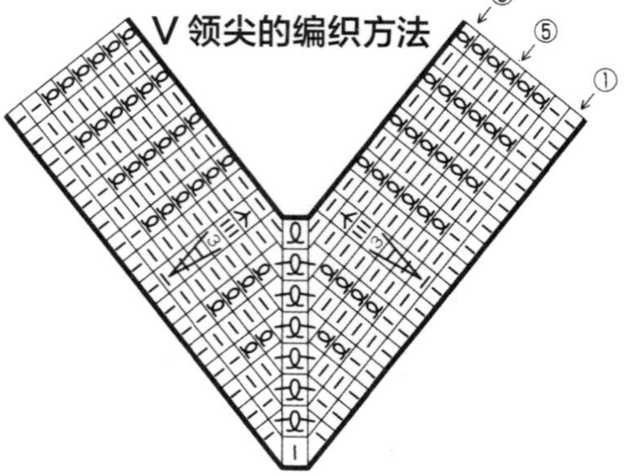

编织花样C

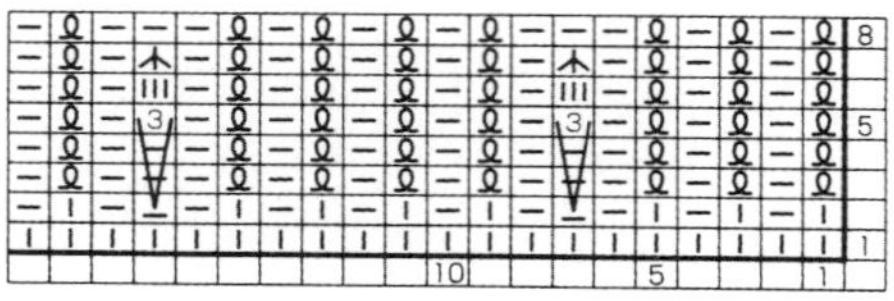

编织花样（袖子）

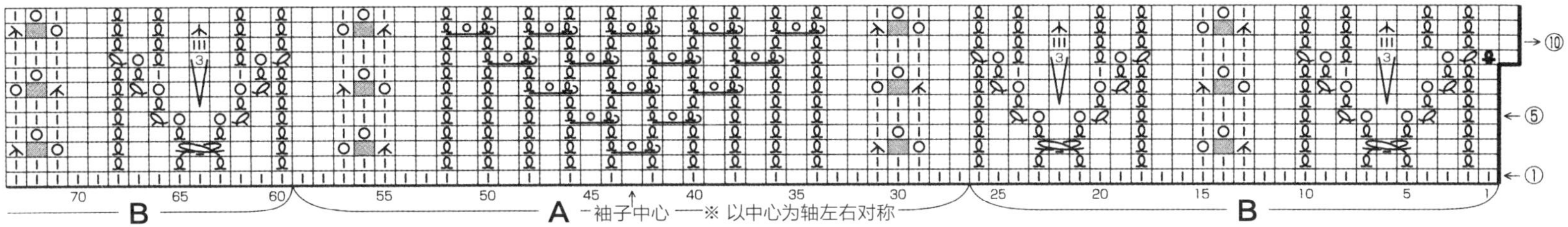

编织花样与分散加减针的方法（后身片）

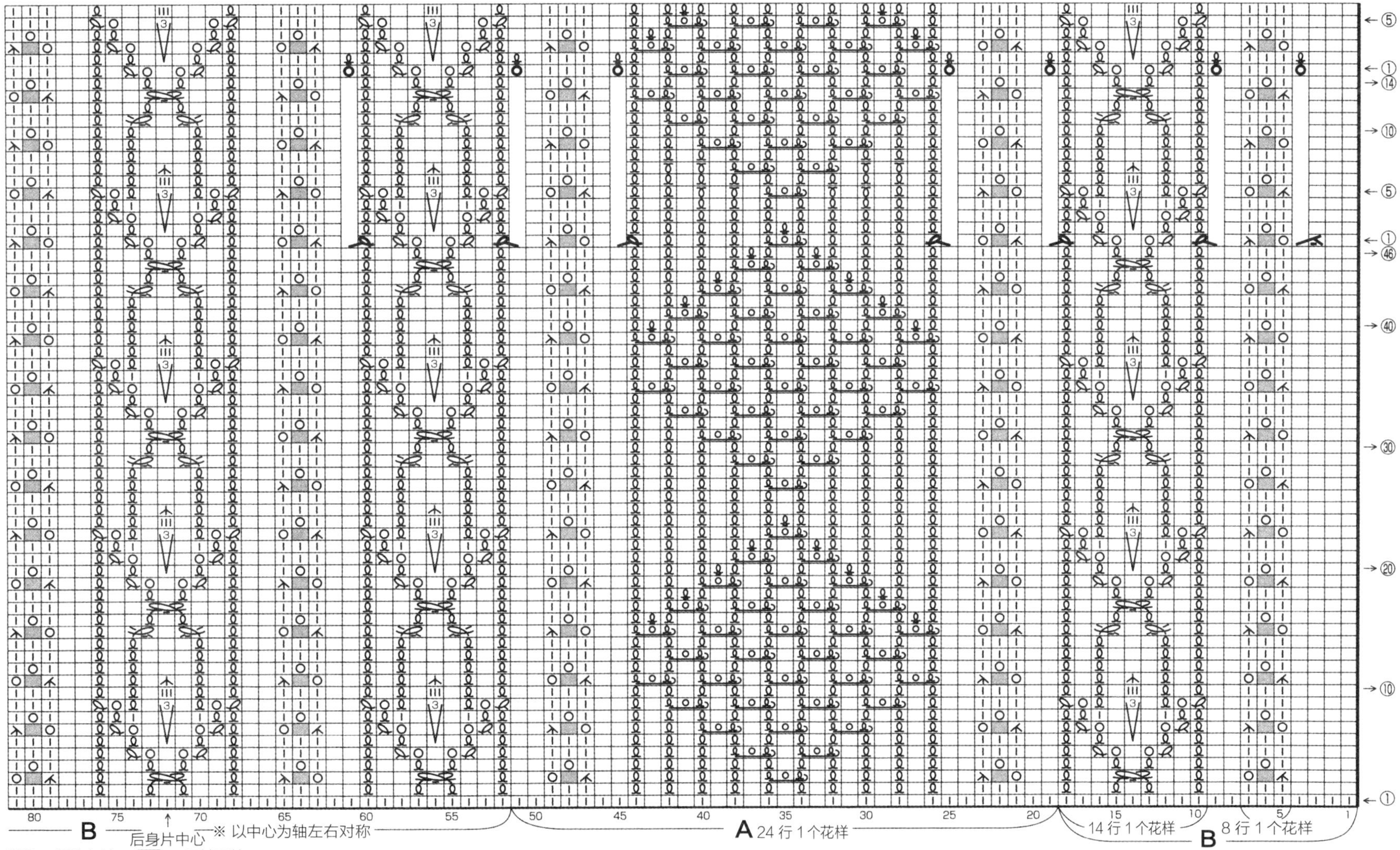

□ = ⊟ 上针　▒ = 无针目处

编织花样与分散加减针的方法（前身片）

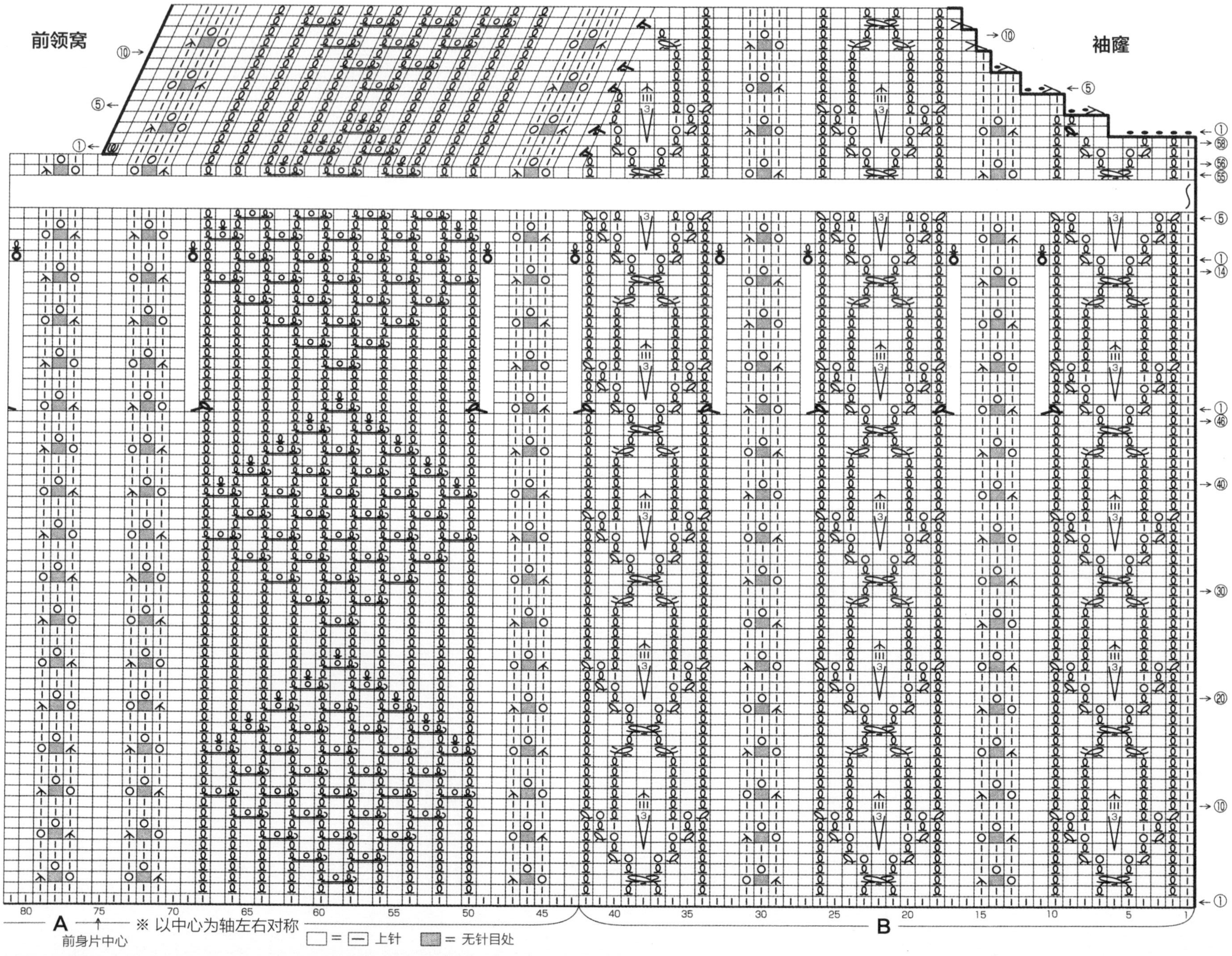

※ 以中心为轴左右对称

□ = ⊟ 上针　▓ = 无针目处

第 45 页

29

●**材料** 钻石线 Diaexceed <Cashmere>（粗）米色（803）330g/11团；直径1.5cm的纽扣4颗

●**工具** 棒针5号、3号

●**成品尺寸** 胸围95.5cm，肩宽35cm，衣长55.5cm，袖长55.5cm

●**编织密度** 10cm×10cm面积内：编织花样A 33针，35行

●**编织方法和组合方法** 身片…在下摆位置单罗纹针起针后，按编织花样A编织。在腰部如图所示分散加减针，袖窿和领窝做伏针减针和立起侧边1针的减针。袖子…编织要领与身片相同，在袖下和袖山编织加减针。组合…肩部做盖针接合，胁部、袖下做挑针缝合。前门襟和衣领做单罗纹针起针后，按编织花样B编织。在右前门襟留出扣眼，一边在关键位置用线做上记号，一边直编至后中心位置。将左右两侧的编织终点接合后，再与身片做挑针缝合。袖子与身片做引拔缝合。

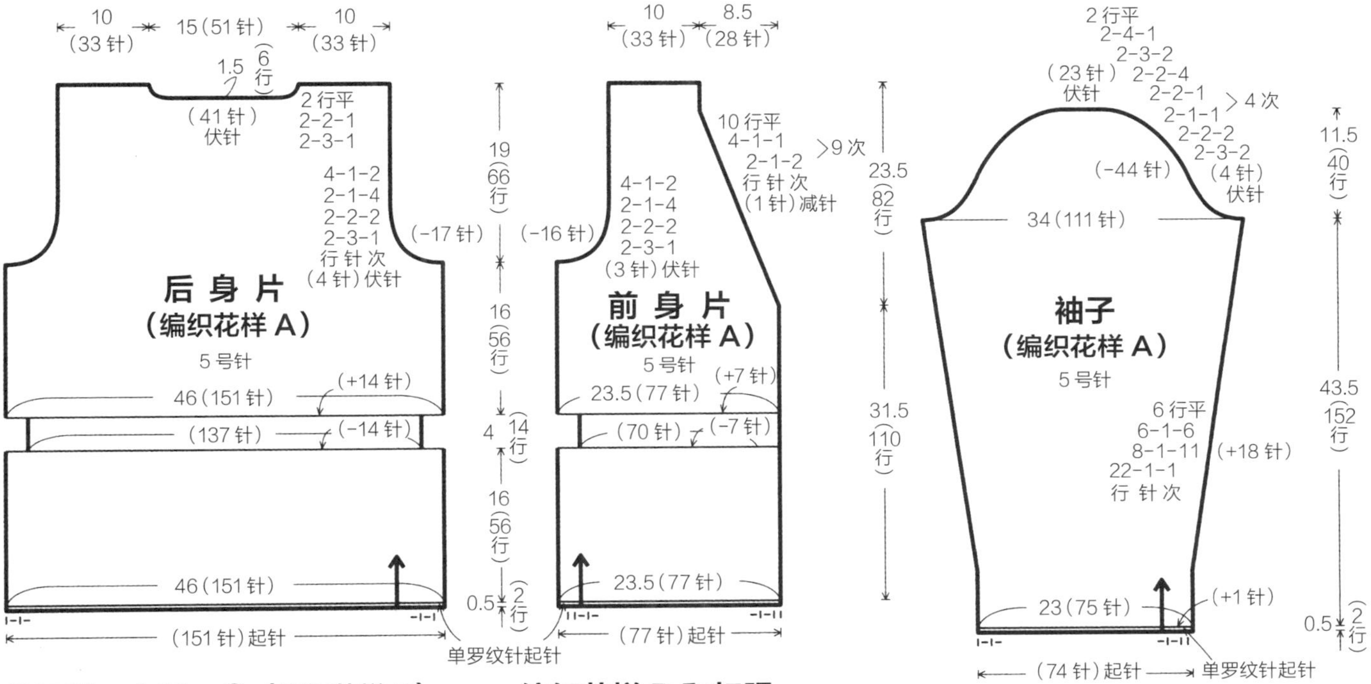

前门襟、衣领（编织花样 B）

3号针

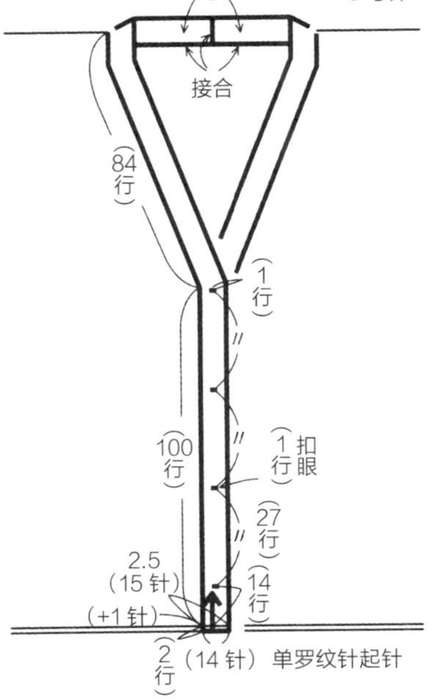

编织花样 B 和扣眼

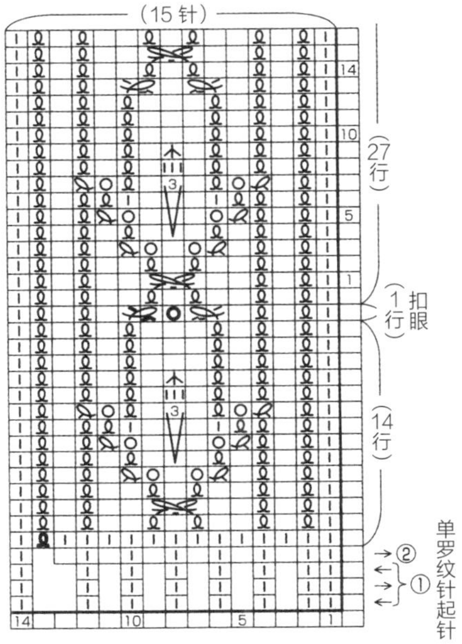

□ = ⊟ 上针

Ω = 扭针加针

分散加减针的方法

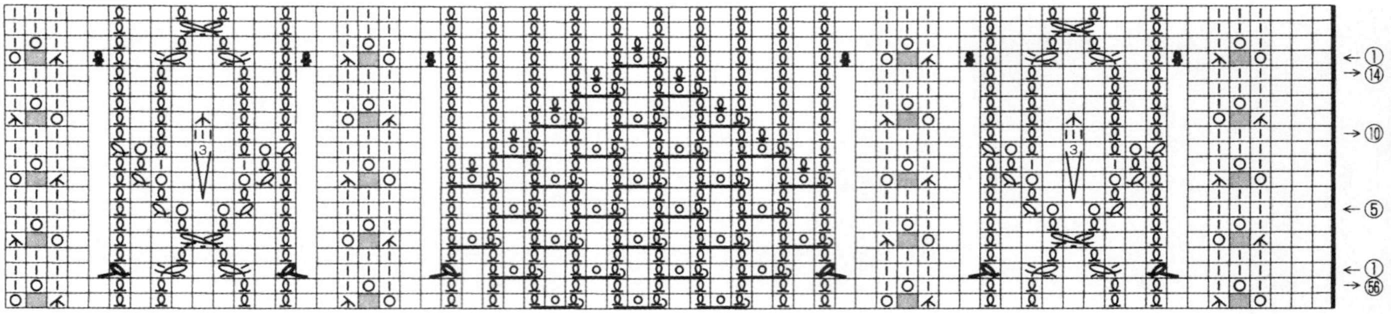

编织花样 A

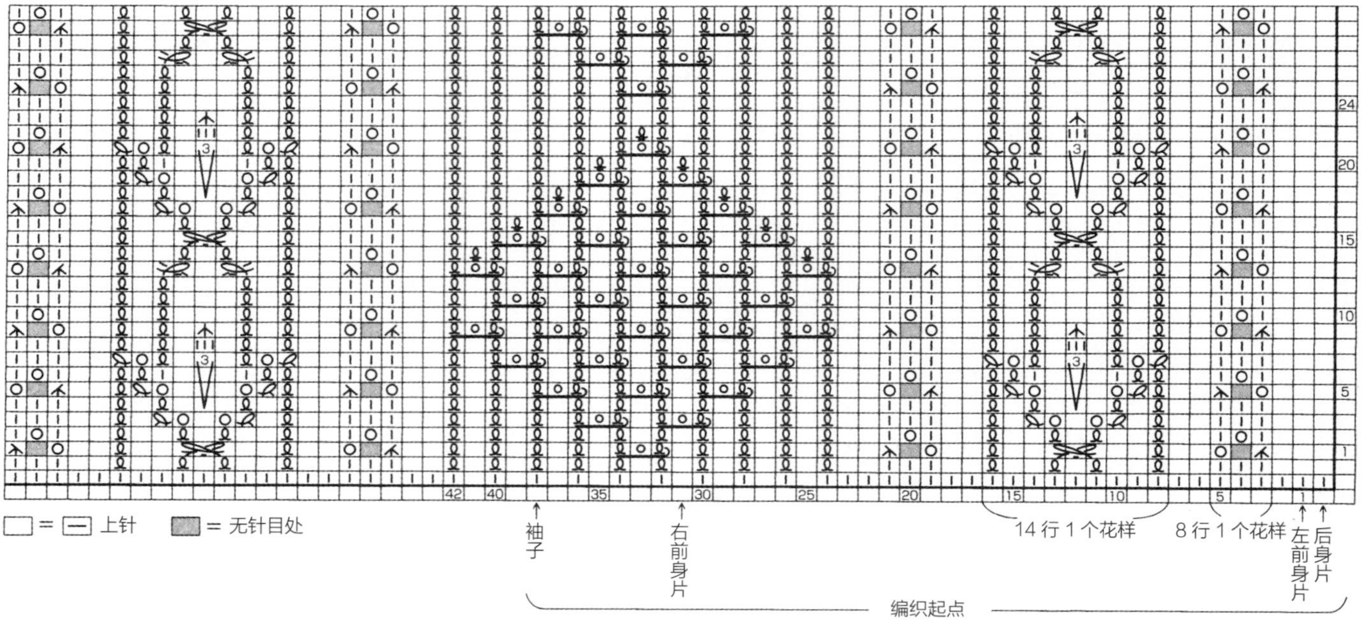

□ = ⊟ 上针　▒ = 无针目处

★接 p.130 的作品 32

编织花样 B

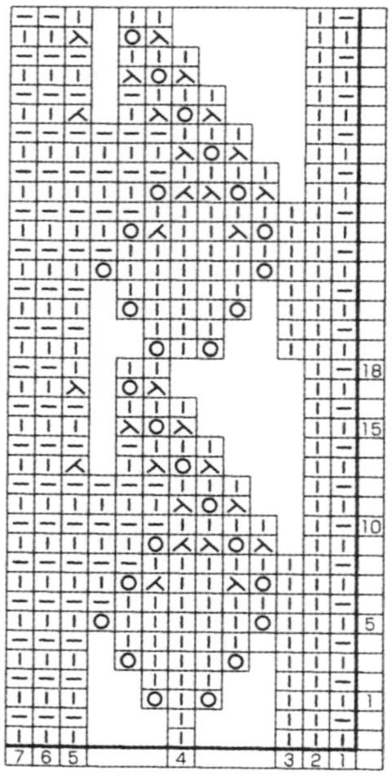

珠子的绣法

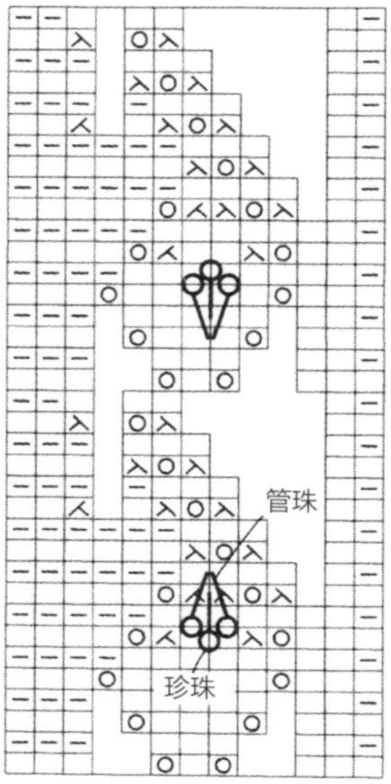

□ = [I] 下针

※ 左前身片部分上下颠倒对称地绣上珠子

编织花样 A'

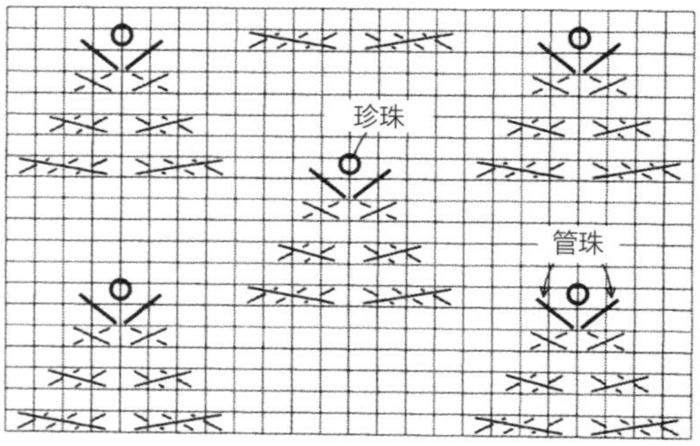

□ = [I] 下针

●**材料**　钻石线 Tasmanian Merino <Lame>（中粗） 深红色（608）230g/6团；保暖袖套 80g/2团；直径1.1cm的纽扣2颗

●**工具**　棒针6号、5号、4号、3号，钩针3/0号

●**成品尺寸**　胸围92cm，肩宽34cm，衣长53cm，袖长11cm

●**编织密度**　10cm×10cm面积内：下针编织23针，32行；编织花样28针，31行（5号针）

●**编织方法和组合方法**　身片…另线锁针起针后，参照图示一边切换编织花样一边编织，在下摆做分散减针，在育克位置加针。下摆解开另线锁针的起针后做边缘编织，伏针收针后与挑针位置缝合成双层。袖子…如图所示编织加减针。组合…肩部做盖针接合，胁部、袖下做挑针缝合。衣领另线锁针起针后做边缘编织。在第6行折成双层，接着按编织花样编织，将编织终点缝在领窝处。袖子与身片做引拔缝合。

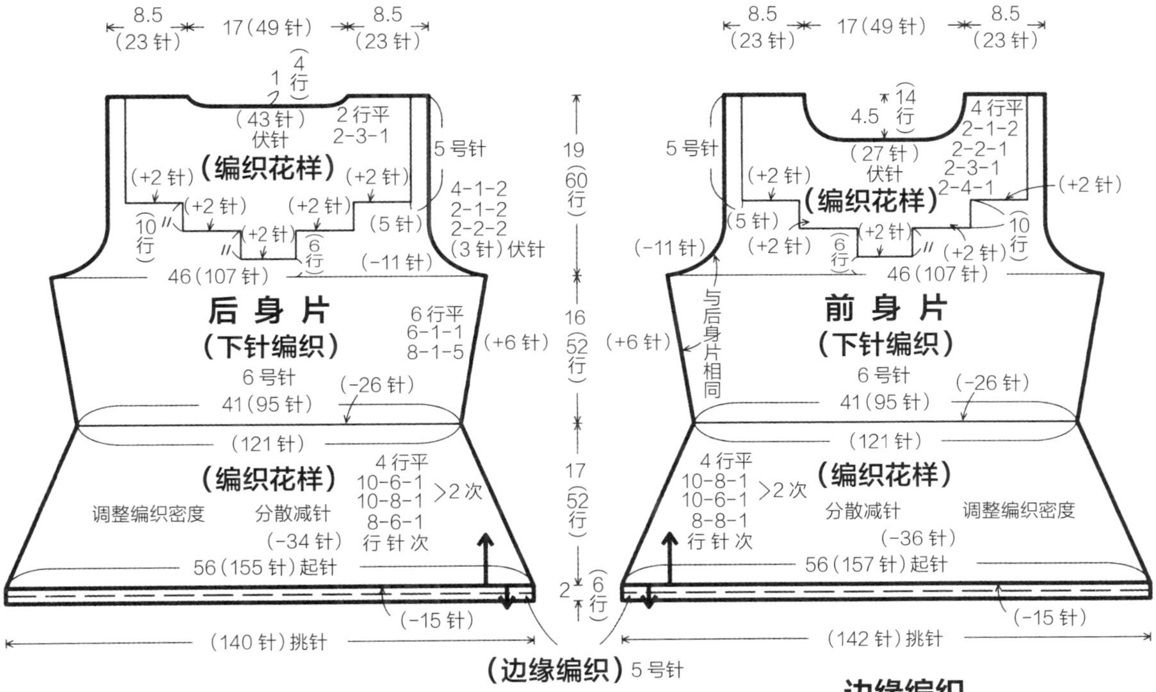

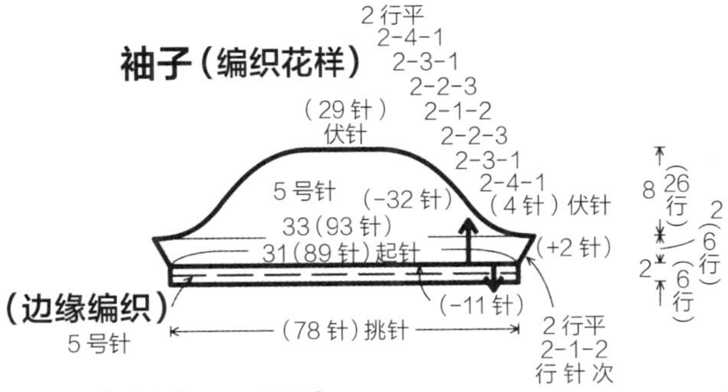

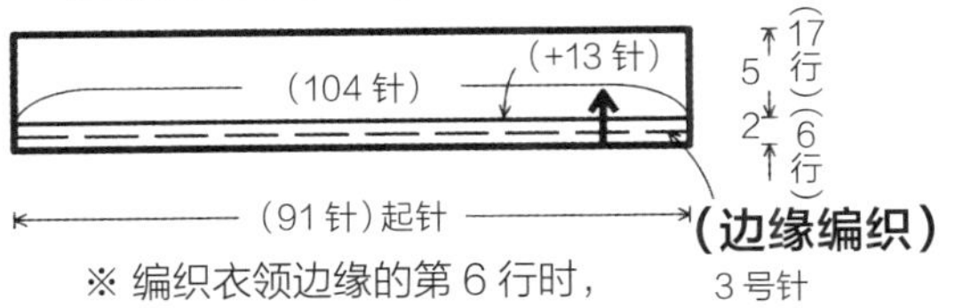

※ 编织衣领边缘的第6行时，一边在第1行挑针折成双层，一边做挂针的加针

边缘编织

编织花样（衣领） 调整编织密度

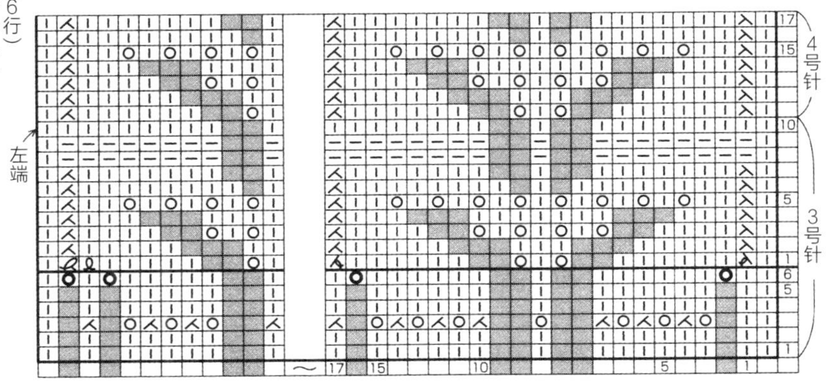

▨ = 无针目处　　⋏、⋏、⋏ = 扭转前一行的挂针编织2针并1针

衣领的缝合方法

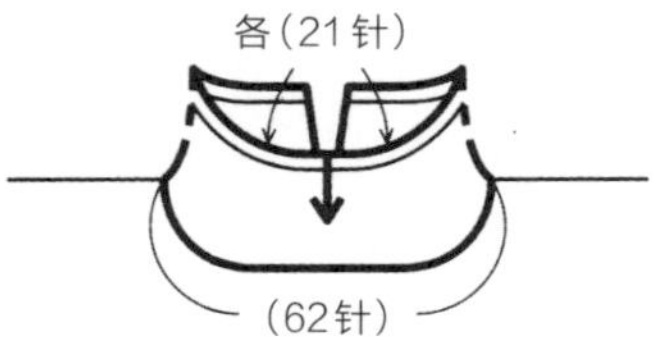

后领开口（短针） 3/0号针

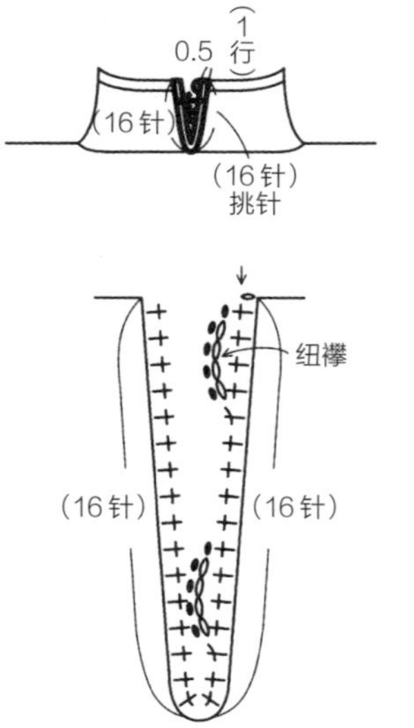

保暖袖套

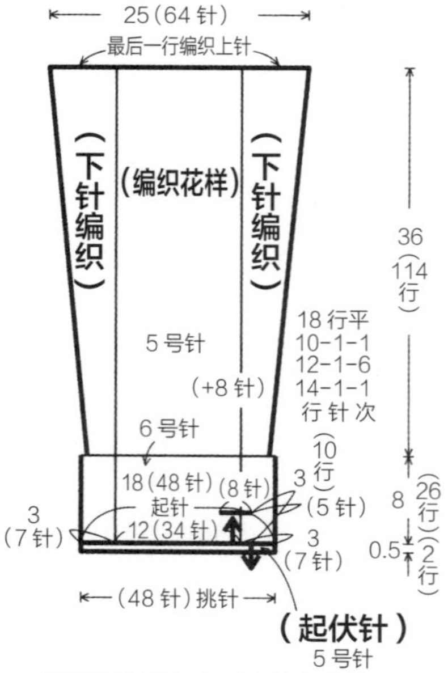

※拇指孔位置左右对称编入另线，后面再做引拔收针

编织花样与分散减针的方法（后身片）

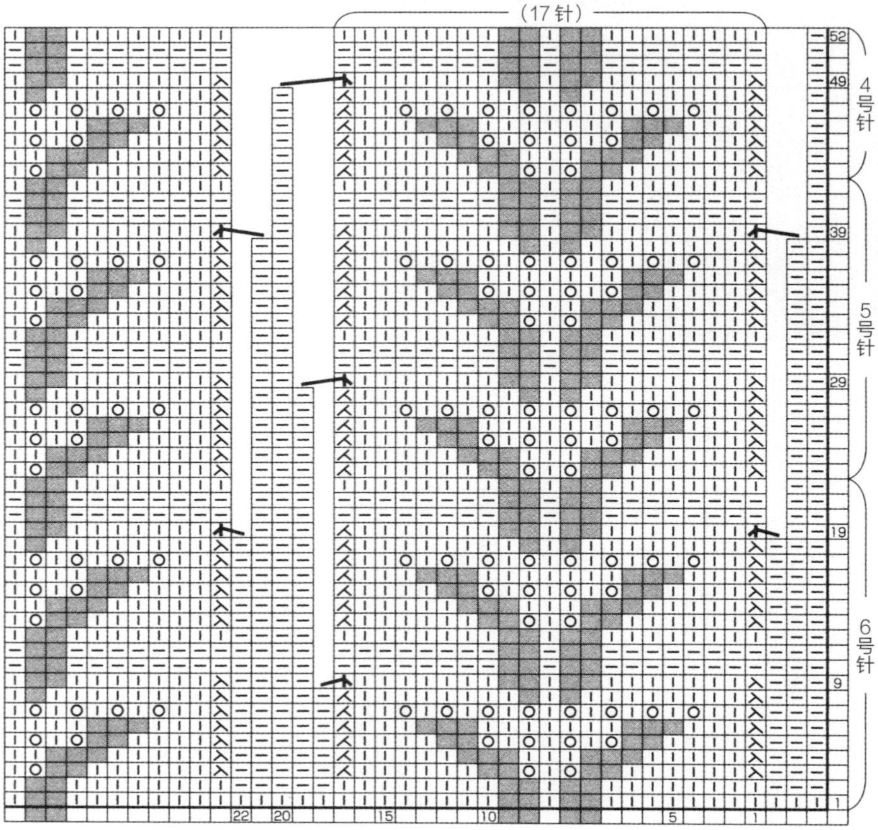

▓ = 无针目处

编织花样与分散减针的方法（前身片）

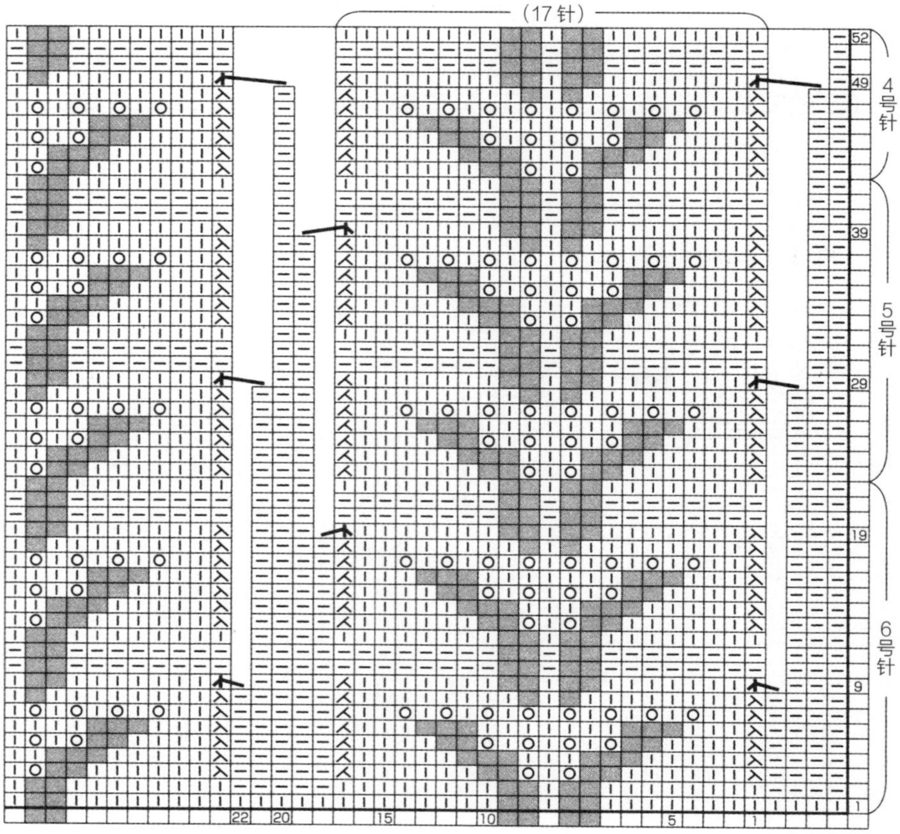

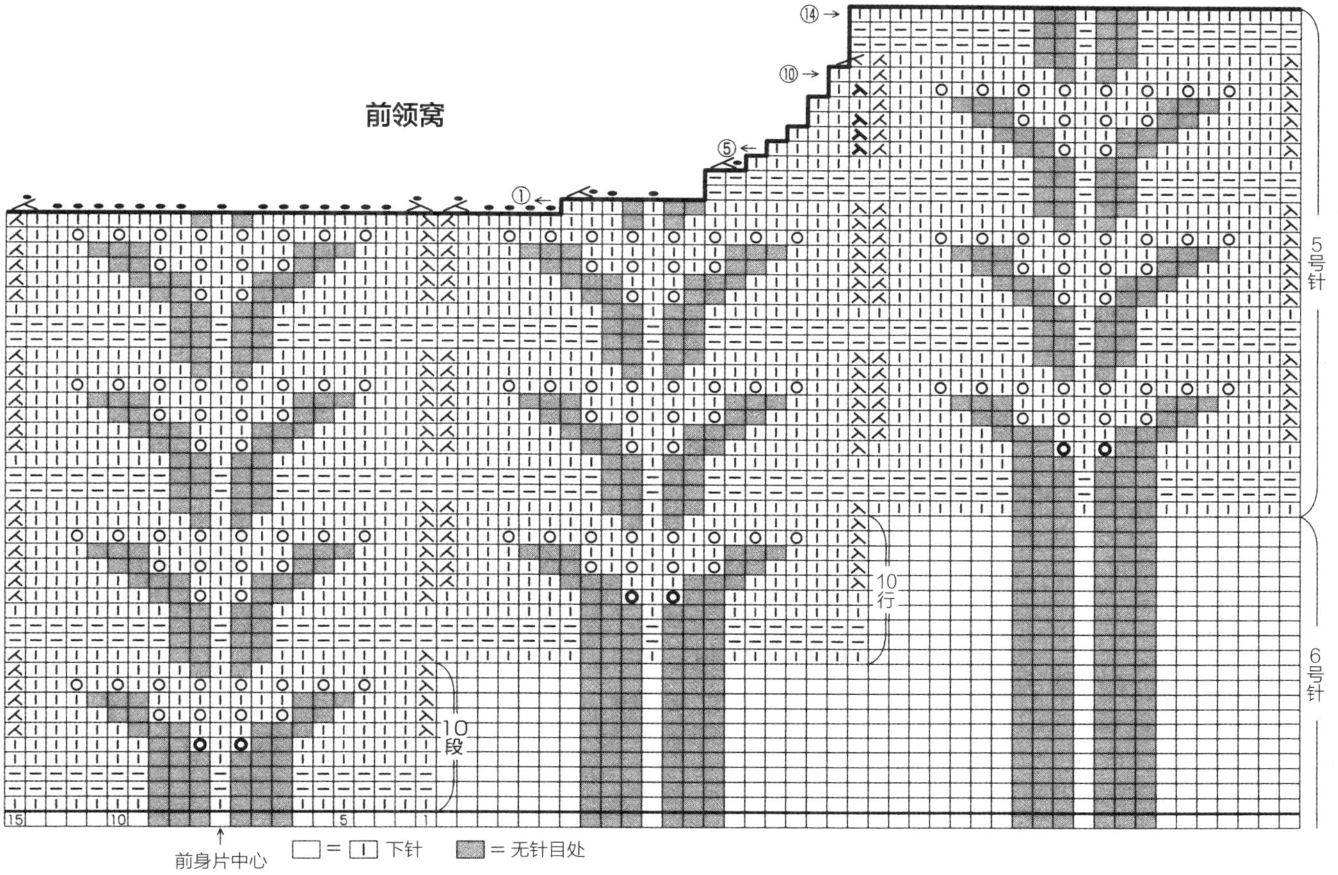
前领窝
⑭ →
⑩ →
⑤ ←
① ←
10 行
10 段
5 号针
6 号针
15
10
5
1
前身片中心
= 下针
= 无针目处

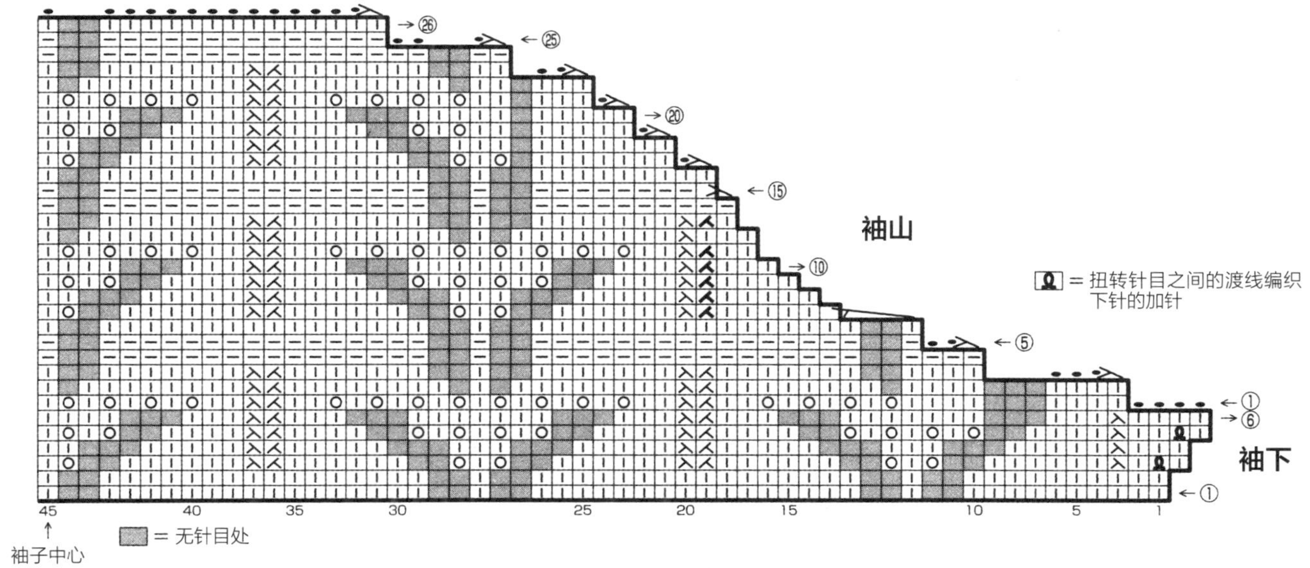
→ ㉖
← ㉕
→ ⑳
← ⑮
→ ⑩
← ⑤
← ①
→ ⑥
← ①
袖山
袖下
= 扭转针目之间的渡线编织下针的加针
45
40
35
30
25
20
15
10
5
1
袖子中心
= 无针目处

●**材料** 钻石线 Diamohairdeux <Alpaca>（中粗）蓝灰色（703）220g/6团；长约6mm的管珠（金属银色）271颗；珍珠（4mm）203颗

●**工具** 棒针8号、6号

●**成品尺寸** 胸围92cm，肩宽35cm，衣长48.5cm，袖长55.5cm

●**编织密度** 10cm×10cm面积内：编织花样A、A'均为23针，26行

●**编织方法和组合方法** 身片…手指挂线起针后，全部按编织花样A编织。如图所示编织加减针，后面在编织花样A'位置绣上珠子。袖子…编织要领与身片相同，如图所示编织加减针，在袖山位置绣上珠子。组合…肩部做盖针接合，肋部、袖下做挑针缝合。下摆、前门襟、衣领、袖口另线锁针起针后按编织花样B编织，在指定行用线做上记号，最后与编织起点连成环形。参照图示绣上珠子。袖口也同样绣上珠子。袖子与身片做引拔缝合。

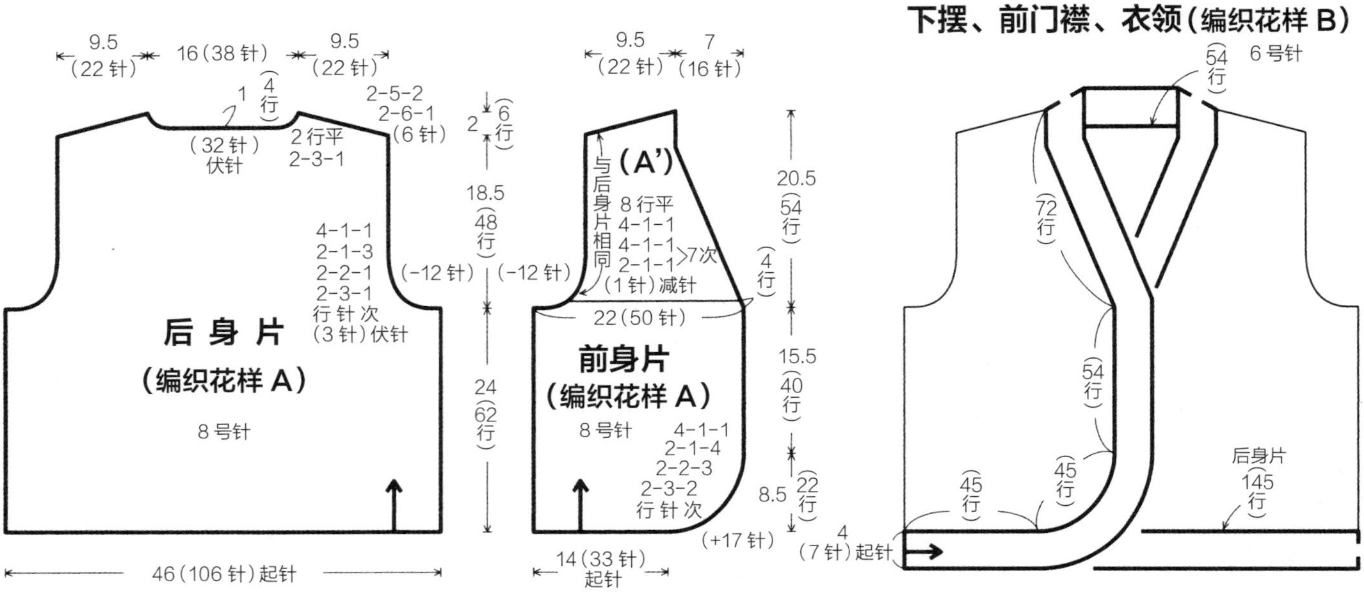

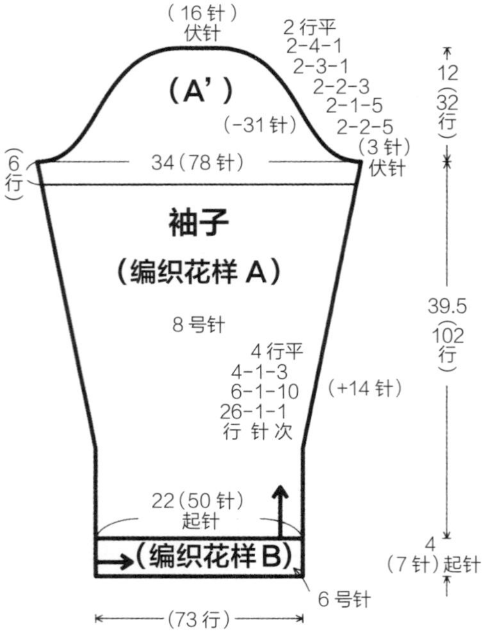

编织花样A

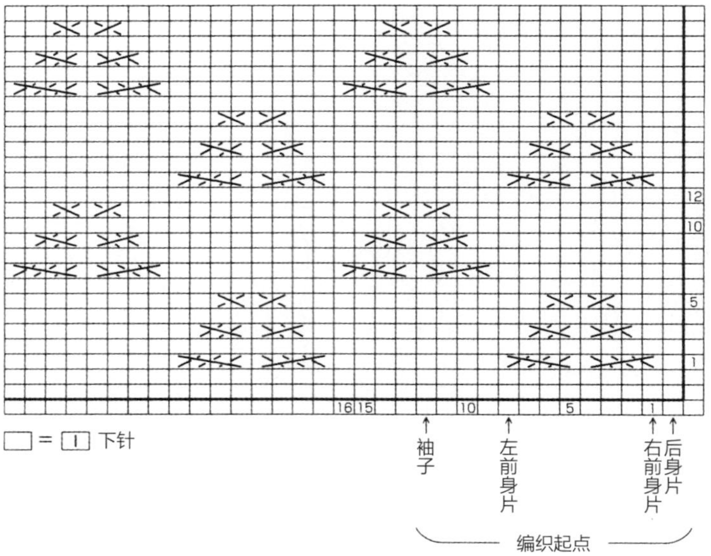

★编织花样B、珠子的绣法见 p.126

第53页

33

●**材料** 钻石线 Diaexceed <Silkmohair>（中粗）原白色（101）360g/9团；大号圆珠（3mm）原白色 682颗

●**工具** 棒针5号，钩针4/0号、2/0号

●**成品尺寸** 胸围94cm，肩宽37cm，衣长52.5cm，袖长55cm

●**编织密度** 10cm×10cm面积内：编织花样27针，32行

●**编织方法和组合方法** 身片…另线锁针起针后按编织花样编织，注意1个花样28针的针数有加减变化。袖窿和前领窝参照图示做伏针减针和立起侧边1针的减针。袖子…参照图示，结合花样在袖下和袖山编织加减针。组合…肩部做盖针接合，胁部、袖下做挑针缝合。下摆、袖口解开另线锁针的起针，一边减针至指定针数一边做伏针收针。编织边缘时，预先在线中穿入圆珠，在指定位置编入圆珠。衣领也钩织边缘调整形状。袖子与身片做引拔缝合。

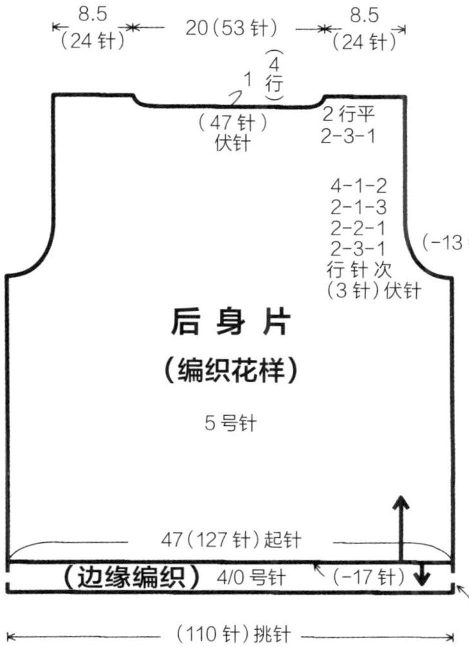

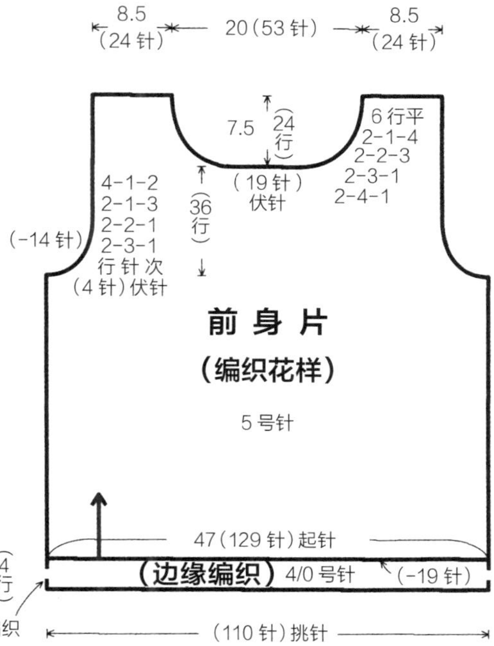

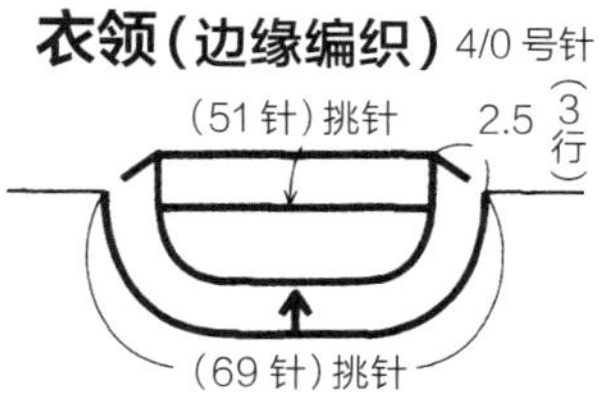

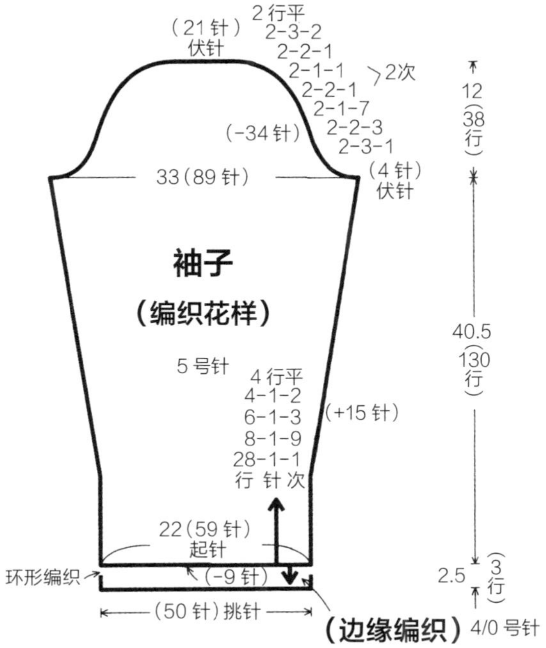

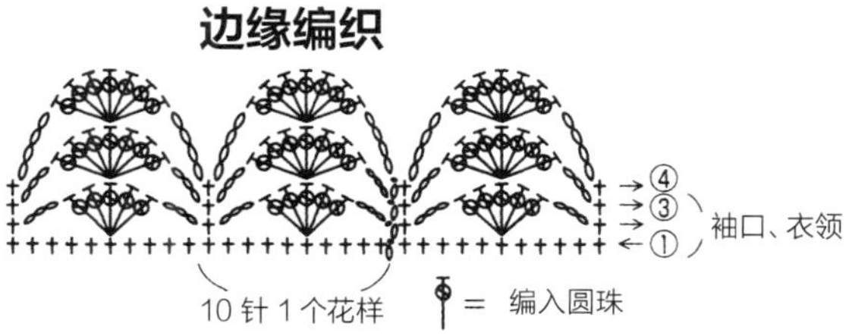

编织花样

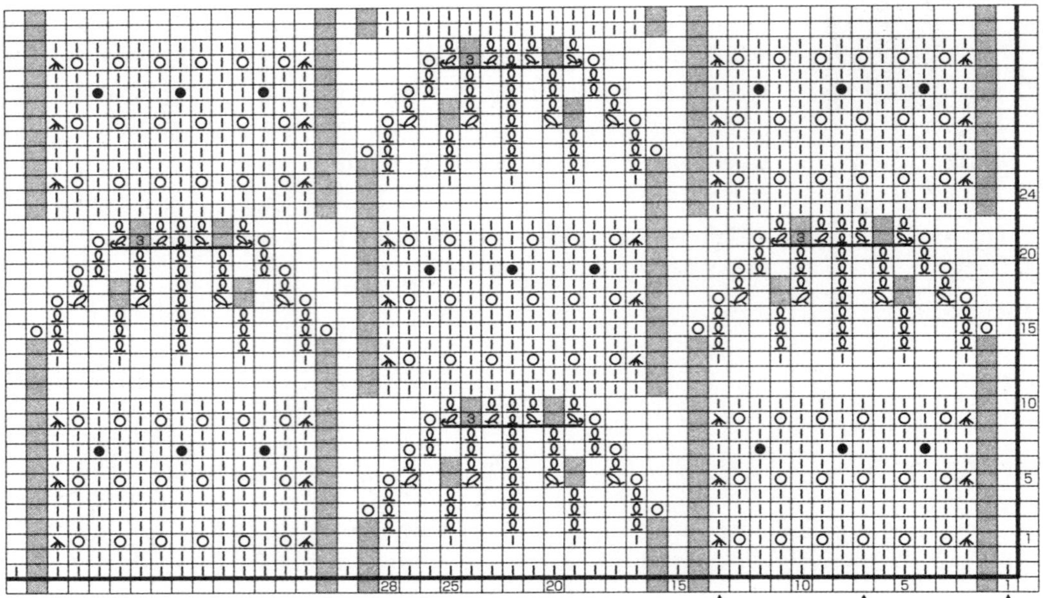

□ = ⊟ 上针　● = 2/0 号针　▒ = 无针目处

前身片　袖子　后身片

编织起点

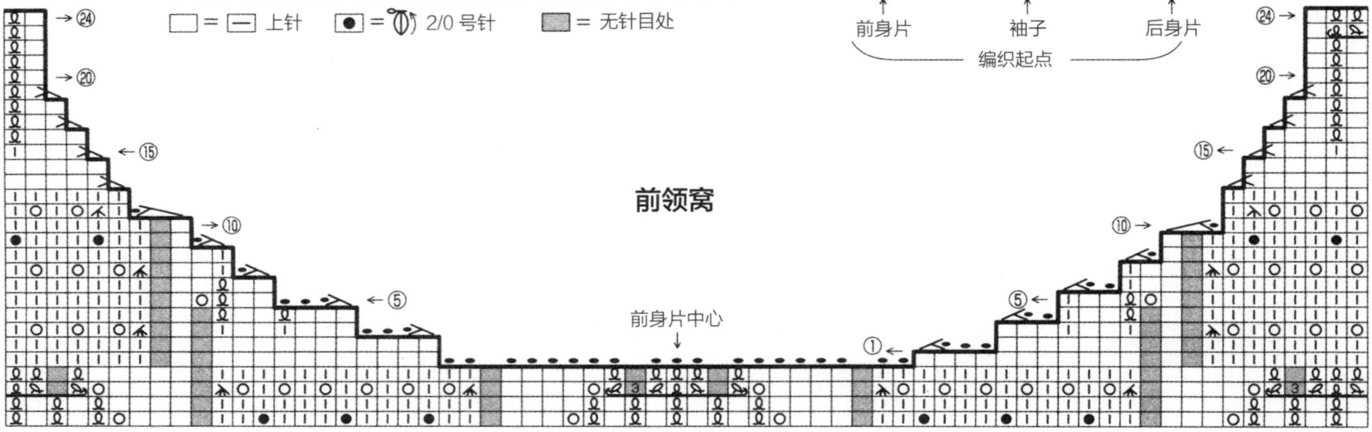

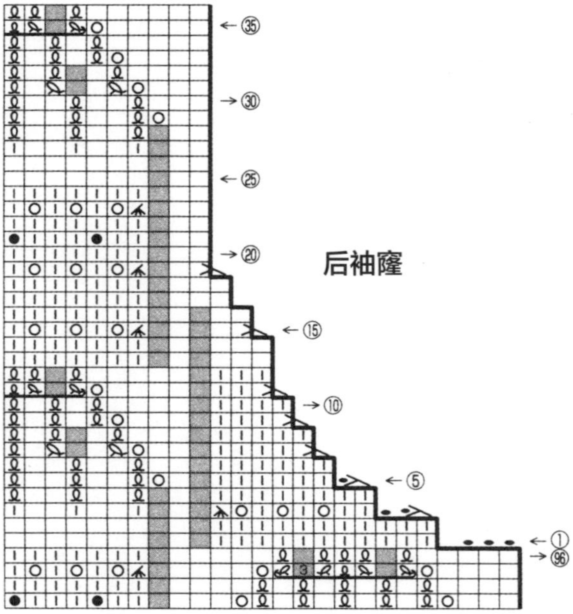

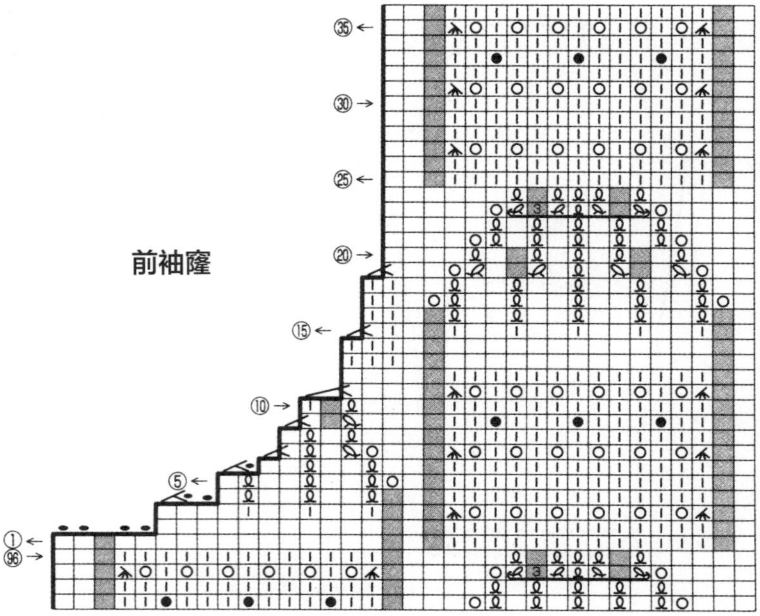

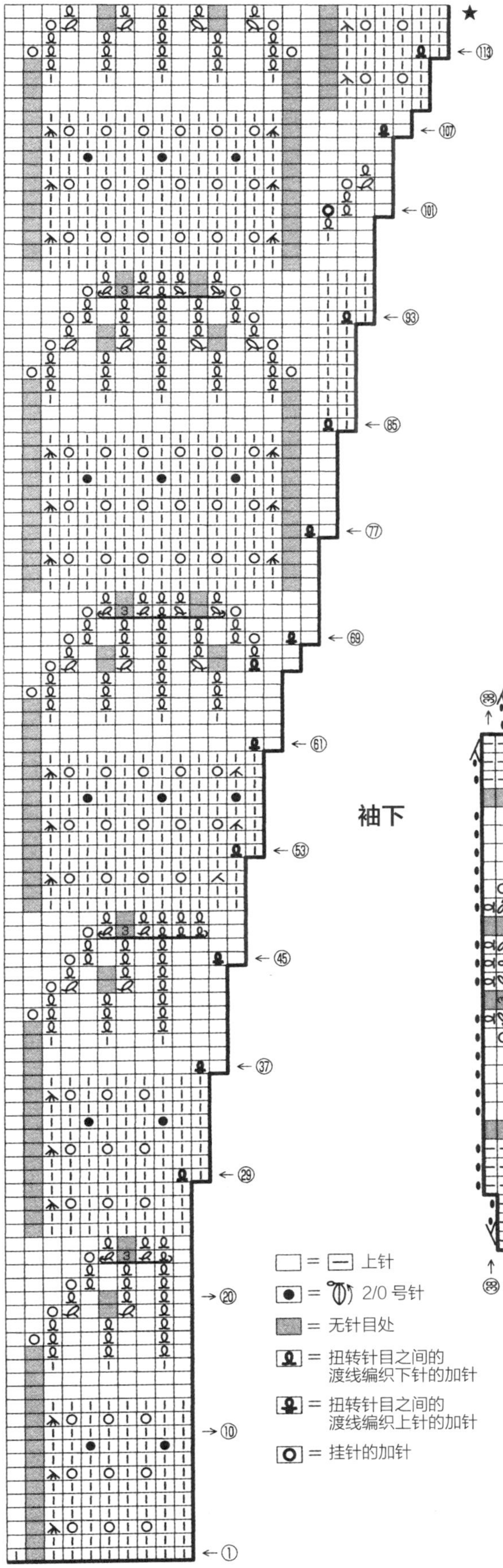

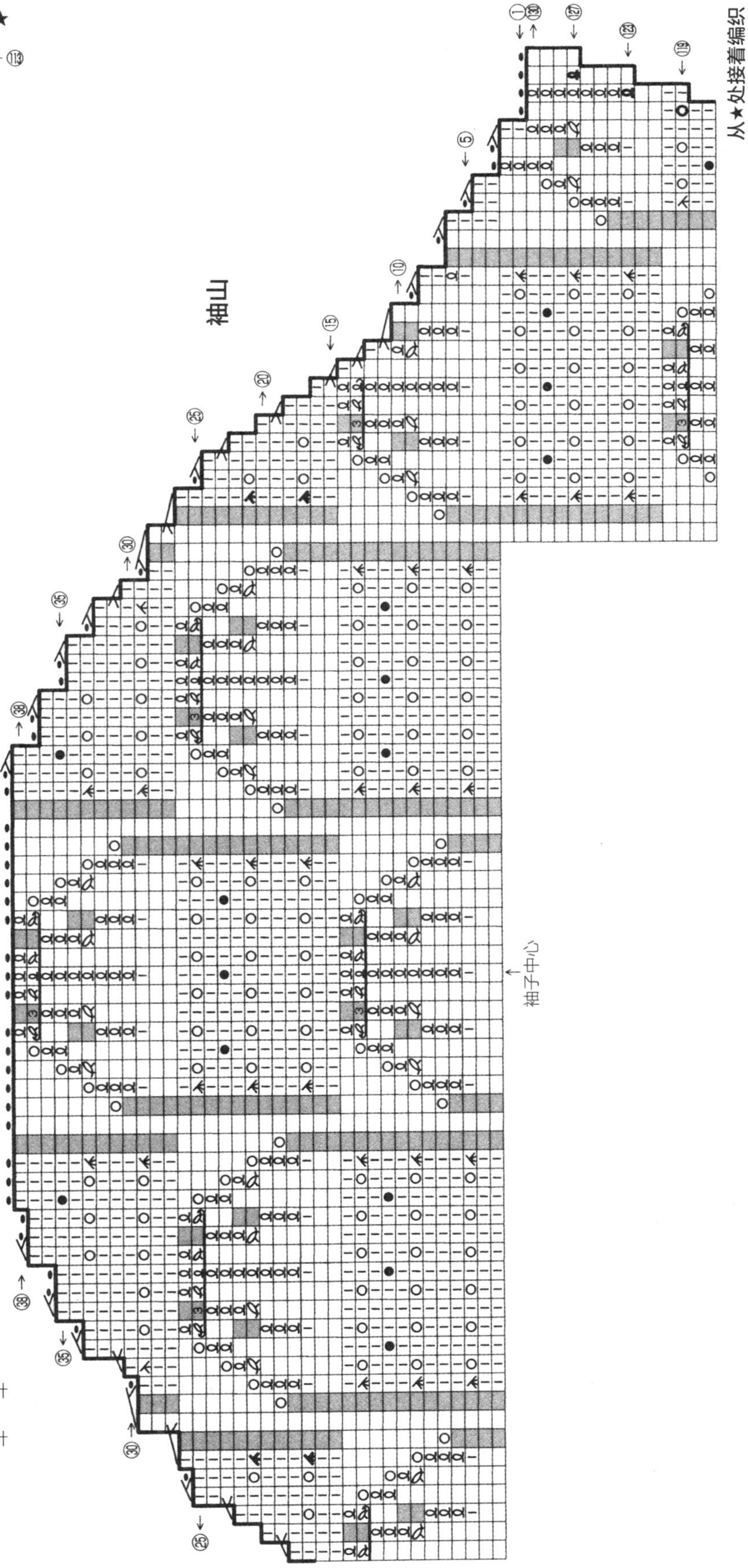

□ = ⊟ 上针

● = 2/0 号针

▒ = 无针目处

= 扭转针目之间的渡线编织下针的加针

= 扭转针目之间的渡线编织上针的加针

○ = 挂针的加针

第55页

34

●**材料** 钻石线 Tasmanian Merino <Lame>（中粗）米色（602）370g/10团

●**工具** 棒针8号、7号、6号、5号、4号

●**成品尺寸** 胸围94cm，肩宽34cm，衣长53cm，袖长40.5cm

●**编织密度** 10cm×10cm面积内：编织花样A 30针，33行（6号针）

●**编织方法和组合方法** 身片…在下摆位置另线锁针起针后按编织花样A编织，注意每行都要编织花样。袖窿和领窝结合花样做伏针减针和立起侧边1针的减针。下摆解开另线锁针的起针后编织起伏针，结束时做上针的伏针收针。袖子…编织要领与身片相同，注意在袖下变换针号编织。组合…肩部将前身片的卷针部分重叠着做盖针接合，胁部、袖下做挑针缝合。衣领从前身片中间挑针，两端做卷针加针，如图所示按编织花样B编织，然后在领窝处缝合。袖子与身片做引拔缝合。

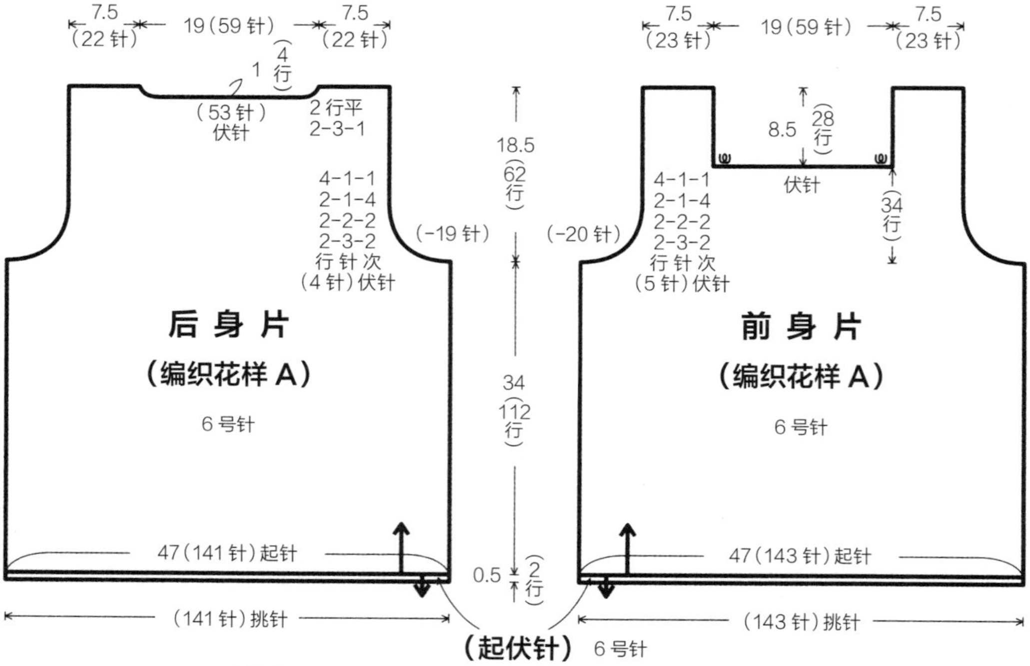

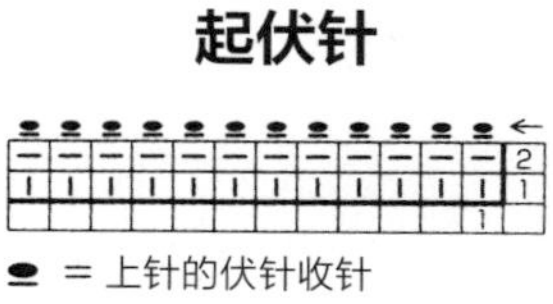

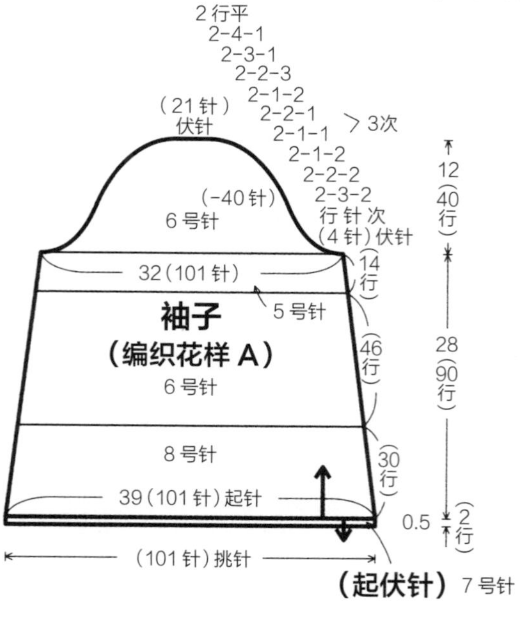

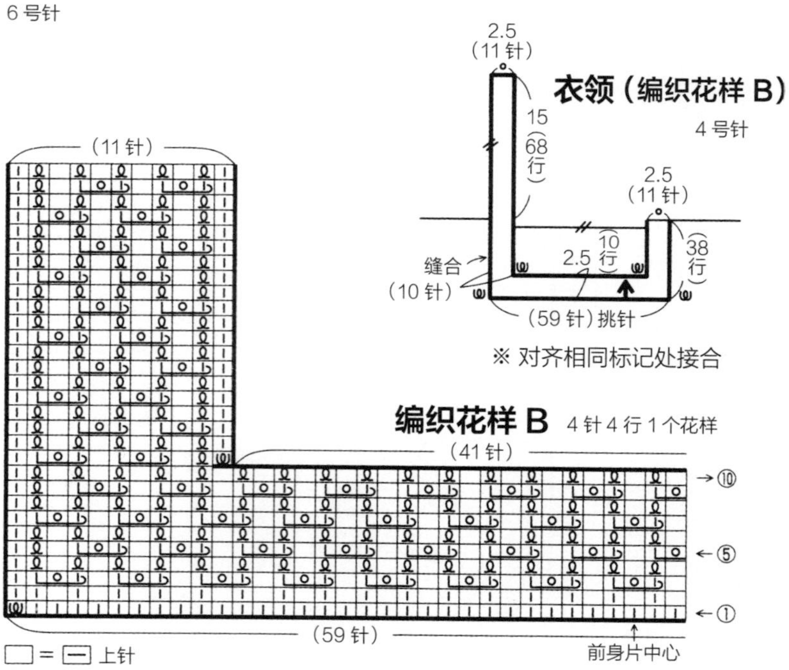

编织花样A

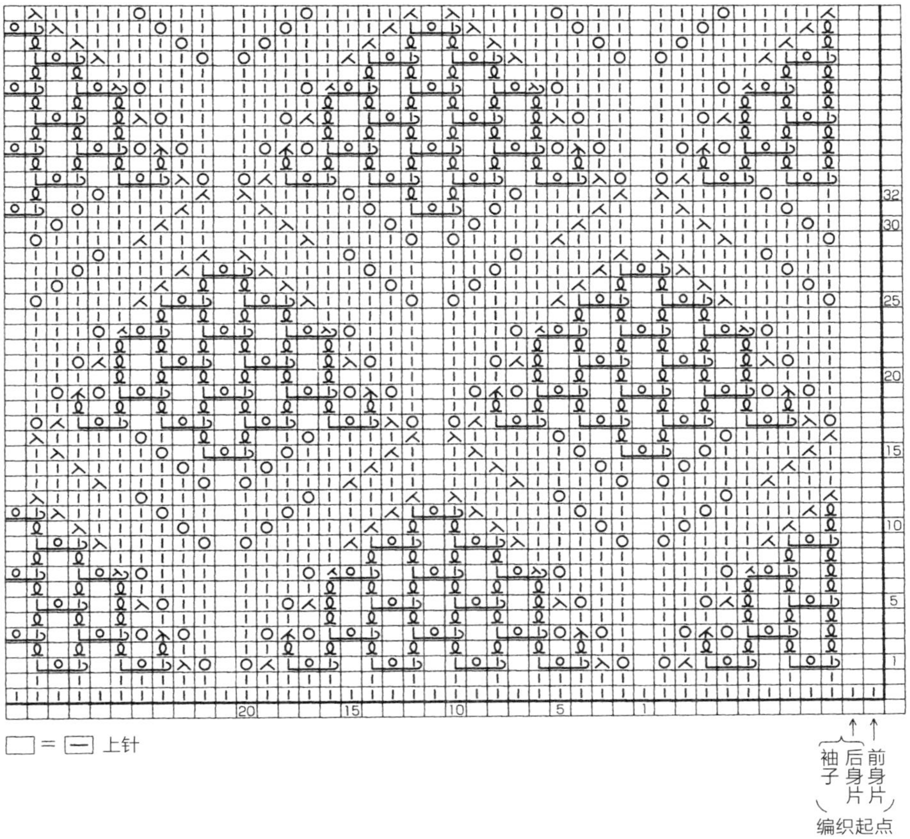

□ = ⊟ 上针

[3 2 1] = 前一针不编织，直接移至右棒针上。
将左棒针上的针目3覆盖在针目1、2上，并从左棒针上取下。
在刚才移至右棒针上的针目以及左棒针上的针目1里编织右上2针并1针，接着挂针，在针目2里编织下针。

[3 2 1] = 将左棒针上的针目3覆盖在针目1、2上，并从左棒针上取下。
在针目1里编织下针，接着挂针，在针目2以及下一针里编织左上2针并1针。

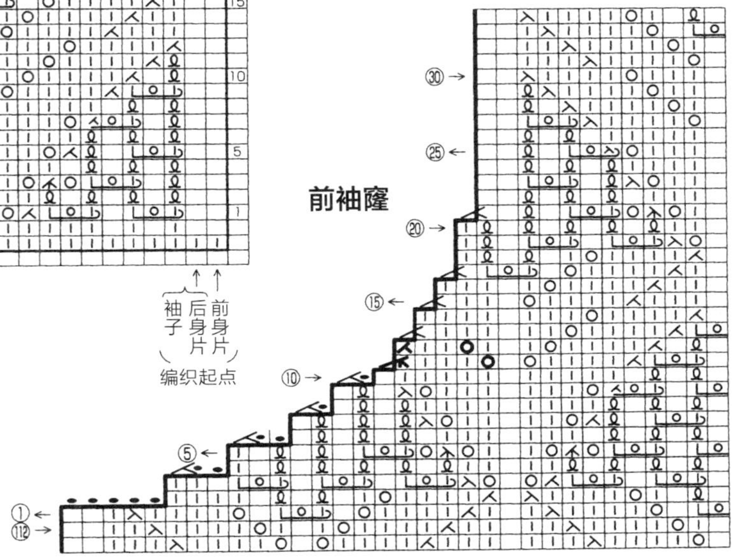

前袖窿

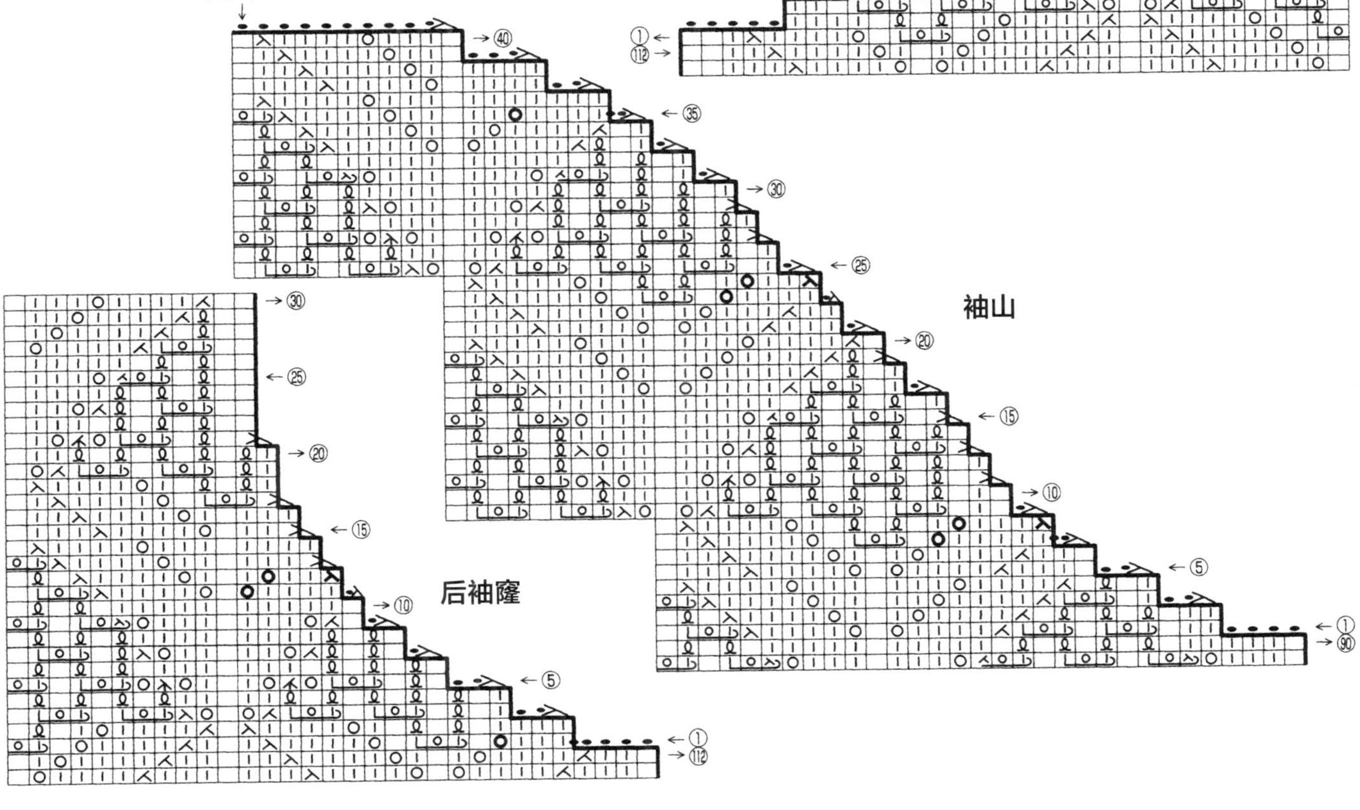

袖山

后袖窿

第 56 页

35

●**材料** 钻石线 Tasmanian Merino <Lame> 炭灰色与深红色混染（602）190g/7团

●**工具** 钩针3/0号

●**成品尺寸** 宽44cm，长142cm

●**编织密度** 编织花样的1个花样3cm，10cm11行

●**编织方法和组合方法** 披肩…钩82针锁针起针，按9个花样一排直编。花样第3行和第6行的短针是将前面2行的锁针整段挑起钩织。第139行重复钩织“1针短针、8针锁针”拉平花样。组合…在周围钩织边缘。从第139行接着钩织一圈短针。第2行钩织长针的交叉针，转角处钩织Y形针。参照图示钩织至第7行。第8行分别加线，依次往返钩织菠萝花样。最后做好线头处理。

最后一行的编织方法

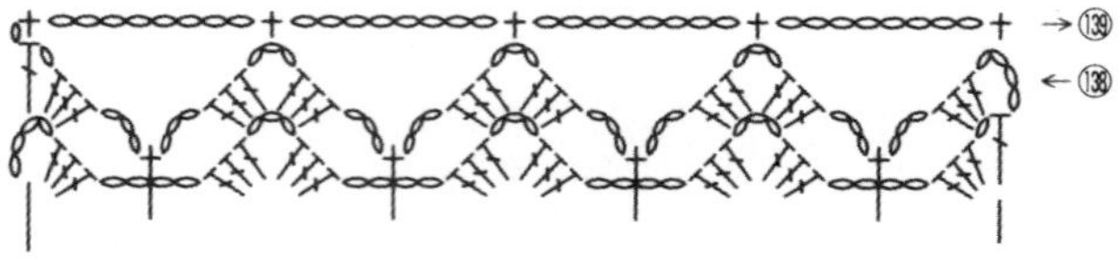

编织花样

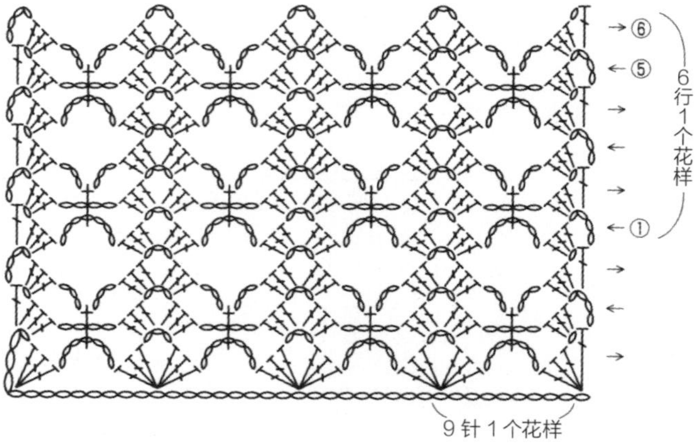

边缘编织

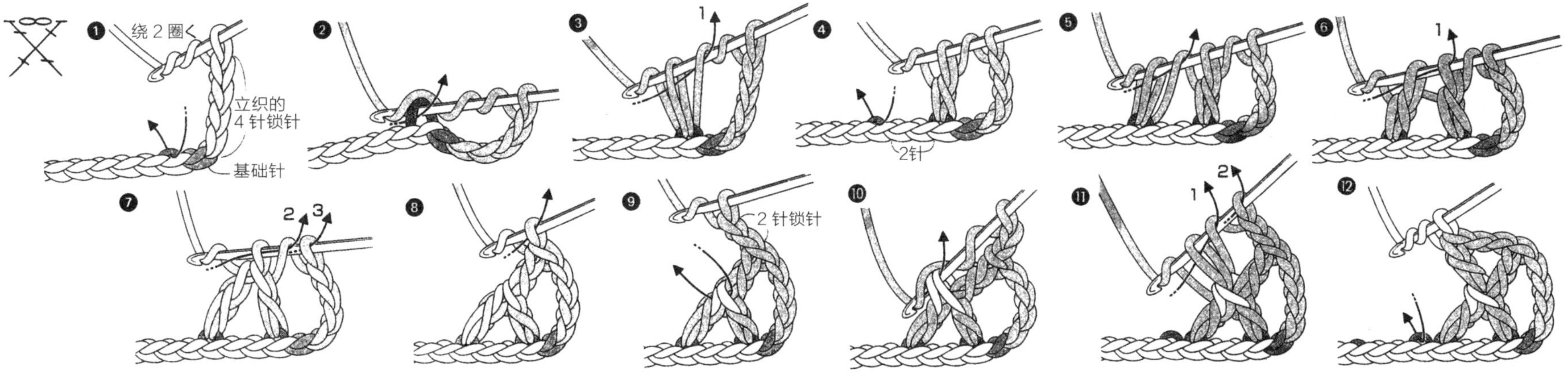

●**材料**　钻石线 Tasmanian Merino <Malti>（中粗）米色与灰色系段染（201）385g/10团；直径2cm的纽扣5颗

●**工具**　棒针7号、5号

●**成品尺寸**　胸围95cm，肩宽35cm，衣长63.5cm，袖长55cm

●**编织密度**　10cm×10cm面积内：编织花样A 28针，33行

●**编织方法和组合方法**　身片…另线锁针起针后按编织花样A编织，袖窿和领窝做伏针减针和立起侧边1针的减针，斜肩做留针的引返编织。下摆解开另线锁针的起针，按编织花样B编织，结束时做罗纹针收针。袖子…编织要领与身片相同，袖下在侧边1针的内侧做扭针加针。组合…肩部做盖针接合，胁部、袖下做挑针缝合。前门襟和衣领挑针后按编织花样B编织，在右前门襟留出扣眼，结束时做罗纹针收针。袖子与身片做引拔缝合。

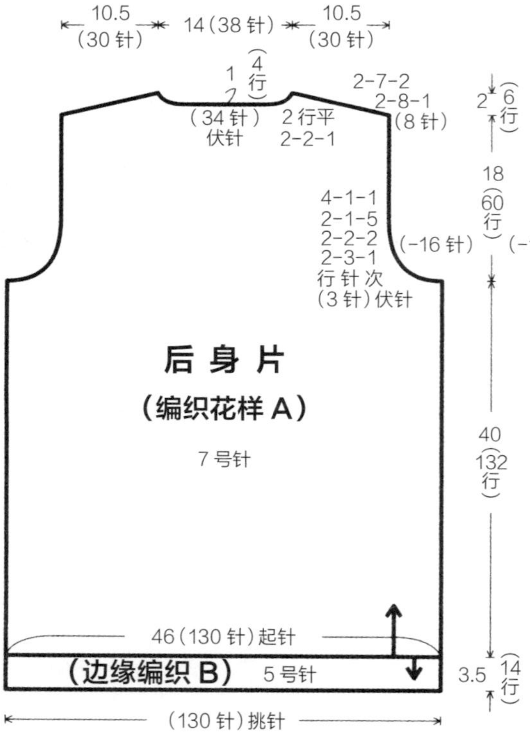

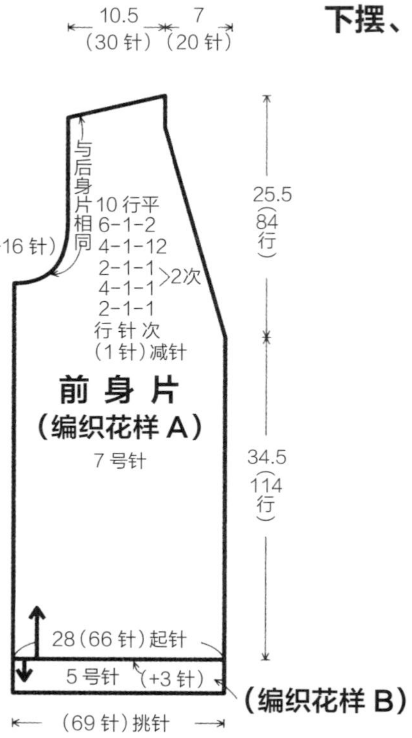

下摆、前门襟、衣领（编织花样B） 5号针

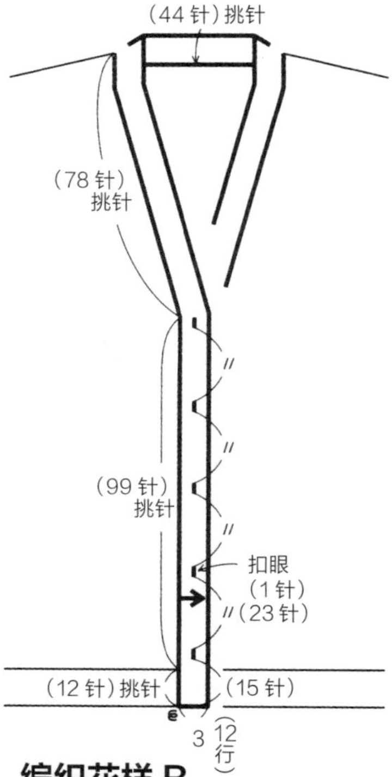

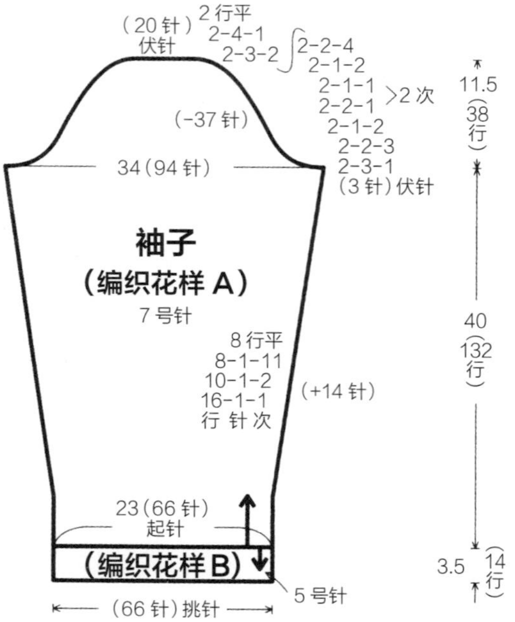

编织花样B

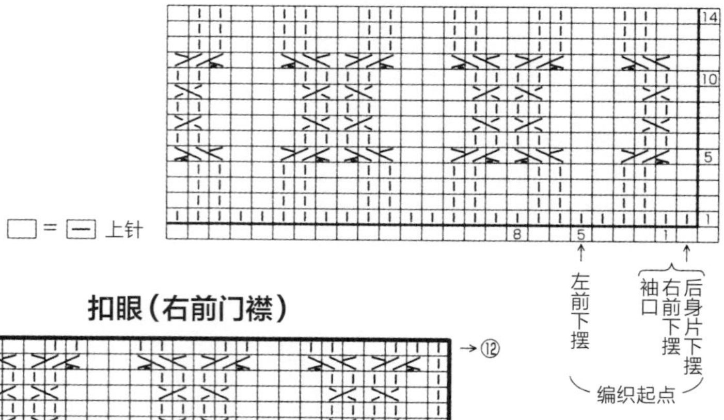

扣眼（右前门襟）

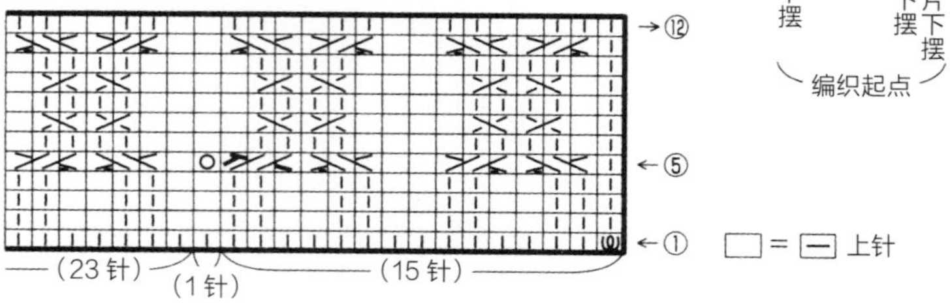

编织花样A

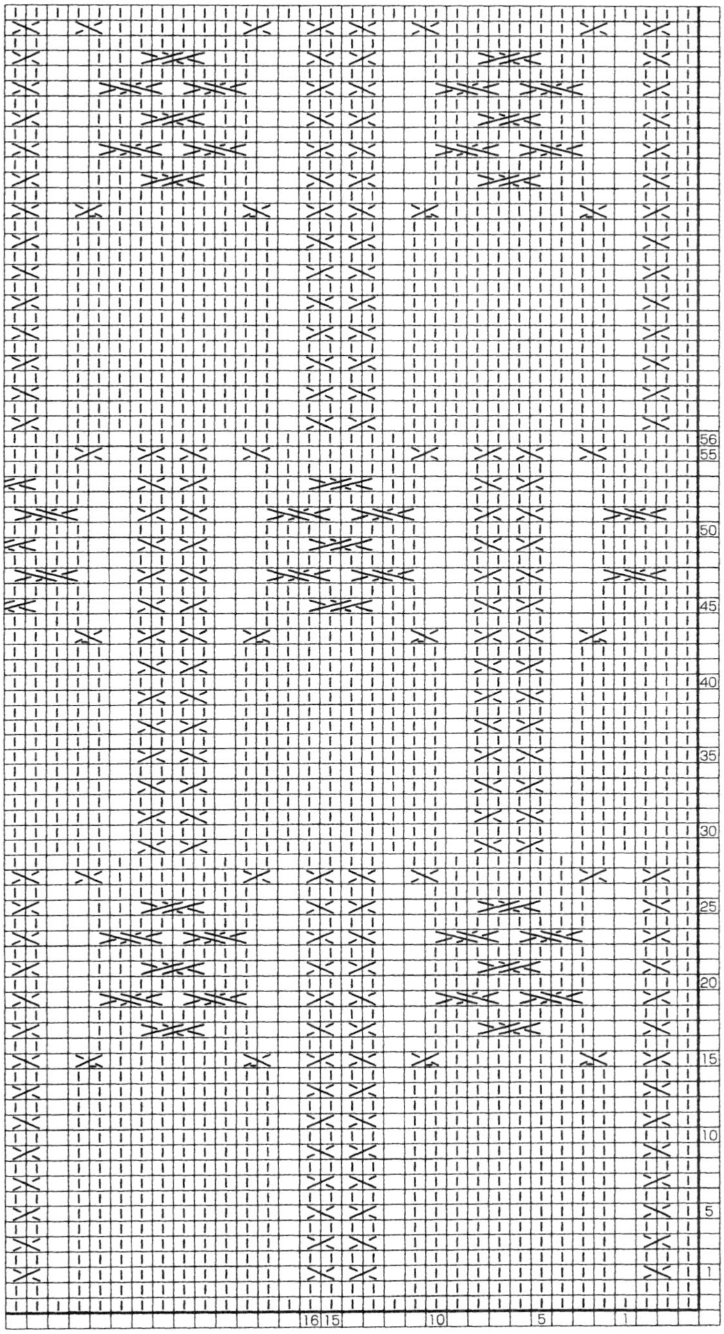

□ = ⊟ 上针

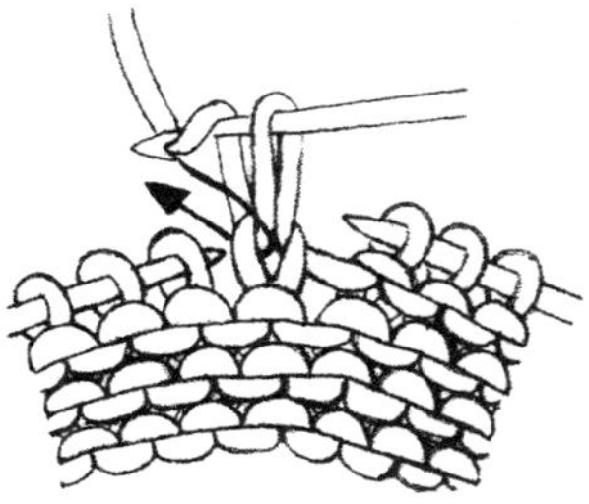

1 用钩针松松地拉出1针，挂线，在同一针目里插入钩针。

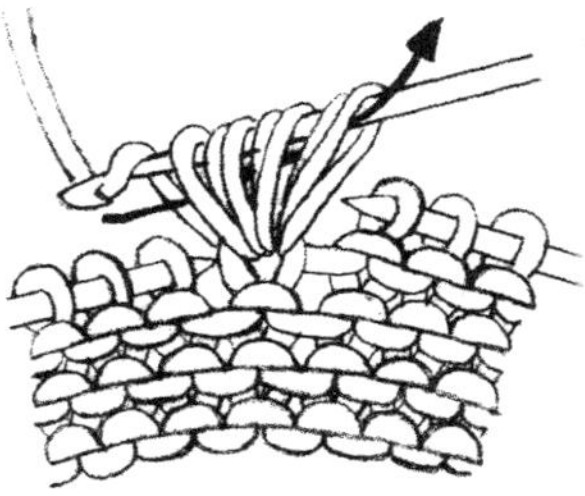

2 挂线后拉出。一共重复3次，然后一次性引拔穿过所有线圈。

3 如图所示再引拔1次，收紧针目。

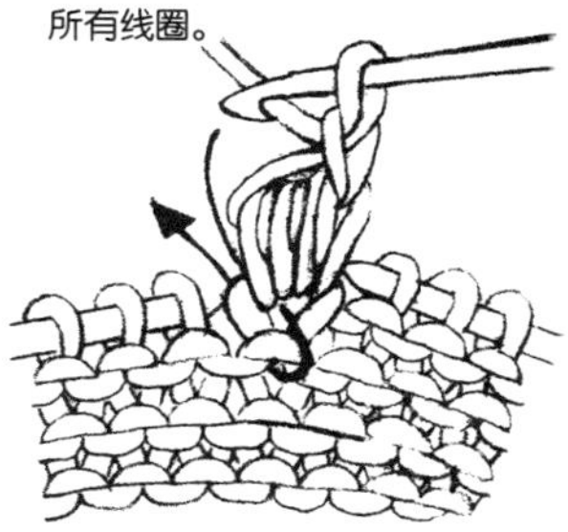

4 将枣形针倒向前面，如箭头所示插入钩针引拔。

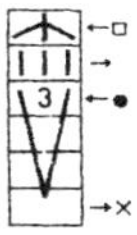

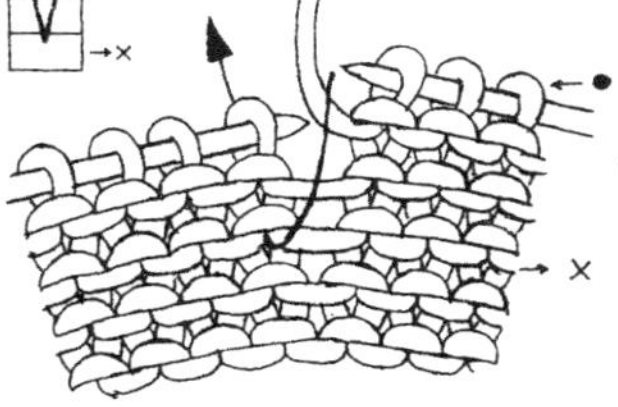

1 编织●行时，如箭头所示在前3行（×）的针目里插入棒针。

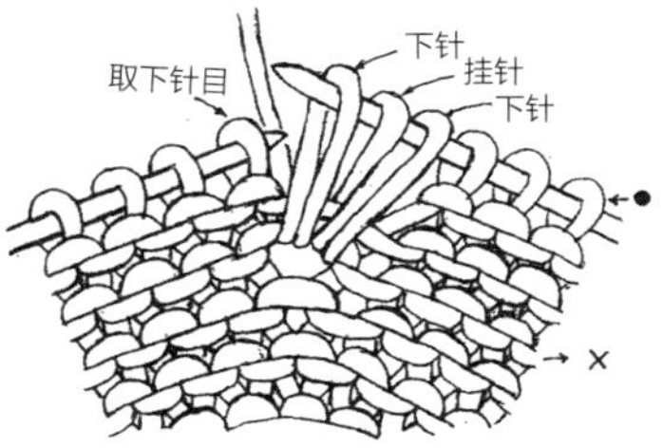

2 在同一针目里插入棒针编织“下针、挂针、下针”，注意将针目拉到一定高度。

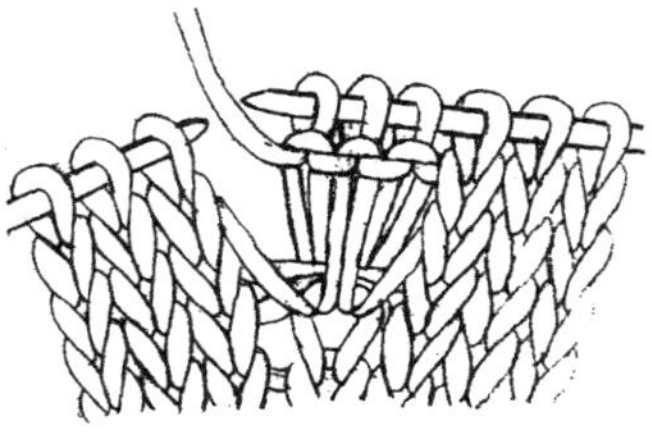

3 下一行照常编织上针。

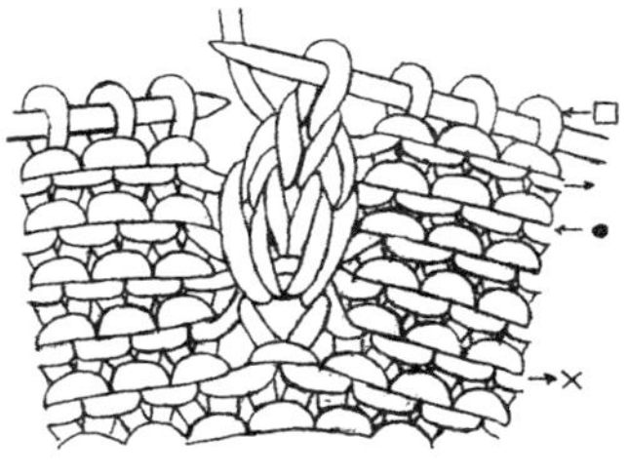

4 编织□行时，在3针里编织中上3针并1针，完成。

●**材料**　钻石线 Tasmanian Merino <Malti>（中粗）深浅粉色与米色段染（204）365g/10团

●**工具**　棒针8号、7号、6号、4号

●**成品尺寸**　胸围92cm，肩宽35cm，衣长53cm，袖长54cm

●**编织密度**　10cm×10cm面积内：编织花样A 29针，37行；编织花样B 29针，32行；编织花样C 29针，33行

●**编织方法和组合方法**　身片…在下摆处单罗纹针起针后，按编织花样A、B、C编织。袖窿和领窝做伏针减针和立起侧边1针的减针，斜肩做留针的引返编织。袖子…编织要领与身片相同，袖下在侧边1针的内侧做扭针加针。组合…肩部做盖针接合，胁部、袖下做挑针缝合。衣领挑针后环形编织双罗纹针，接着翻转织物，看着内侧一边变换针号一边按编织花样D编织，结束时做罗纹针收针。袖子与身片做引拔缝合。

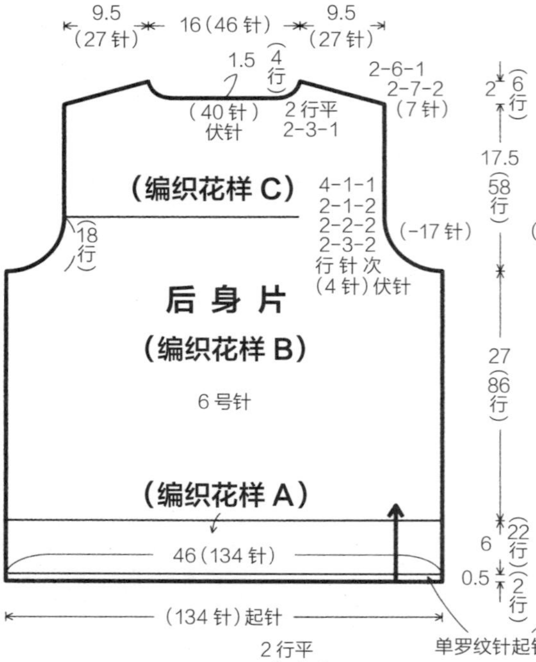

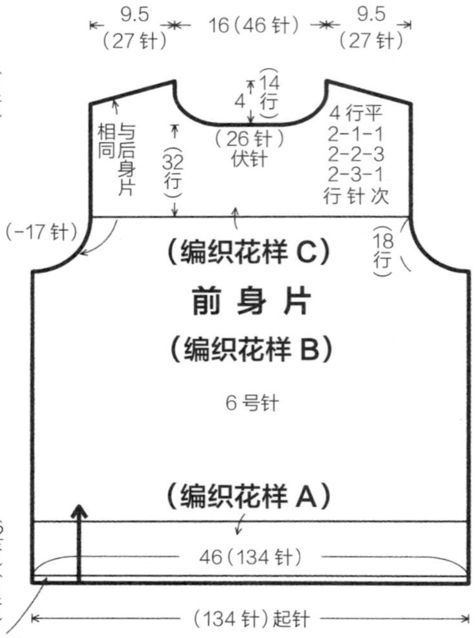

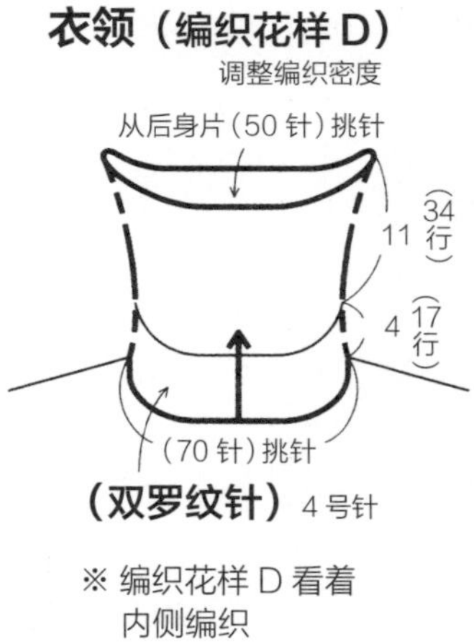

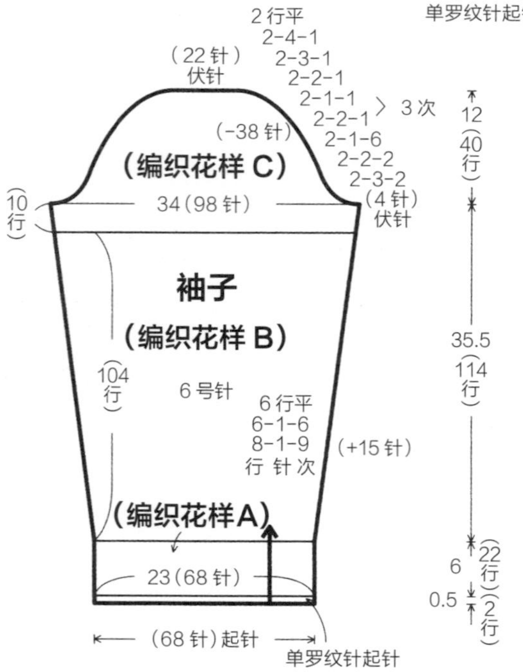

编织花样 D

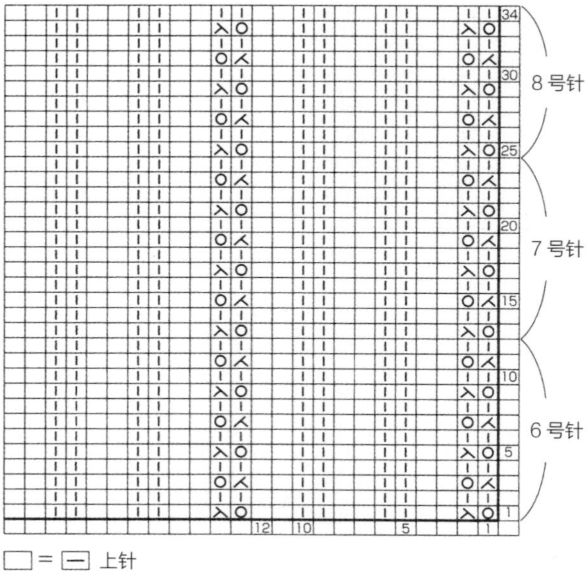

编织花样C

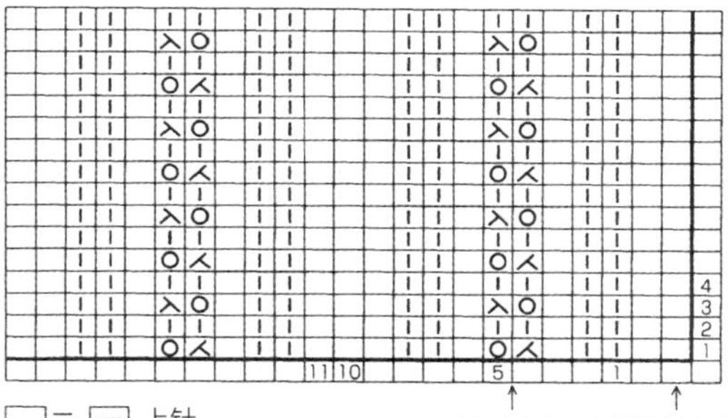

□ = ⊟ 上针

编织花样A

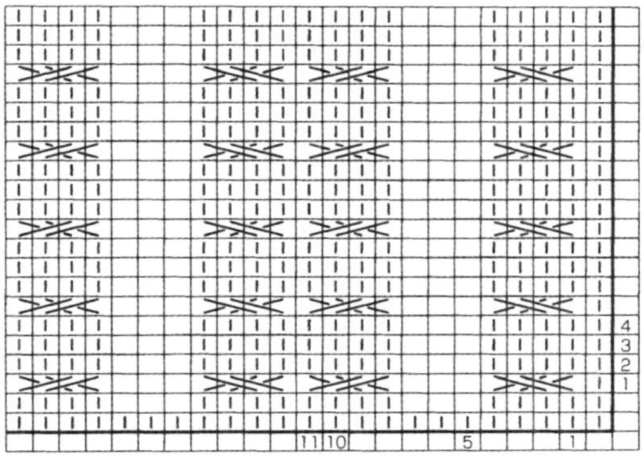

□ = ⊟ 上针

编织花样B

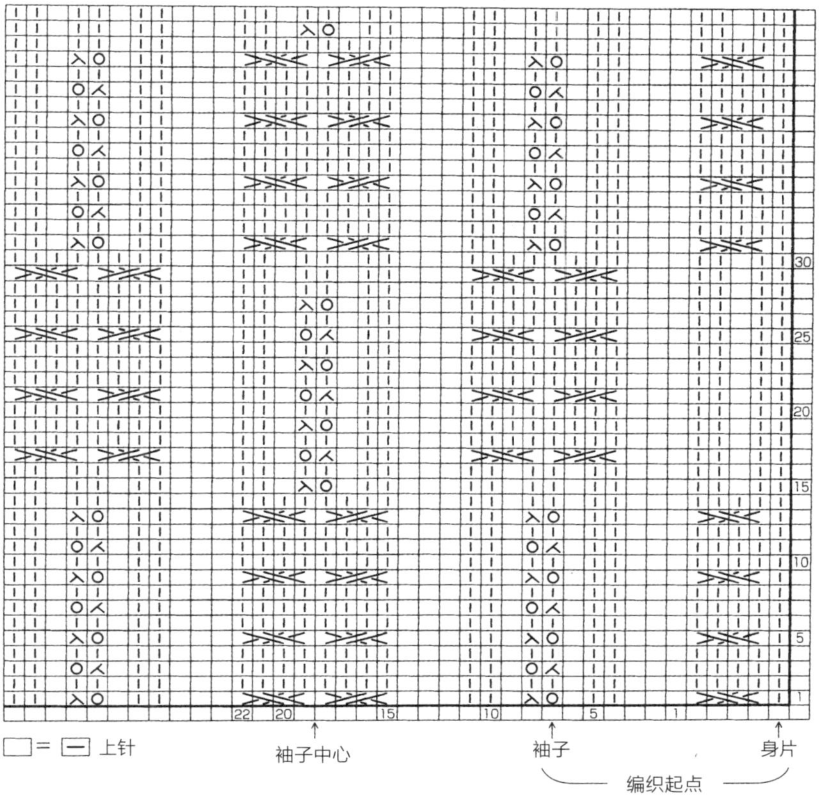

□ = ⊟ 上针

口袋的编织方法

①

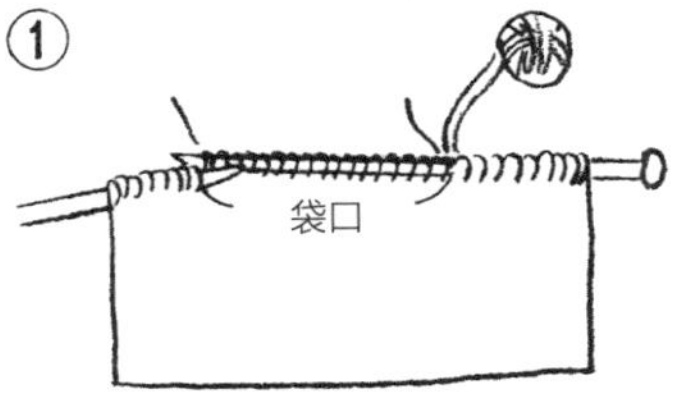

编织至口袋位置，用另线编织袋口。

②

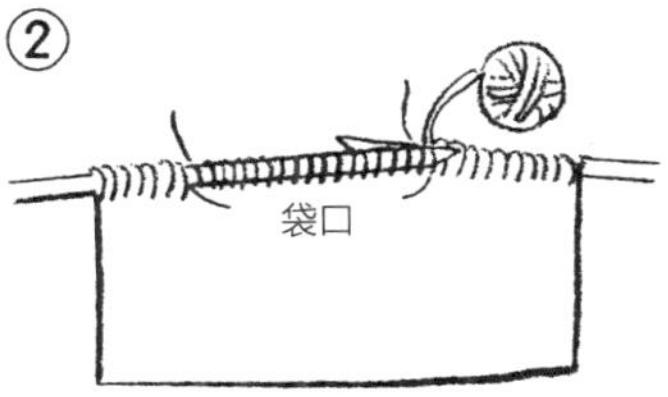

将袋口的针目移回至左棒针上。

③

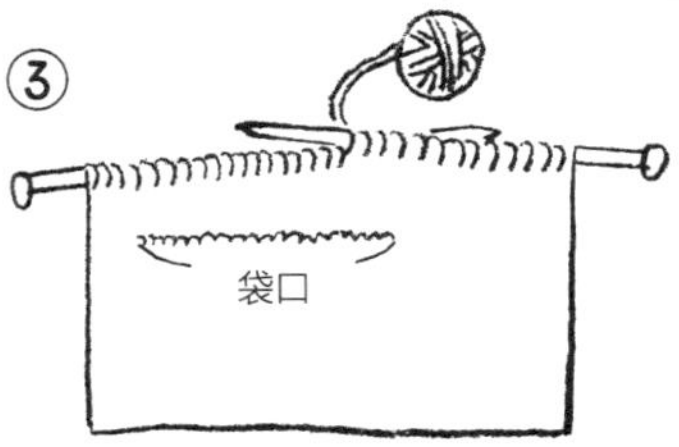

接着用主色线编织。

④

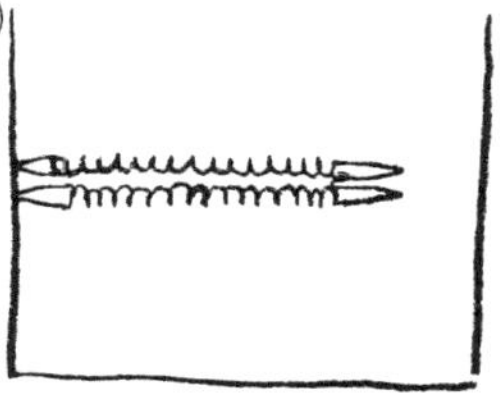

解开另线，将上下两边的针目移至棒针上。

⑤

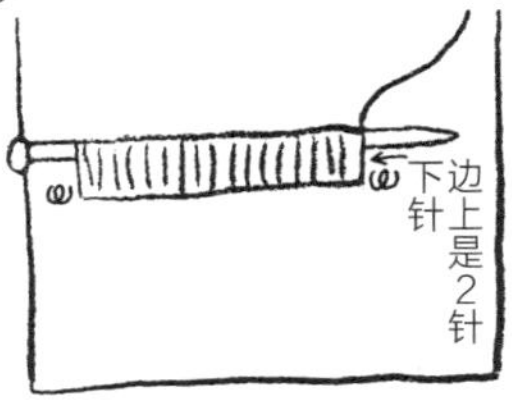

在下边针目里挑针编织袋口罗纹，结束时做罗纹针收针。

⑥

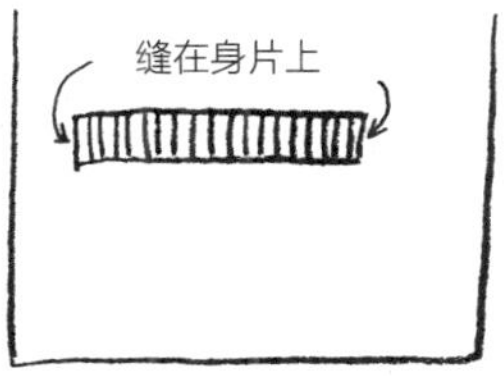

将两端与身片做挑针缝合。

⑦

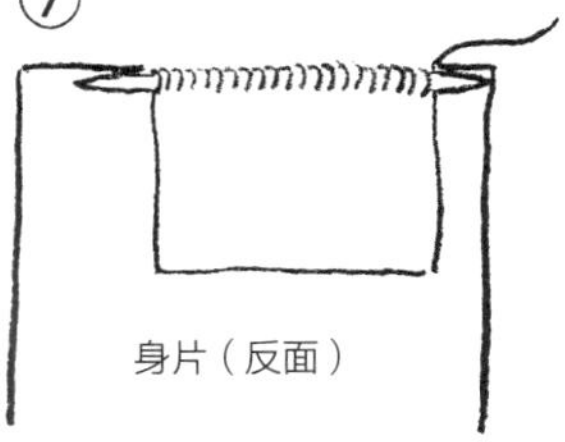

在上边针目里挑针编织口袋内层，结束时做伏针收针。

⑧

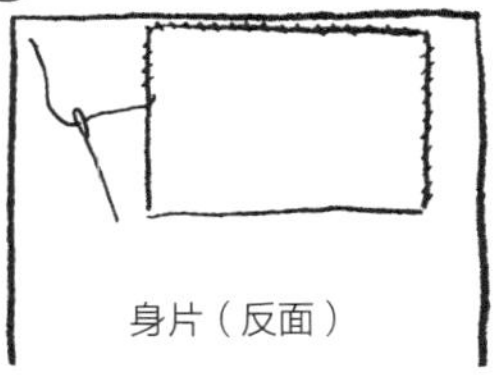

将口袋内层缝在身片上。

第61页

39

●**材料** 钻石线 Diadomina（中粗）粉色系与蓝绿色系段染（337）450g/12团

●**工具** 棒针9号、7号、6号、5号，钩针5/0号

●**成品尺寸** 胸围94cm，肩宽34cm，衣长70cm，袖长44cm

●**编织密度** 10cm × 10cm面积内：下针编织18针，27行；编织花样A、A'均为27针，27行

●**编织方法和组合方法** 身片…另线锁针起针后，按下针和编织花样A编织。袖窿和领窝做伏针减针和立起侧边1针的减针，斜肩做留针的引返编织。前身片先在口袋位置编入另线，然后再编织口袋。下摆解开另线锁针的起针编织双罗纹针，结束时做罗纹针收针。袖子…编织要领与身片相同。组合…肩部做盖针接合，胁部、袖下做挑针缝合。衣领按编织花样B编织，如图所示减针，结束时做双罗纹针收针。袖子与身片做引拔缝合。

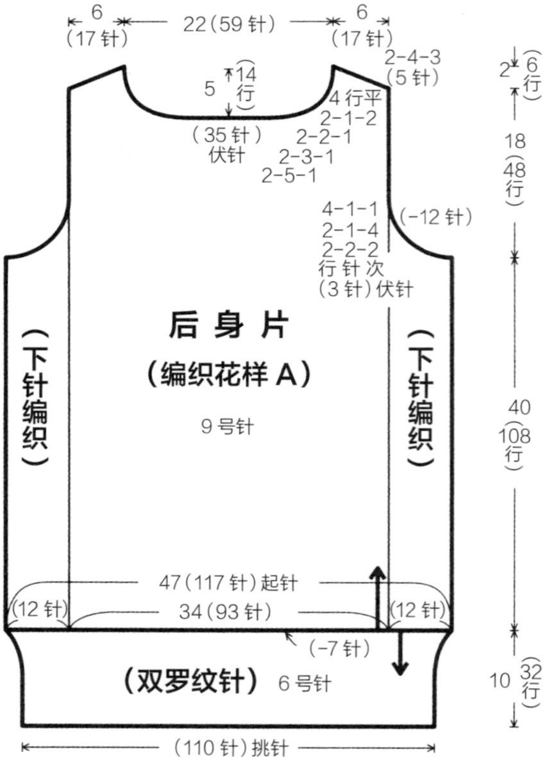

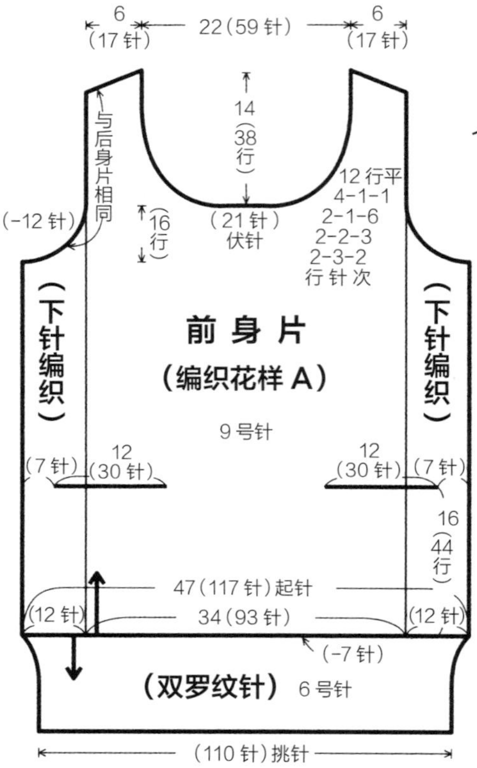

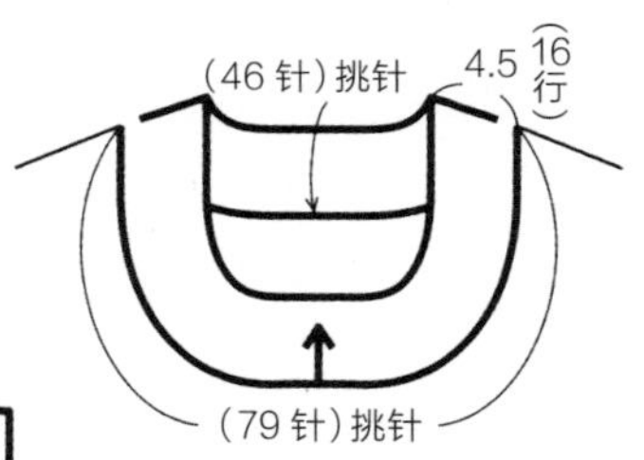

※ 在第15行分散减针（-5针）

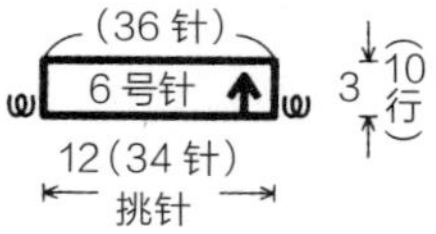

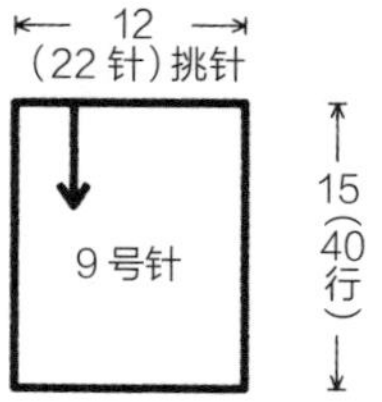

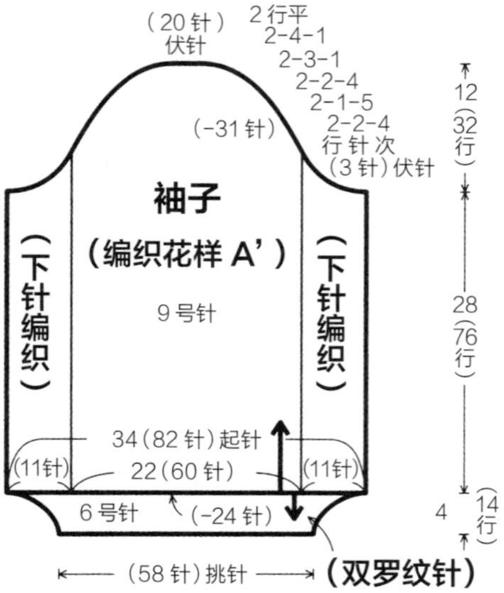

编织花样B

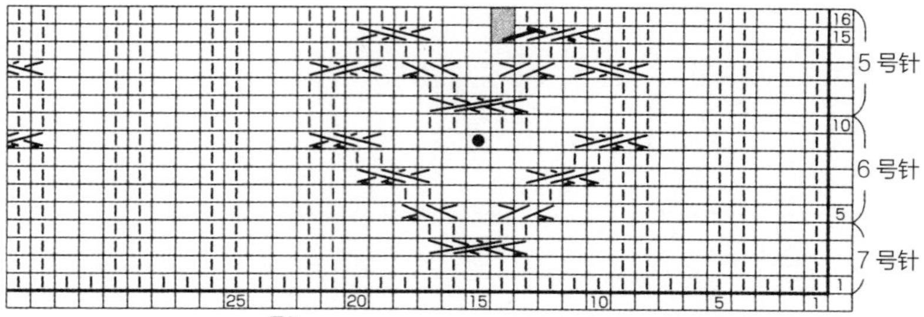

□ = ⊟ 上针　● = 5/0号针　▨ = 无针目处

编织花样 A

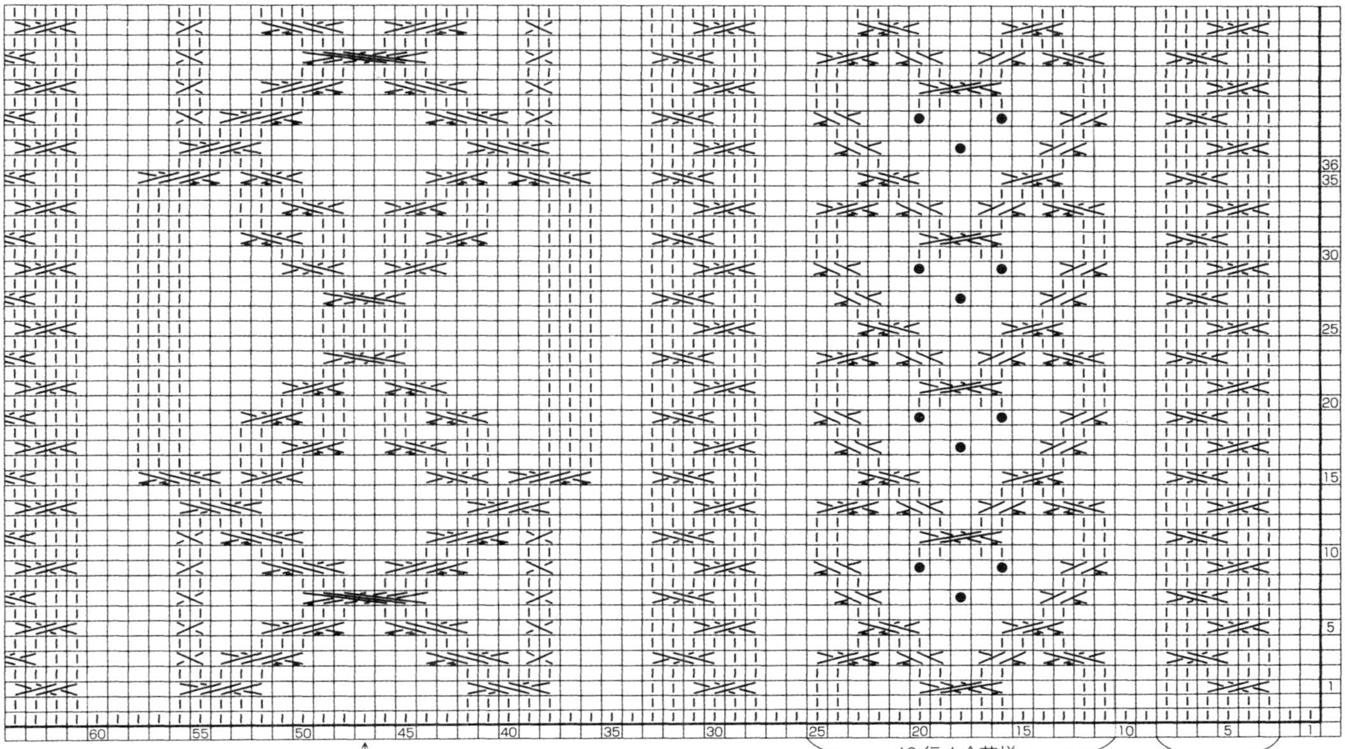

编织花样 A'

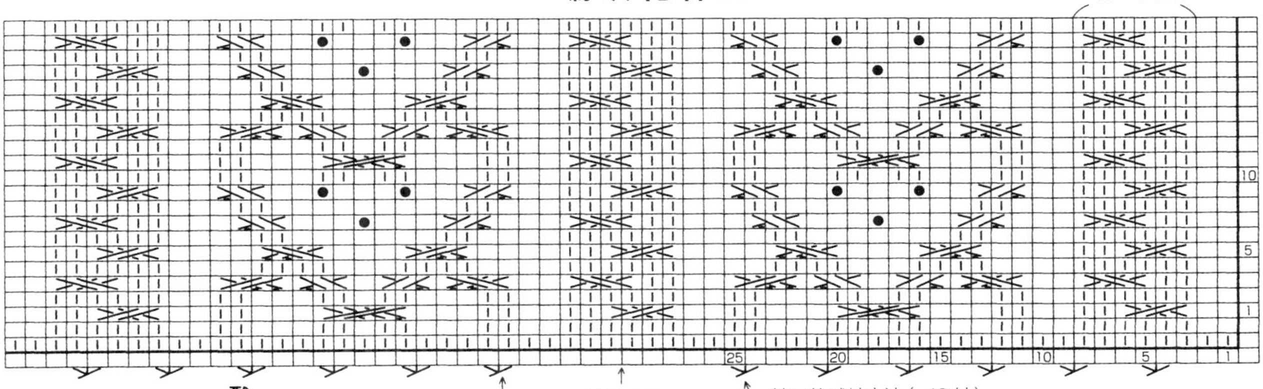

□ = ⊟ 上针　● = 5/0 号针

★接 p.148 的作品 36

编织花样 B（身片）

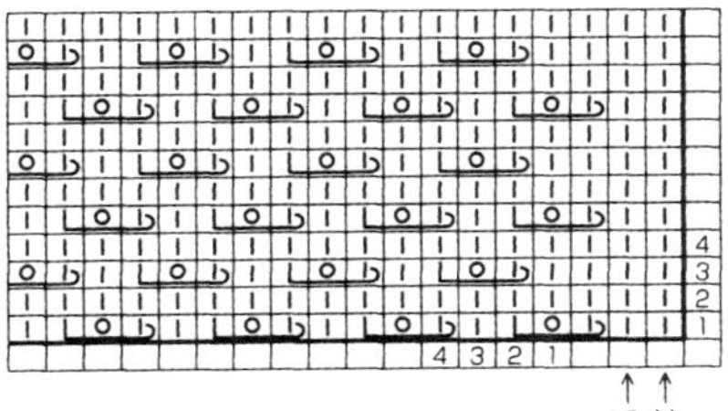

分散减针的方法

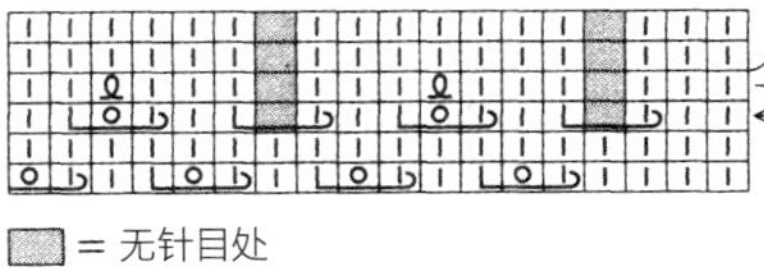

▒ = 无针目处

编织花样 B（袖口）

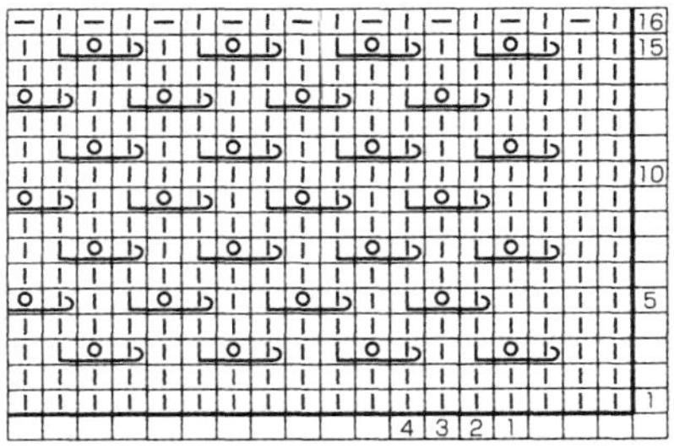

●**材料** 钻石线 Diapalmo（极粗） 炭灰色系段染（410）360g/12团；直径2.8cm的纽扣3颗

●**工具** 棒针9号、7号、6号

●**成品尺寸** 胸围93.5cm，肩宽34cm，衣长55cm，袖长42cm

●**编织密度** 10cm×10cm面积内：编织花样A 27针，30行；编织花样B 29针，31行

●**编织方法和组合方法** 身片…另线锁针起针后按编织花样A编织，如图所示分散减针。前身片左右对称减针。编织结束时，一边编织3针并1针一边做伏针收针。育克挑针后按编织花样B编织。下摆解开另线锁针的起针，按编织花样C编织，结束时做伏针收针。袖子…参照图示分散加减针，接着按编织花样B编织袖山。组合…肩部做盖针接合，胁部、袖下做挑针缝合。衣领按编织花样C编织，结束时做伏针收针，然后翻折至反面缝合。接着编织前门襟，袖子与身片做引拔缝合。

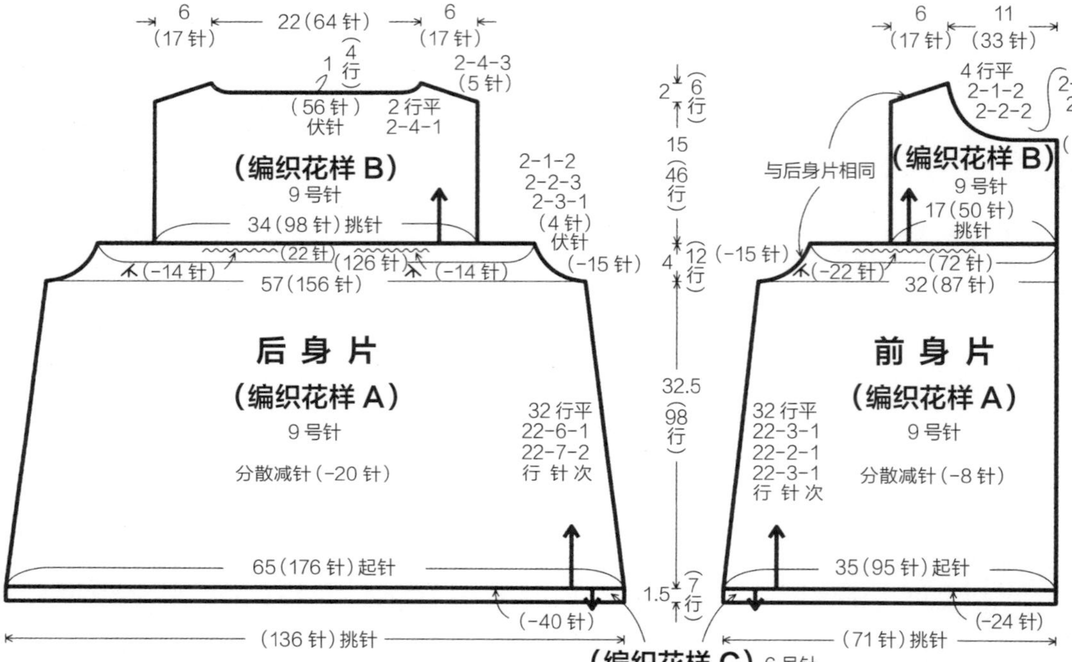

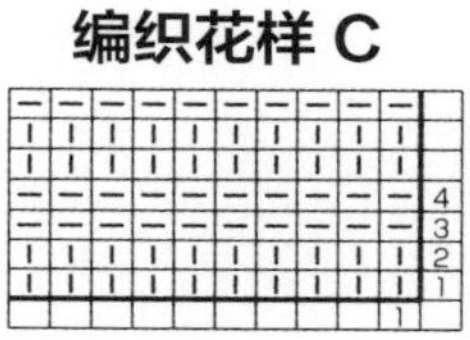

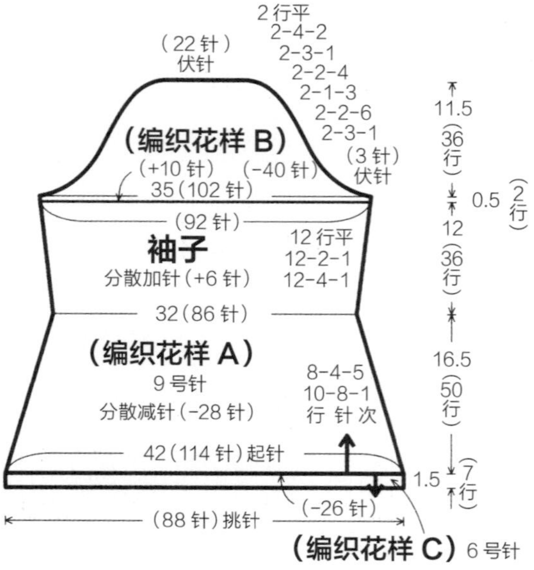

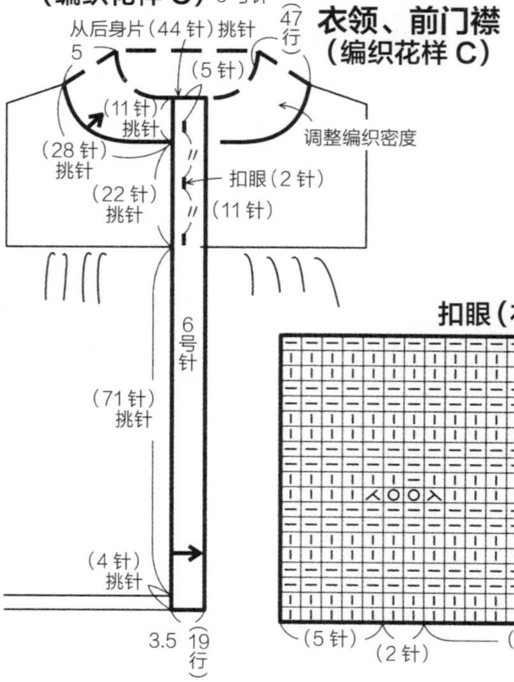

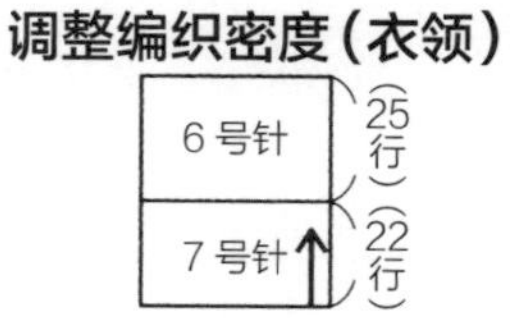

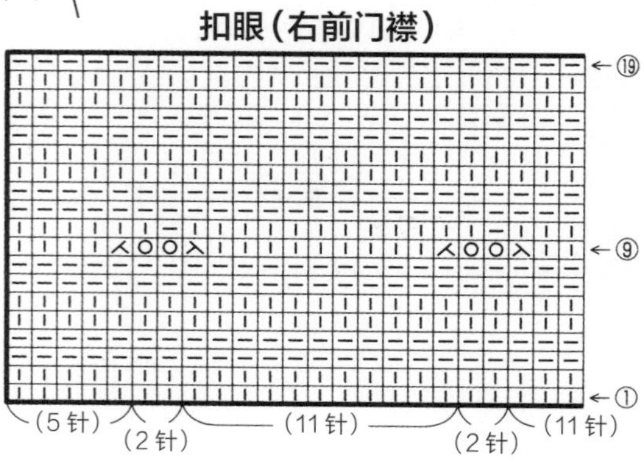

编织花样 A 与分散减针（后身片）

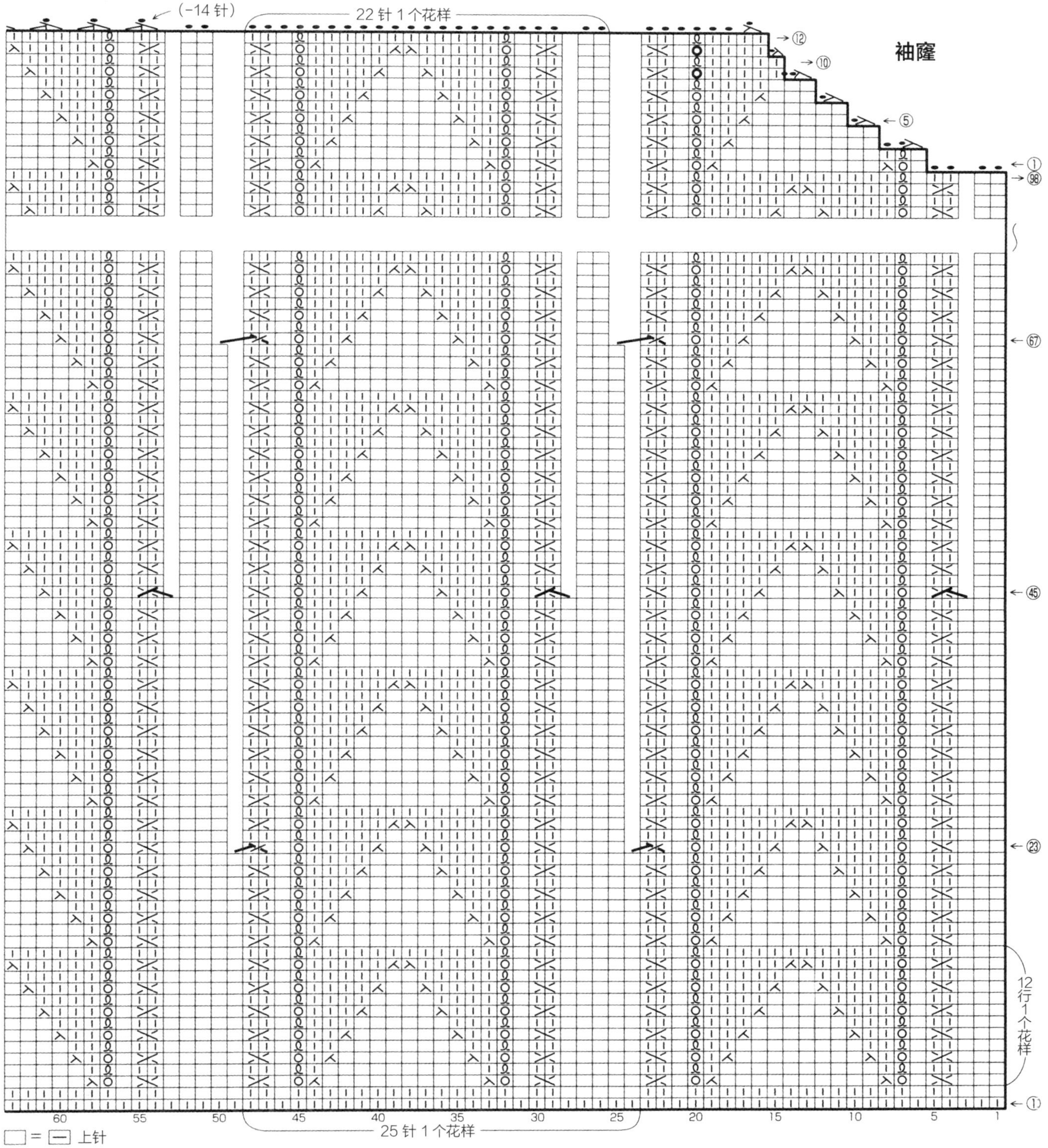

□ = ⊟ 上针

= 左侧在上的扭针

= 右侧在上的扭针

编织花样 A 与分散减针（右前身片）

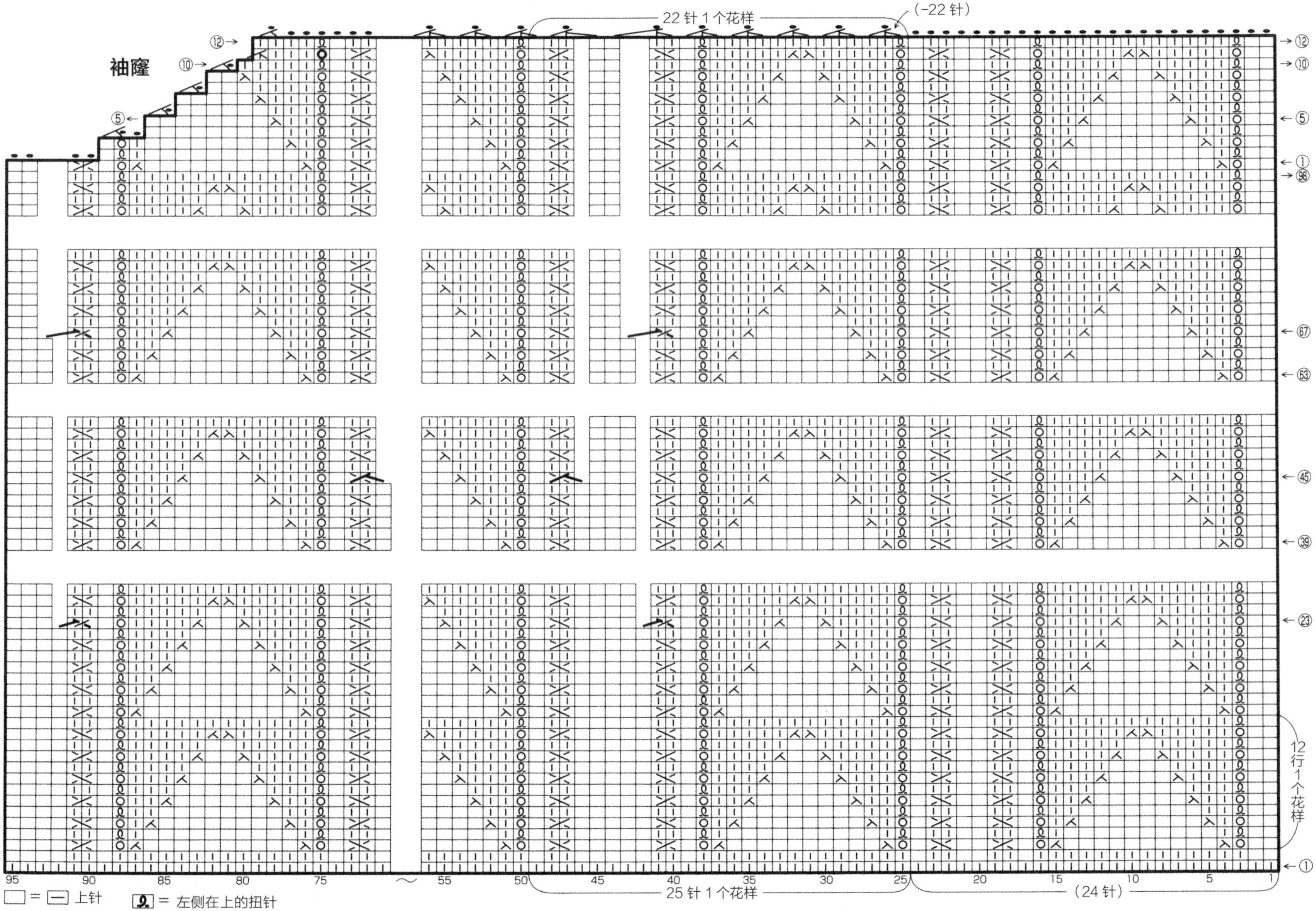

□ = ⊟ 上针

ϱ = 左侧在上的扭针

ϱ = 右侧在上的扭针

编织花样 B

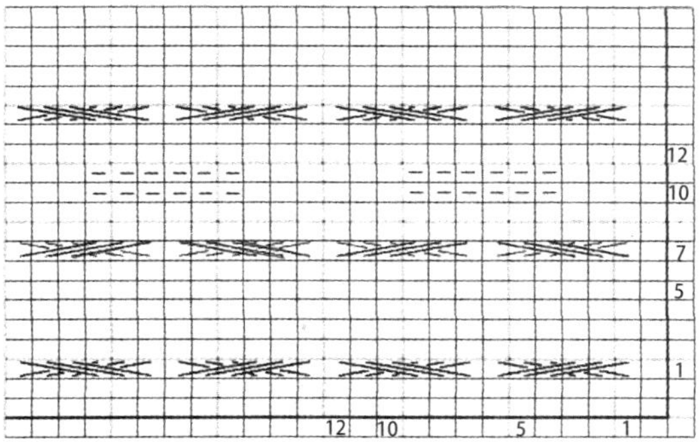

□ = 丨 下针

编织花样 A 与分散加减针（袖子）

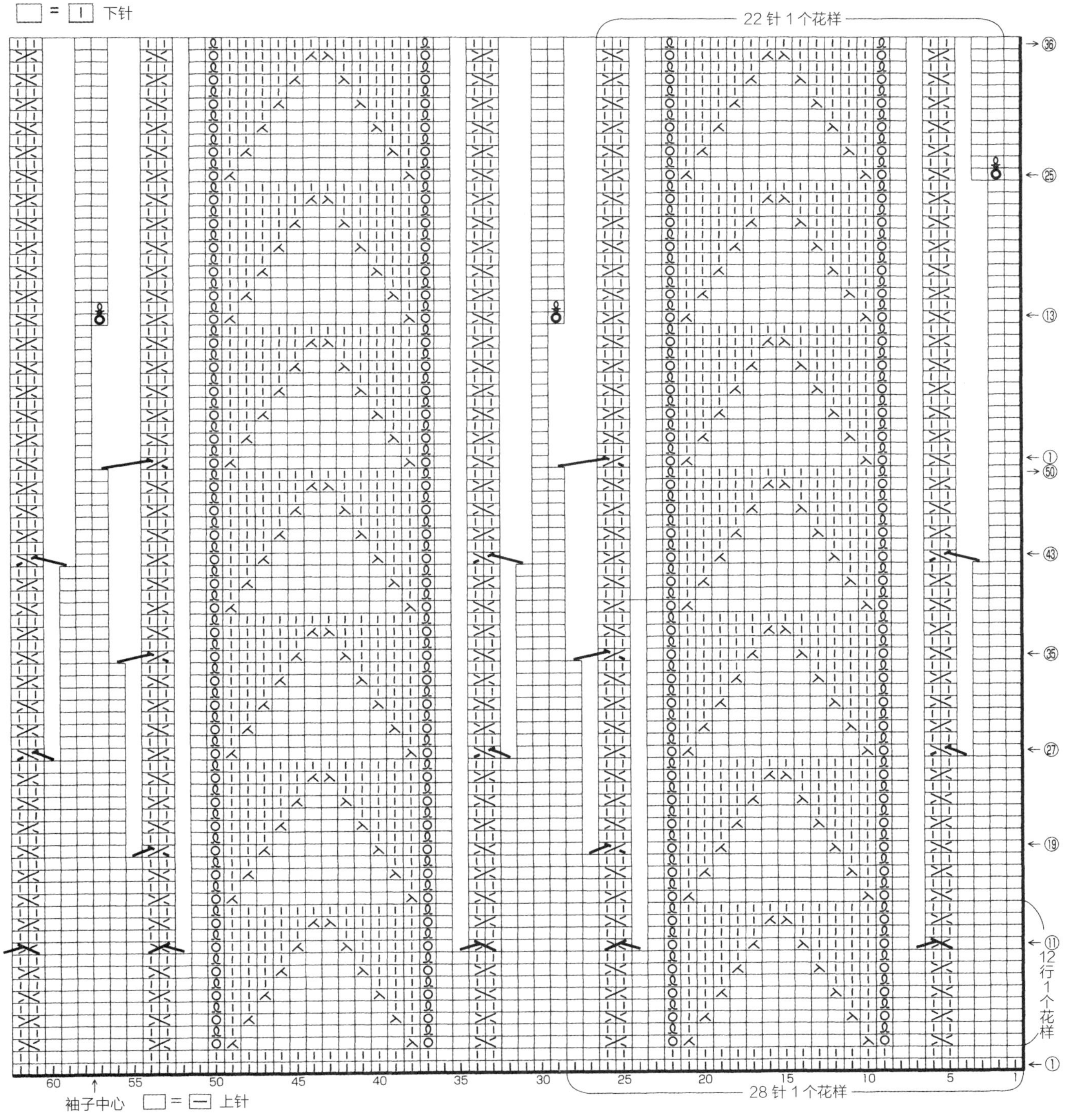

□ = ⊟ 上针

第58页

36

●**材料** 钻石线 Diaruine（中粗） 绿色、蓝色与橙色系段染（507）270g/8团；直径1.2cm的纽扣2颗

●**工具** 棒针8号、7号、5号

●**成品尺寸** 胸围92cm，衣长65cm，连肩袖长27cm

●**编织密度** 10cm×10cm面积内：下针编织22针，29行；编织花样A 24针，30行；编织花样B 24针，35行（7号针）

●**编织方法和组合方法** 身片…在下摆处单罗纹针起针后，做编织花样B和下针编织至腋下。在花样的切换处省略结编（金钱花）中的挂针达到分散减针的目的。接着平均做扭针加针后，按编织花样A继续编织。组合…肩部将前身片的卷针部分重叠着做盖针接合。前门襟和衣领挑针后按编织花样C编织，结束时做扭针的罗纹针收针。袖口按编织花样B编织，结束时做单罗纹针收针。胁部、袖口侧边做挑针缝合。

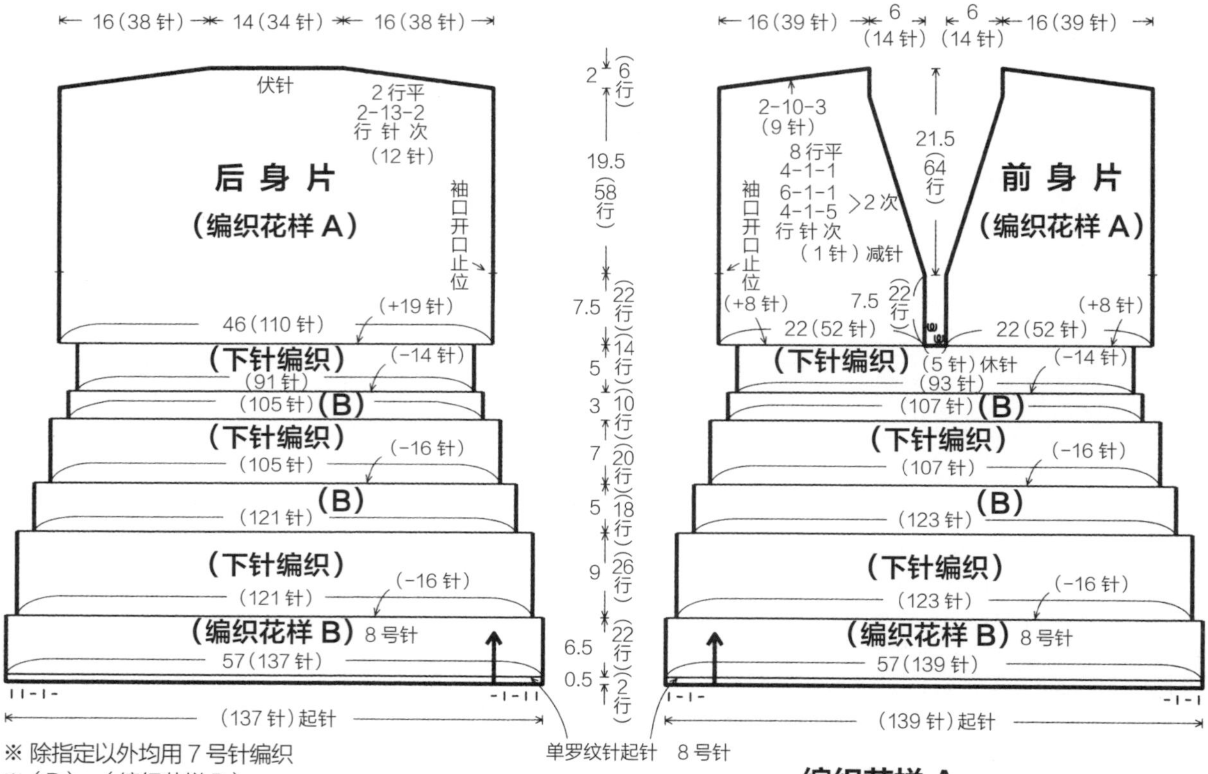

※ 除指定以外均用7号针编织
※（B）=（编织花样B）

前门襟、衣领、袖口 5号针

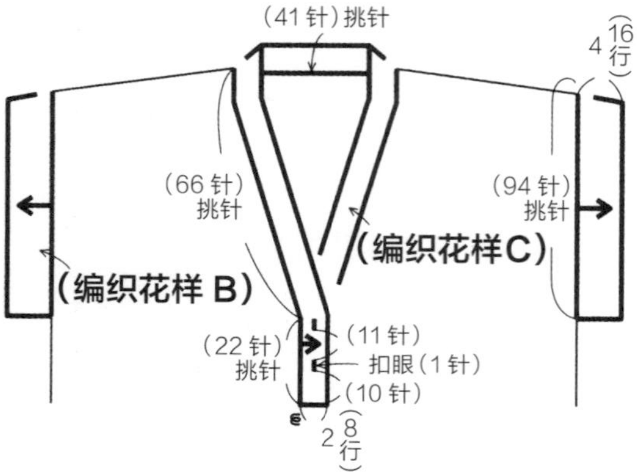

编织花样A

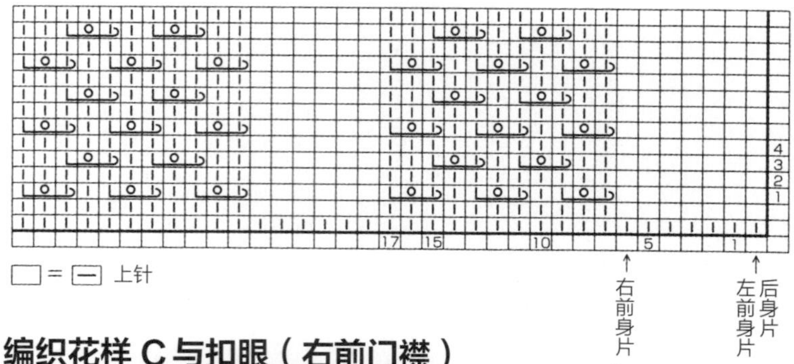

编织花样C与扣眼（右前门襟）

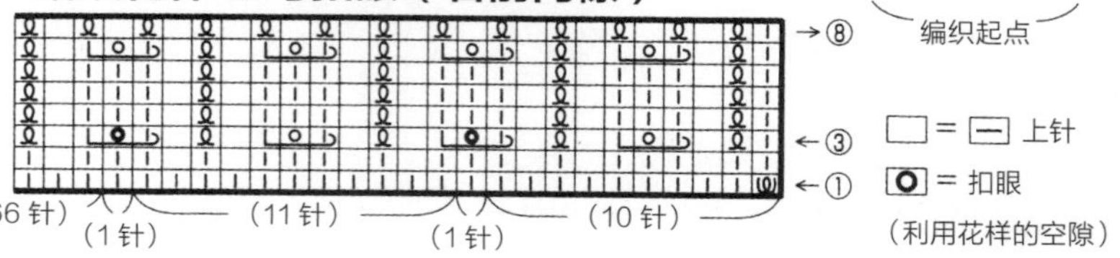

★ 编织花样B见p.143

单罗纹针的起针方法

这是从另线锁针上挑针的起针方法，编织起点呈现罗纹针的效果，同时具有伸缩性。

右端为 2 针下针的情况

❶

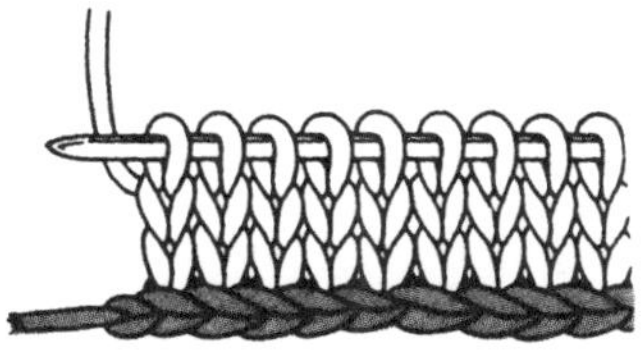

起针数为（所需针数 +2）÷2　另线锁针起针，在锁针的里山挑针后编织 3 行下针。

❷

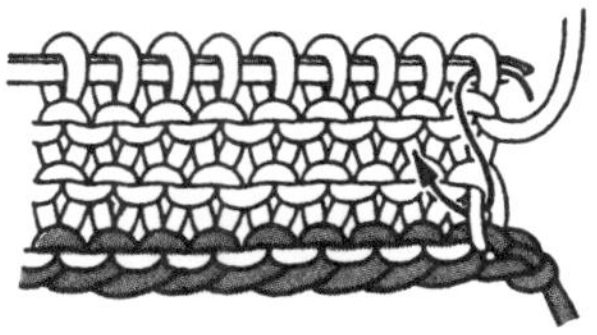

翻转织物，挑起右端的半针渡线，与左棒针上的第 1 针一起编织上针。

❸

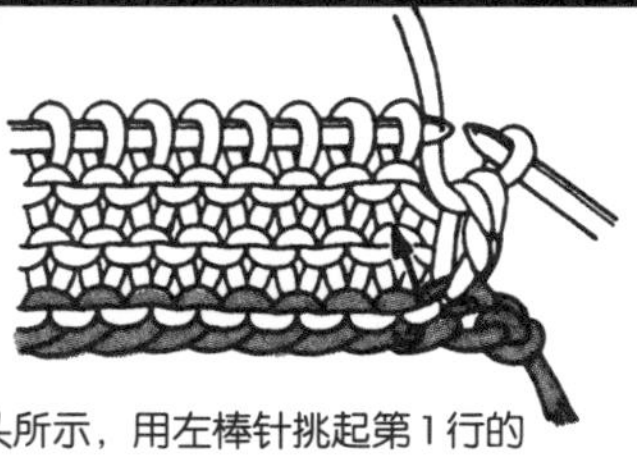

如箭头所示，用左棒针挑起第 1 行的渡线。

❹

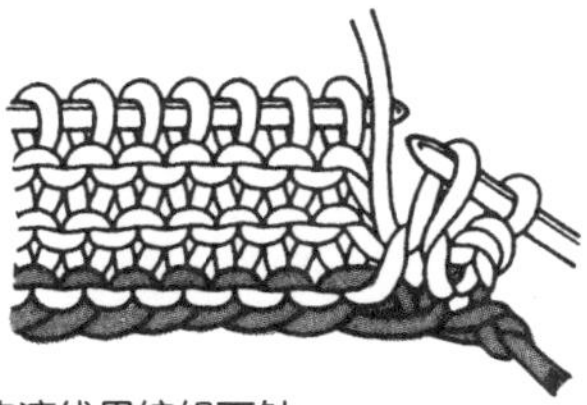

在挑起的渡线里编织下针。

❺

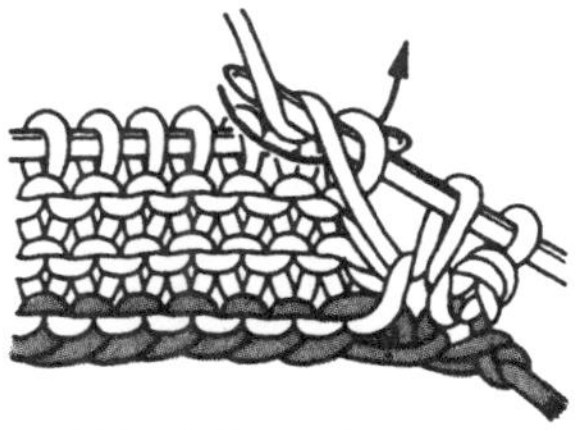

在左棒针上的针目里编织上针。

❻

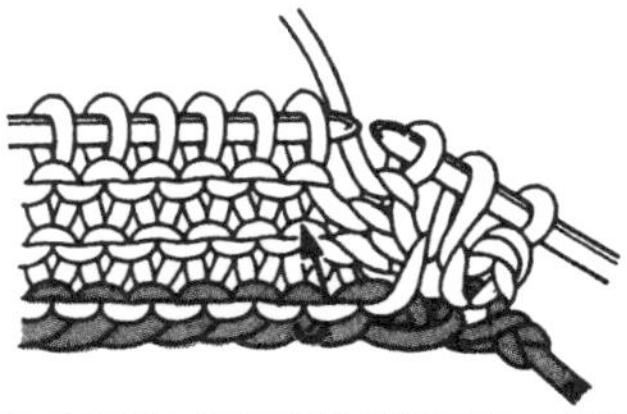

用左棒针挑起第 1 行的渡线编织下针。重复步骤❺、❻继续编织。

❼

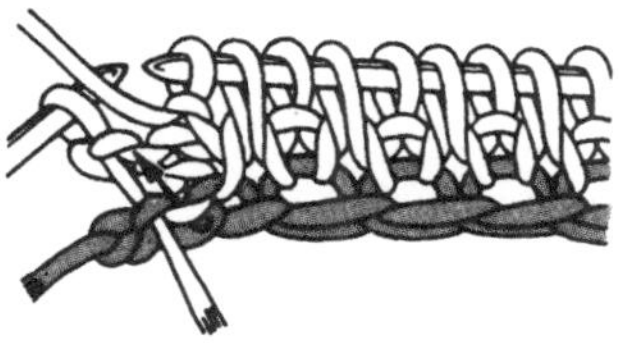

最后一针不编织，直接移至右棒针上。如箭头所示，用左棒针挑起第 1 行的渡线。

❽

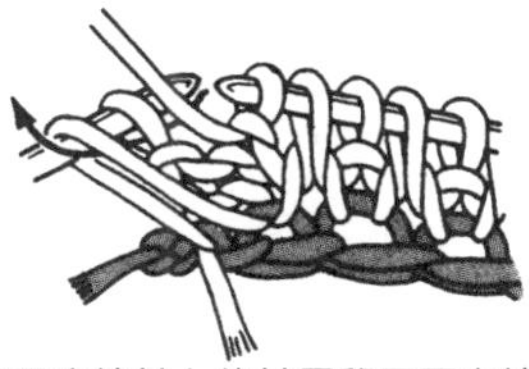

将刚才移至右棒针上的针目移回至左棒针上，在 2 针里一起编织上针。

❾

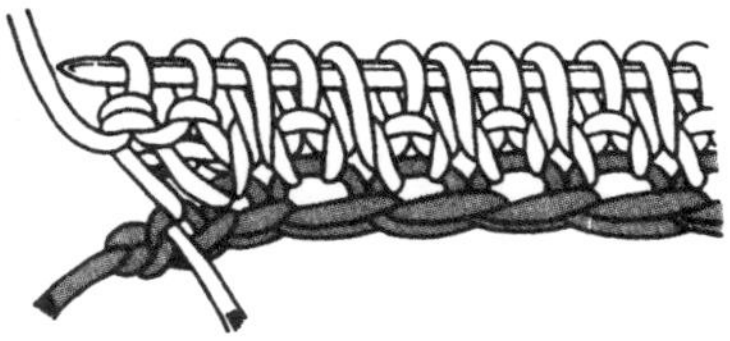

罗纹针起针就完成了。至此计为 2 行，后面再将另线锁针拆掉。

左端为 2 针下针的情况

Ⓐ

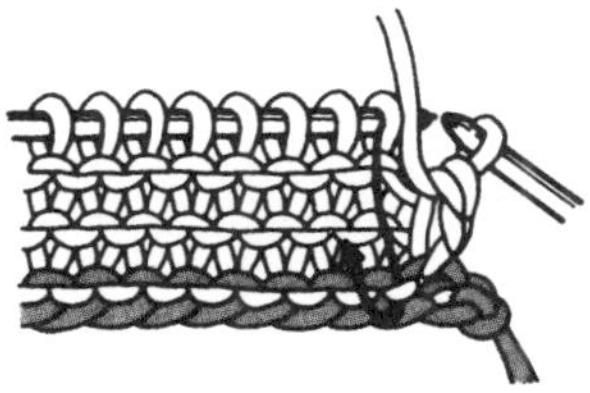

起针数为（所需针数 +2）÷2　按“右端为 2 针下针的情况”中步骤❶、❷编织，下一针也与第 1 行的渡线一起编织上针。

Ⓑ

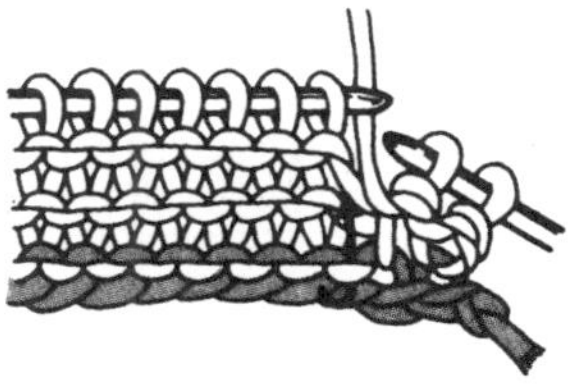

如箭头所示用左棒针挑起第 1 行的渡线，编织下针。

Ⓒ

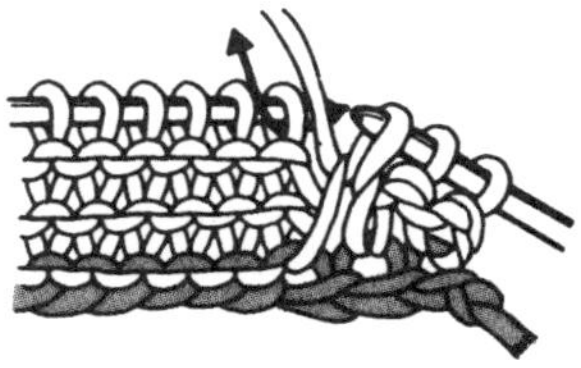

在左棒针上的针目里编织上针。重复步骤Ⓑ、Ⓒ继续编织。

Ⓓ

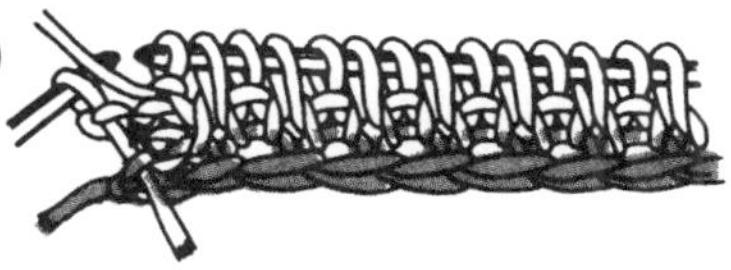

编织终点用左棒针挑起第 1 行的渡线编织下针。

Ⓔ

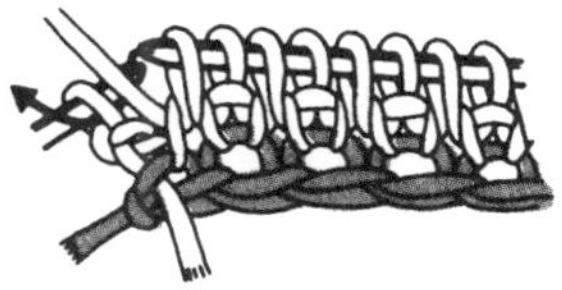

在最后一针里编织上针。

Ⓕ

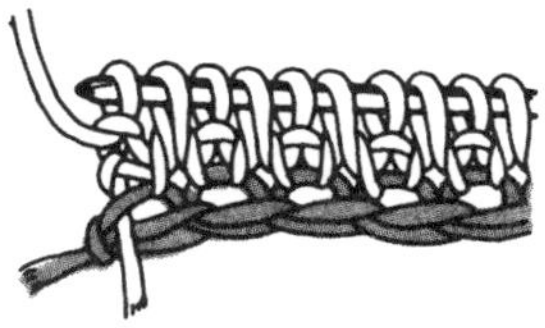

罗纹针起针就完成了。至此计为 2 行，后面再将另线锁针拆掉。

两端均为 2 针下针的情况

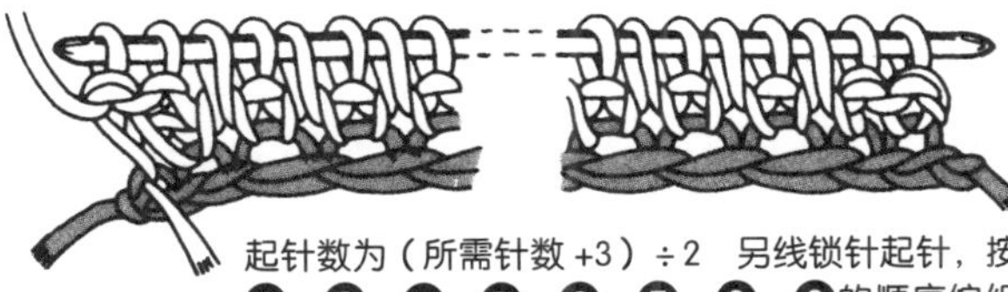

起针数为（所需针数 +3）÷2　另线锁针起针，按上图的❶、❷、Ⓐ、Ⓑ、Ⓒ、❼、❽、❾的顺序编织。两端均为 2 针下针的罗纹针起针就完成了。至此计为 2 行，后面再将另线锁针拆掉。

两端均为 1 针下针的情况

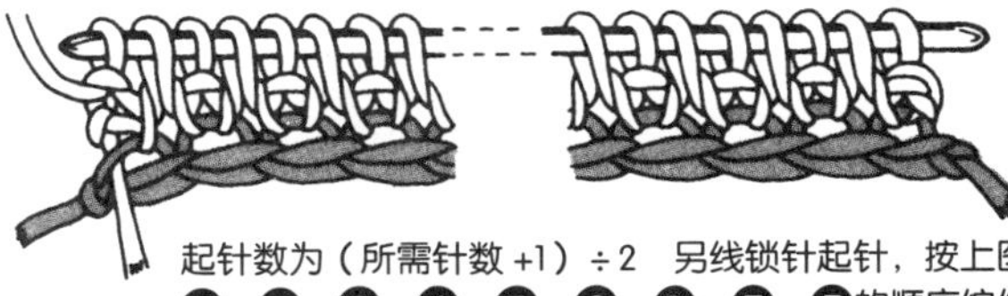

起针数为（所需针数 +1）÷2　另线锁针起针，按上图的❶、❷、❸、❹、❺、❻、Ⓓ、Ⓔ、Ⓕ的顺序编织。两端均为 1 针下针的罗纹针起针就完成了。至此计为 2 行，后面再将另线锁针拆掉。

引返编织的方法

用于斜肩等部位，一边依次保留针目，一边编织出倾斜的效果。

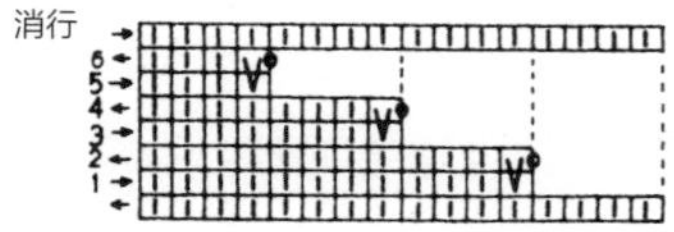

右侧

1

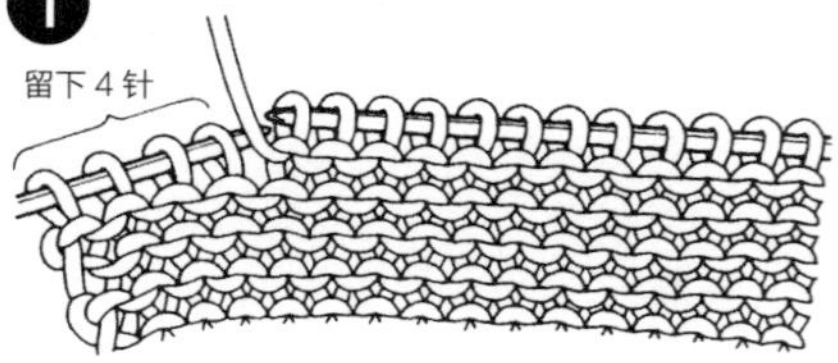

比左侧提早一行开始操作。第 1 行是从反面编织的行，留下 4 针不织。

2

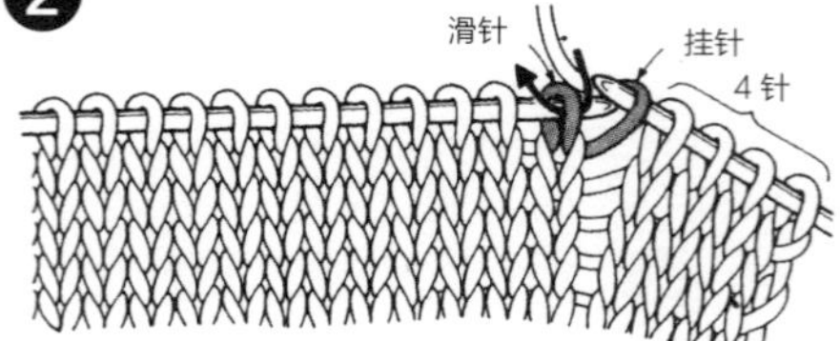

第 2 行。翻转织物，在右棒针上挂线，将左棒针上的第 1 针滑过不织，接着正常编织。

3

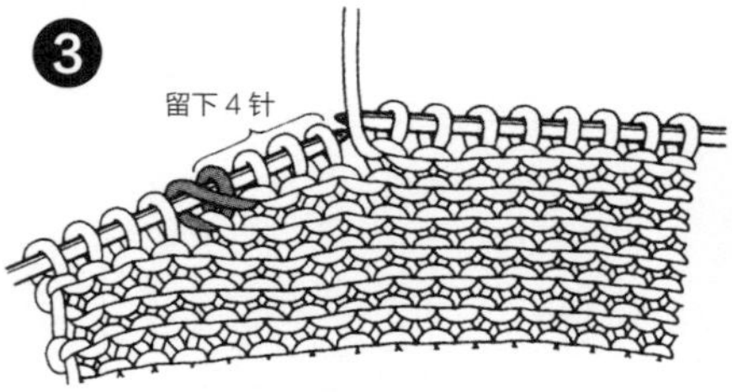

第 3 行。做第 2 次的引返编织时，包括前一行的滑针在内留下 4 针不织。

4

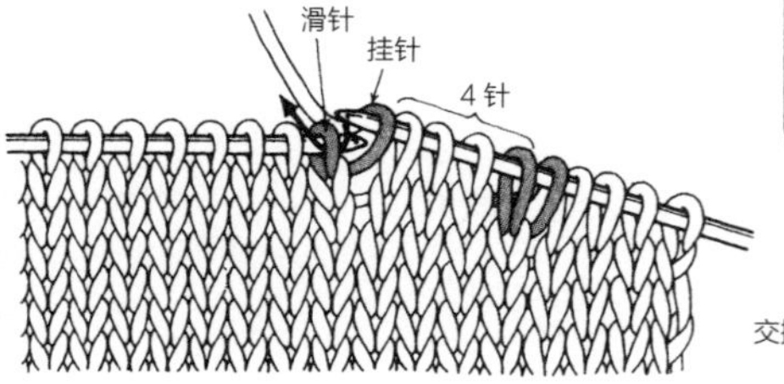

第 4 行的编织起点与第 2 行一样，编织挂针和滑针。

5

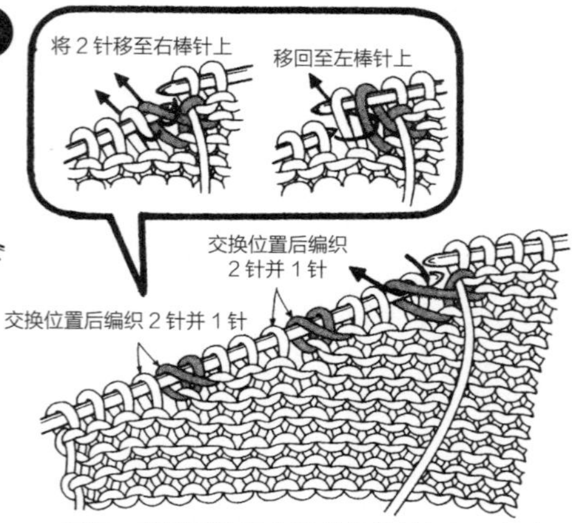

消行。将引返编织交界处的挂针与下一针交换位置，编织 2 针并 1 针。

6

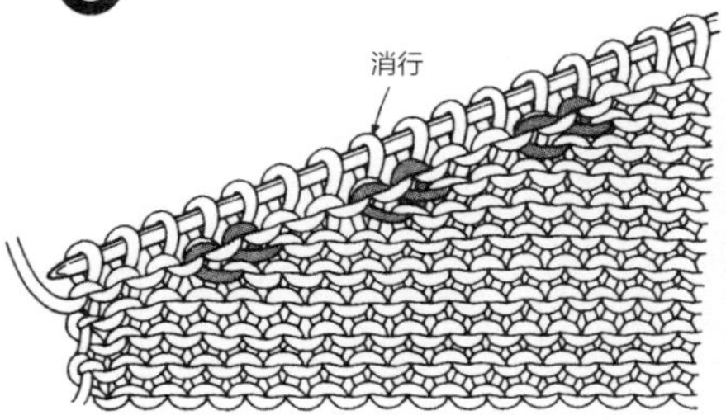

这是从反面看到的完成状态。

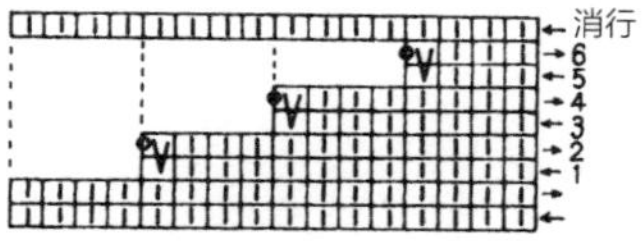

左侧

1

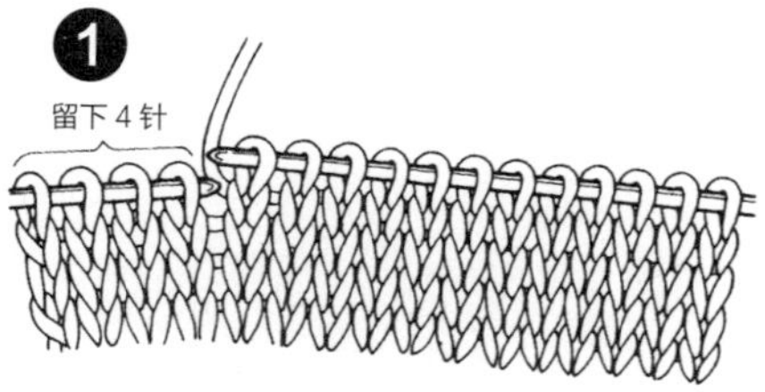

第 1 行，编织至左端留下 4 针不织。

2

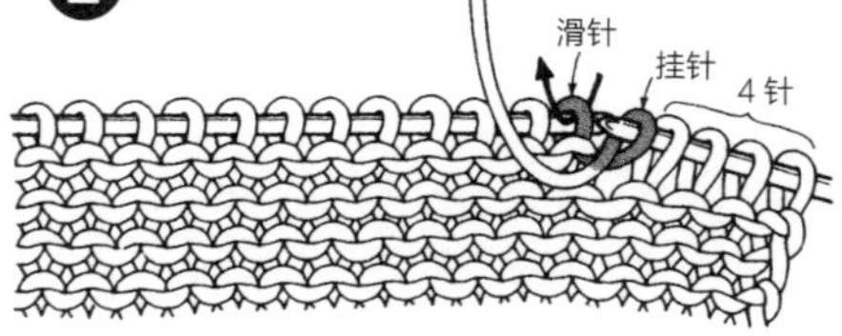

第 2 行，翻转织物，在右棒针上挂线，将左棒针上的第 1 针滑过不织，接着正常编织。

3

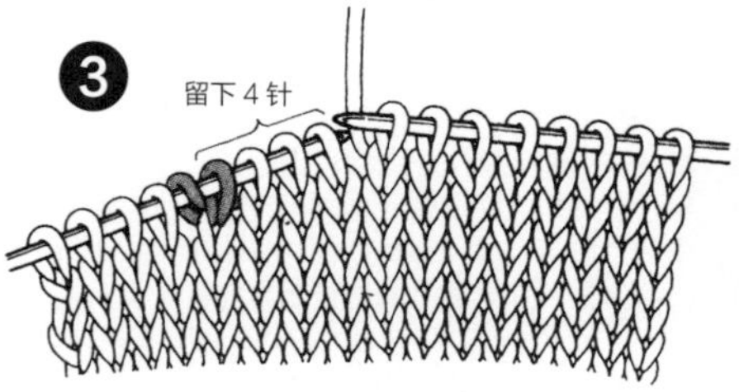

第 3 行，做第 2 次的引返编织时，包括前一行的滑针在内留下 4 针不织。

4

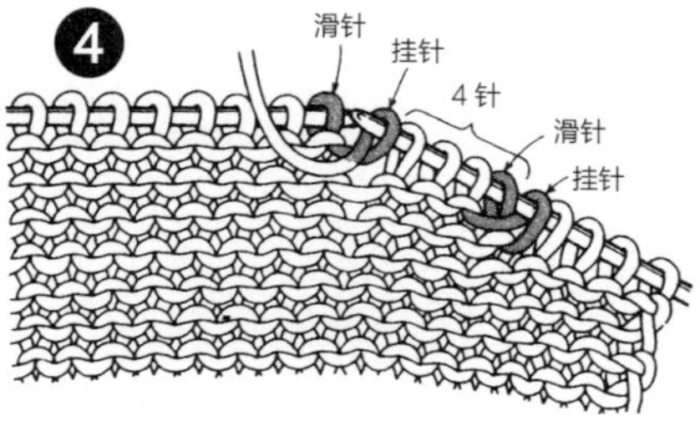

第 4 行的编织起点与第 2 行一样，编织挂针和滑针。

5

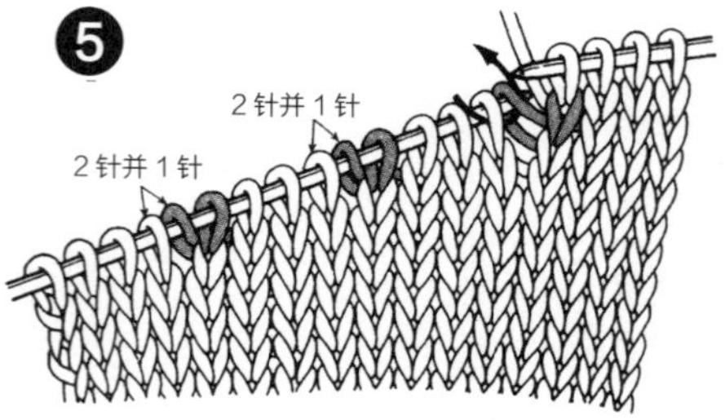

消行。将引返编织交界处的挂针与下一针编织 2 针并 1 针。

6

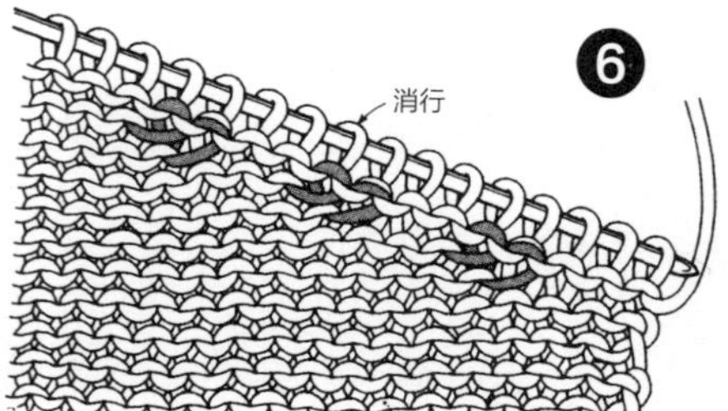

这是从反面看到的完成状态。

平均计算的方法

所谓平均计算，是指下摆和袖口的加减针、从身片挑出袖子的针目、针与行的接合、从身片挑出前门襟的针目以及缝合等情况下，计算出指定针数的加减和行数差的方法。了解平均间隔的计算方法后，编织时会非常方便。这种方法十分简单，请大家务必掌握。

★在下摆、袖口的切换处做加减针时★

减针的情况

在下摆、袖口的罗纹针切换处另线锁针起针后分成上下两边编织时，下摆、袖口的针数要比起针数少。这种情况下如何计算间隔？减针是在编织第 1 行时做 2 针并 1 针的减针。

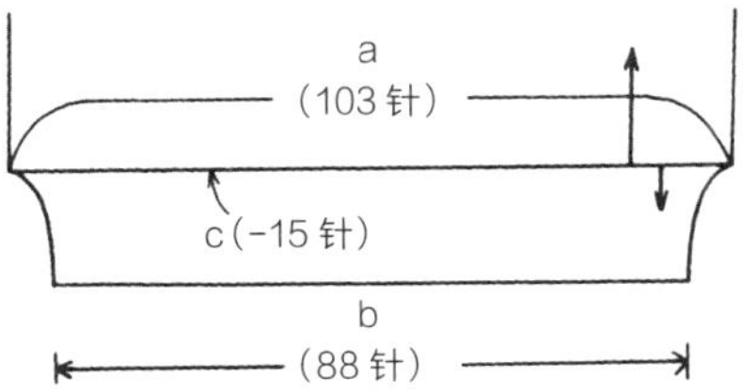

〈例 1〉减针的情况

103 针－88 针＝15 针（多的针数减去少的针数，计算出减针数）

88 针 ÷15 针 =5 针，余 13 针（少的针数除以减针数）

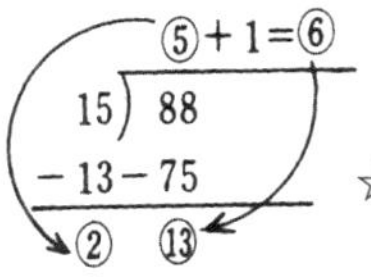

每 6 针减 1 针共 13 次
每 5 针减 1 针共 2 次

☆将其中 1 次的偶数针目平均分在左右两端减针。

加针的间隔

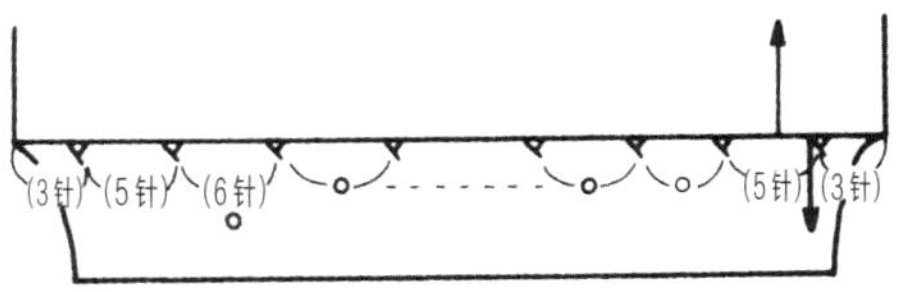

加针的情况

从下摆、袖口的罗纹针处起针后开始编织时，要在身片和袖子前端加针。这种情况下如何计算？加针是在编织第 1 行时做扭针加针。

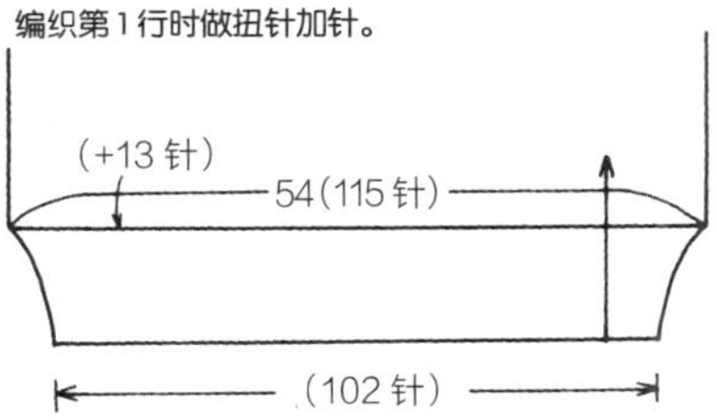

〈例 2〉加针的情况

115 针－102 针＝13 针

102 针 ÷13 针＝7 针，余 11 针

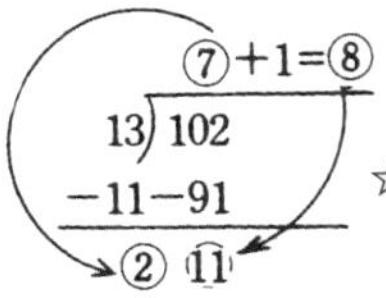

每 8 针加 1 针共 11 次
每 7 针加 1 针共 2 次

☆将其中 1 次的偶数针目平均分在左右两端加针。

加针的间隔

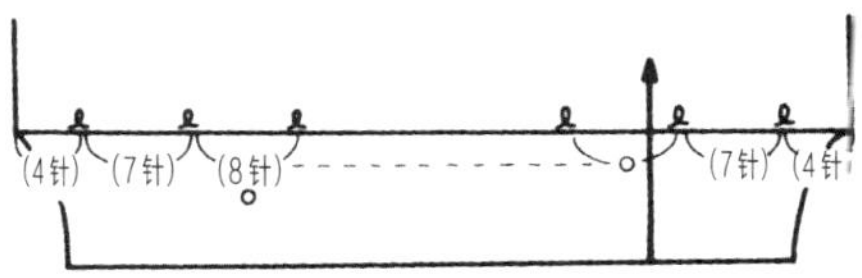

★从身片挑出前门襟的针目时★

这是从开衫的身片挑出前门襟时的计算方法。先要确定从下摆、衣领的罗纹针部分挑针的方法，剩下的部分再进行平均计算。

◉ 罗纹针部分挑针数的确定方法

- 下摆的罗纹针部分（宽）重复"挑出 3 针，跳过 1 行"，多出的行直接挑针。
- 衣领的罗纹针部分（窄）重复"挑出 2 针，跳过 1 行"。

◉ 身片部分挑针方法的计算

91 针－（17 针＋7 针）＝67 针

100 － 67 ＝ 33 ＋间隔数 1

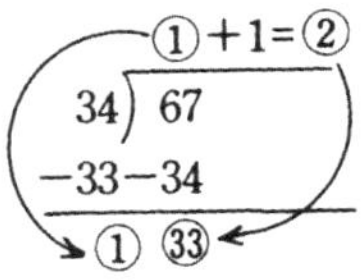

重复"挑出 2 针，跳过 1 行"共 33 次，再挑出 1 针

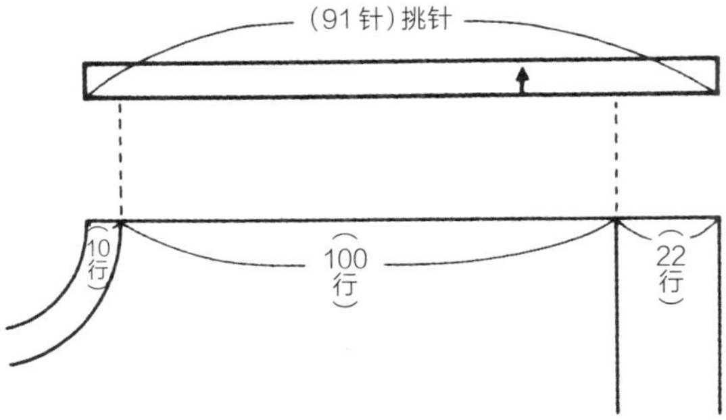

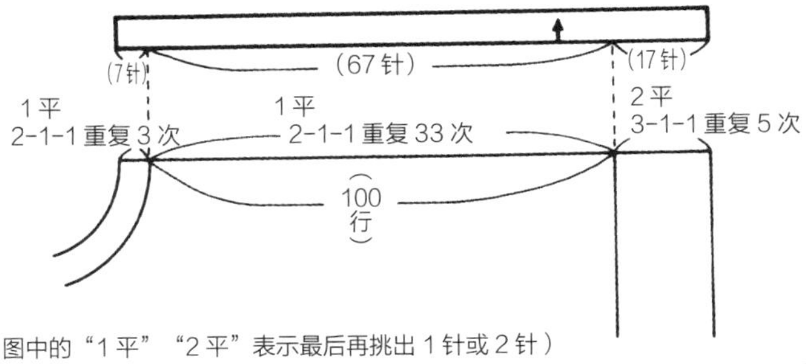

（图中的"1 平""2 平"表示最后再挑出 1 针或 2 针）

行上的挑针位置

无论是下针还是上针的情况，都在侧边 1 针的内侧，即针目与针目之间入针，挑出针目。

● 表示入针位置。

下针的情况

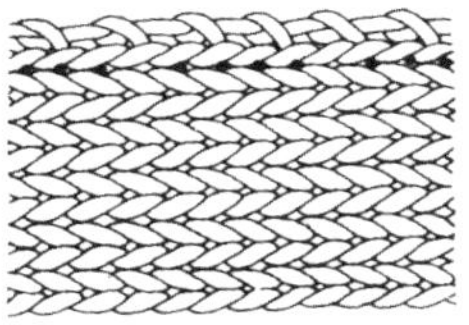

上针的情况

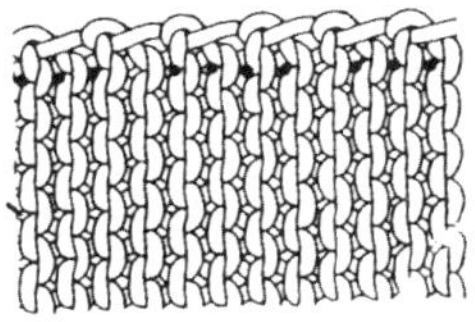

接合方法与缝合方法

我们将针目与针目的连接叫作“接合”，将行与行的连接叫作“缝合”，是将各部件组合成作品时使用的方法。

★引拔接合★

这是肩部接合时最常使用的方法。适用于下针编织以及使用下针的编织花样。如果用于上针的编织花样中，接缝会比较明显。将织物正面相对，各将 1 针移至钩针上，2 针一起钩织引拔针固定。

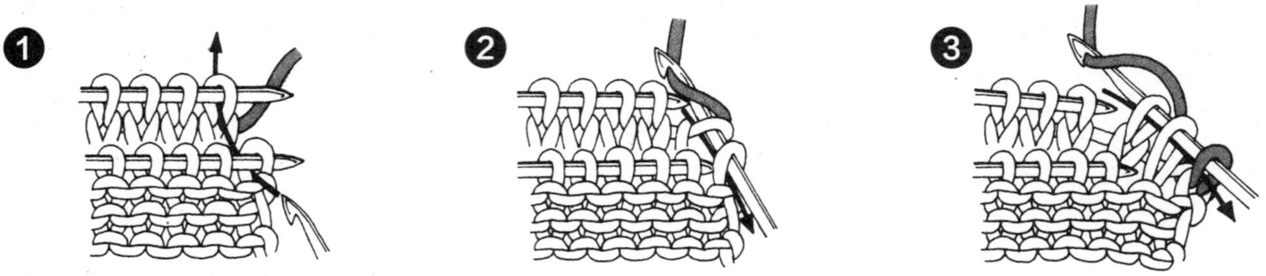

★盖针接合★

常用于肩部的接合。因为多出一个步骤，适合稍有编织经验的人，用于上针编织花样的接合。将前身片放在前面，后身片放在后面，使 2 片织物正面相对，从前面的针目中拉出后面的针目，再钩织引拔针固定。

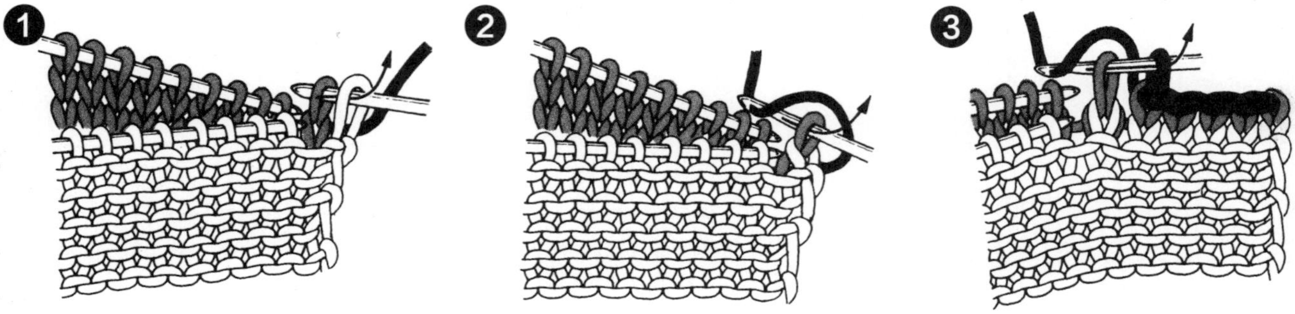

★挑针缝合★

用于胁部和袖下的缝合。将织物正面朝上对齐，一行一行地挑取边针内侧的横向渡线进行缝合。加针的地方，则挑取扭针的针目。将缝合线拉至看不到针迹为止。

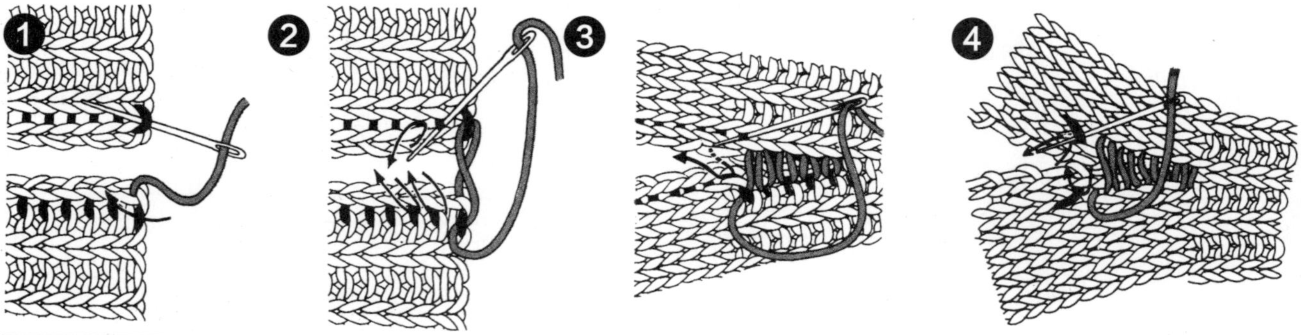

★引拔缝合★

接袖时常用的方法。将 2 片待缝合的织物正面相对，用钩针在边上 1 针的内侧钩引拔针连接。技巧十分简单，初学者也能很快掌握。

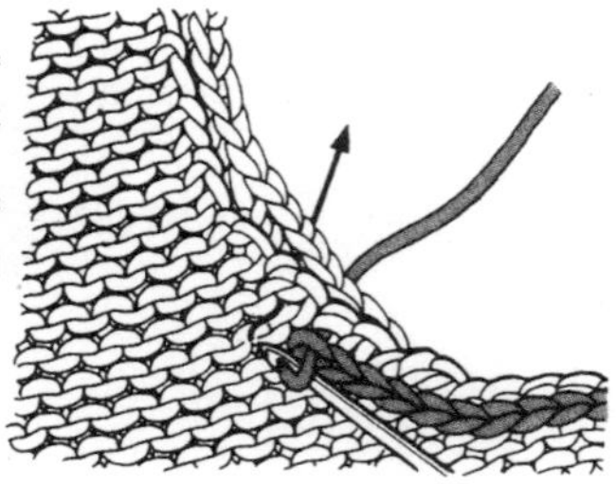

★半回针缝缝合★

将 2 片织物正面相对，用半回针缝进行缝合。在尖头毛线缝针中穿入缝合线，在边上 1 针的内侧进行缝合。缝合时，针要垂直于织物出针、入针。作为缝合技巧之一，有一定的难度。

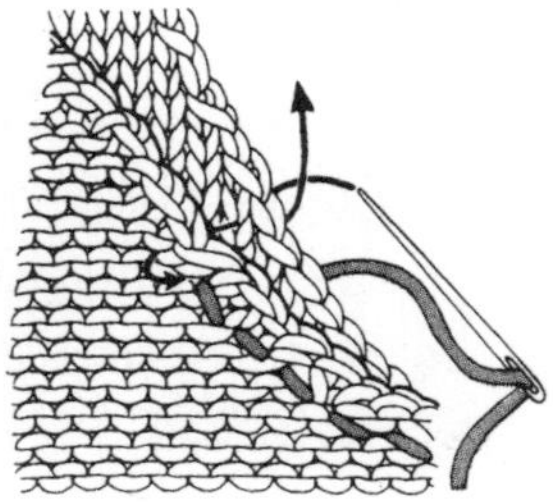